西安交通大學 研究生创新教育系列教材

计算机控制技术

毕宏彦 张小栋 刘 弹 编著

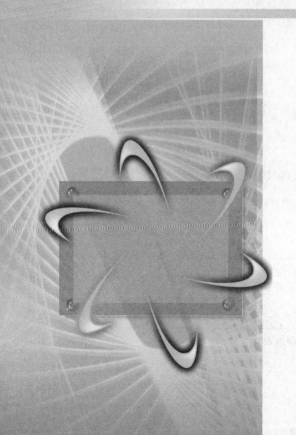

U0282755

西安交通大学出版社
XI'AN JIAOTONG UNIVERSITY PRESS

内容简介

本书是根据国家智能化进程的发展需要，为了满足机械工程专业研究生、本科生学习计算机控制技术的需求而编写。本书第 1 章为计算机控制技术概述；第 2 章介绍基于单片机的计算机控制系统；第 3 章介绍计算机通信技术，包括 USB 通信、RS-232C、RS-485、CAN 总线、TCP/IP 网络通信等常用通信方法的原理与接口器件；第 4 章介绍数据采集技术，包括信号处理电路、D/A 转换与 A/D 转换技术等；第 5 章介绍单片机程序设计语言；第 6 章是实验仪器与软件。

本书理论联系实际，内容丰富，可以作为机械工程专业硕士研究生的专业课教材，也可作为现场技术人员的工具书使用。

图书在版编目(CIP)数据

计算机控制技术/毕宏彦,张小栋,刘弹编著 .—西安:西安
交通大学出版社,2017.10
西安交通大学研究生创新教育系列教材
ISBN 978 - 7 - 5605 - 9710 - 2

Ⅰ.①计⋯　Ⅱ.①毕⋯ ②张⋯ ③刘⋯　Ⅲ.①计算机控制
系统-研究生-教材　Ⅳ.①TP273

中国版本图书馆 CIP 数据核字(2017)第 115130 号

书　　名	计算机控制技术
编　　著	毕宏彦　张小栋　刘　弹
责任编辑	屈晓燕
出版发行	西安交通大学出版社
	(西安市兴庆南路 10 号　邮政编码 710049)
网　　址	http://www.xjtupress.com
电　　话	(029)82668357　82667874(发行中心)
	(029)82668315(总编办)
传　　真	(029)82668280
印　　刷	陕西宝石兰印务有限责任公司
开　　本	727mm×960mm　1/16　印张 18.5　字数 340 千字
版次印次	2018 年 6 月第 1 版　2018 年 6 月第 1 次印刷
书　　号	ISBN 978 - 7 - 5605 - 9710 - 2
定　　价	48.00 元

读者购书、书店添货,如发现印装质量问题,请与本社发行中心联系、调换。
订购热线:(029)82665248　(029)82665249
投稿热线:(029)82668254
读者信箱:754093571@qq.com

总　序

　　创新是一个民族的灵魂,也是高层次人才水平的集中体现。因此,创新能力的培养应贯穿于研究生培养的各个环节,包括课程学习、文献阅读、课题研究等。文献阅读与课题研究无疑是培养研究生创新能力的重要手段,同样,课程学习也是培养研究生创新能力的重要环节。通过课程学习,使研究生在教师指导下,获取知识的同时理解知识创新过程与创新方法,对培养研究生创新能力具有极其重要的意义。

　　西安交通大学研究生院围绕研究生创新意识与创新能力改革研究生课程体系的同时,开设了一批研究型课程,支持编写了一批研究型课程的教材,目的是为了推动在课程教学环节加强研究生创新意识与创新能力的培养,进一步提高研究生培养质量。

　　研究型课程是指以激发研究生批判性思维、创新意识为主要目标,由具有高学术水平的教授作为任课教师参与指导,以本学科领域最新研究和前沿知识为内容,以探索式的教学方式为主导,适合于师生互动,使学生有更大的思维空间的课程。研究型教材应使学生在学习过程中可以掌握最新的科学知识,了解最新的前沿动态,激发研究生科学研究的兴趣,掌握基本的科学方法;把以教师为中心的教学模式转变为以学生为中心、教师为主导的教学模式;把学生被动接受知识转变为在探索研究与自主学习中掌握知识和培养能力。

　　出版研究型课程系列教材,是一项探索性的工作,也是一项艰苦的工作。虽然已出版的教材凝聚了作者的大量心血,但毕竟是一项在实践中不断完善的工作。我们深信,通过研究型系列教材的出版与完善,必定能够促进研究生创新能力的培养。

西安交通大学研究生院

前　言

随着计算机在机械工程领域从设计画图到各种工艺过程仿真的广泛应用,计算机控制系统在机械运动控制方面也硕果累累、成就巨大。尤其是高性能单片机诸如 ARM 系列的发展与推广,使得单片机在机械控制方面大显身手。因此,计算机控制技术已经成为机械工程研究生必须了解并掌握的专业知识。本书就是基于这一理念,为广大机械工程专业和测控专业研究生编写的。本书系统阐述了计算机控制系统、单片机控制系统、计算机通信、数据采集、单片机程序设计等知识。在本书编写中力求知识新颖,实用性强。本书也可供广大机械工程专业技术人员参考,也可作为其他专业研究生和本科生学习计算机控制技术的参考书。本书有大量的图表资料,也可以作为现场技术人员的工具书使用。

本书第 1 章:计算机控制技术概述,阐述了常用的几类计算机控制系统的特点与组成;第 2 章:基于单片机的控制系统,重点介绍了 8051、STM32、STM8 三种单片机的性能特点及其在控制系统的应用技术;第 3 章:计算机通信技术,介绍了 RS232C、RS485、CAN 总线、internet 网络通信技术;第 4 章:计算机数据采集技术,介绍了信号处理、数据采集、AD 转换和 DA 转换技术;第 5 章:单片机程序设计语言,介绍了单片机 C 语言程序设计方法;第 6 章实验仪器与软件,介绍了普中实验仪的电路与实验内容。

本书经西安交通大学专家组评审,立项为"十三五"专业学位研究生教材建设项目,于 2017 年进行了多处大量修改,知识更加新颖系统,更适合学习和设计工作参考。同时考虑到原书名《计算机技术及其应用》过于宽泛,根据本课程教学大纲要求,本次更名为《计算机控制技术》,更切合教材与教学实际内容。

单片机控制系统的书籍不少,从教学要求看,这些书籍在知识的新颖性,系统性方面,还有不同程度的欠缺。本书立足于知识新颖,注重基础,承前启后,系统性强,实践性强等要求进行编写,比较系统地阐述了计算机控制系统的基本知识、8位单片机和 32 位 ARM 单片机的原理及其在机械工程中的应用、单片机软件设计的相关知识和单片机程序设计语言,并设计了 20 个基础实验和 8 个高级实验。在完成课程学习和实验之后,学生会掌握计算机控制方面最关键的系统知识,为应用和进一步学习打下坚实的基础。

本书由毕宏彦教授、张小栋教授、刘弹博士编写。其中,第 1、2、5、6 章由毕宏彦编写,第 3 章由张小栋编写,第 4 章由刘弹编写。全书由毕宏彦统稿。

西安交通大学机械工程学院、西安交通大学研究生院、西安交通大学出版社和该出版社的屈晓燕老师对本书的立项、编写和出版给予了重要帮助,在此一并表示深深的谢意。

本书虽经多次核对修改,但错误和疏漏之处仍在所难免,恳请读者批评指正。

西安交通大学

《计算机控制技术》编写组

目　录

第 1 章　计算机控制技术概述…………………………………………………（1）

1.1　计算机技术概述 …………………………………………………………（1）

1.2　计算机控制系统概述 ……………………………………………………（3）

1.3　单机嵌入式系统 …………………………………………………………（5）

1.4　工业控制计算机 …………………………………………………………（15）

1.5　STD 总线工控机 …………………………………………………………（20）

1.6　PC104 总线工业控制计算机 ……………………………………………（21）

1.7　可编程控制器（PLC）……………………………………………………（23）

1.8　数控机床……………………………………………………………………（36）

思考题与习题 ……………………………………………………………………（40）

第 2 章　基于单片机的控制系统 ……………………………………………（41）

2.1　8 位单片机系列产品 ……………………………………………………（41）

2.2　8051 单片机 ………………………………………………………………（45）

2.3　8051 单片机在冲床自动控制中的应用 ………………………………（77）

2.4　STM 系列单片机 …………………………………………………………（80）

2.5　STM32 软件开发 …………………………………………………………（106）

2.6　STM8 系列单片机 ………………………………………………………（115）

思考题与习题……………………………………………………………………（124）

第 3 章　计算机通信技术……………………………………………………（125）

3.1　RS－232C 接口 …………………………………………………………（125）

3.2　RS－423A/422A/485 接口 ……………………………………………（136）

3.3　CAN 总线接口 ……………………………………………………………（142）

3.4　计算机网络与 TCP/IP 协议 ……………………………………………（147）

3.5　计算机通信小结 …………………………………………………………（157）

思考题与习题……………………………………………………………………（158）

第 4 章　计算机数据采集技术 ·················· (159)

4.1　集成运算放大器与信号调理 ·················· (159)

4.2　采样保持电路 ··························· (169)

4.3　采样过程与采样定理 ···················· (172)

4.4　采样偏差的校正技术 ···················· (176)

4.5　信号隔离与选通技术 ···················· (179)

4.6　数据采集中的抗干扰技术 ················· (183)

4.7　D/A 转换技术与应用电路 ················· (191)

4.8　A/D 转换技术与应用电路 ················· (199)

思考题与习题 ····························· (209)

第 5 章　单片机程序设计语言 ·················· (210)

5.1　51 单片机指令与程序设计语言 ·············· (210)

5.2　C51 的数据类型 ························ (213)

5.3　C51 的运算量 ························· (215)

5.4　C51 的运算符及表达式 ·················· (224)

5.5　C51 程序基本结构与相关语句 ·············· (234)

5.6　函数 ······························· (242)

5.7　C51 构造数据类型 ····················· (249)

思考题与习题 ····························· (260)

第 6 章　实验仪器与软件 ····················· (261)

6.1　实验仪 ····························· (261)

6.2　实验工具软件 ························· (269)

6.3　实验内容 ···························· (269)

参考文献 ·································· (285)

第1章　计算机控制技术概述

1.1　计算机技术概述

1.计算机技术的发展

计算机是人类文明史上最重要的发明之一,是人类在生产实践和科学研究中所创造的最有价值的工具,是人类智慧的结晶。历史上,人们为了简便快速的计算,发明了一些计算工具,中国的算盘是最早出现的简便计算工具。到7世纪中叶,法国著名数学家巴斯卡尔(B. Pascal)发明并制造了机械式加法器;17世纪后半期德国数学家莱布尼兹(G. W. Leibniz)系统地提出了二进制算术运算法则并主持设计制造了通过齿轮传动的机械式计算器。

1946年美国设计师埃克特(P. Eckert)和莫克利(W. Mauchly)在宾夕法尼亚大学制造成功的全真空管化的电子数字计算机,是计算机从机械式转到电子式的重大发明。从结构上和计算速度上开创了计算机发展的新纪元,称之为第一代电子计算机。1958年,IBM公司研制成功全晶体管化的计算机,开始了第二代计算机蓬勃发展的时期。集成电路的问世,又很快地被用于计算机的制造,1964年IBM公司以集成电路取代分立元件,研制成功集成电路的电子计算机,开始了第三代计算机的发展。进入20世纪70年代,微电子技术取得了巨大成就,人规模集成电路和微处理器研制成功,给计算机的发展注入了新的活力,大规模集成电路在计算机上的应用,诞生了第四代计算机,使计算机的性能大大提高,这是美国Intel公司的青年科学家霍夫(M. E. Hoff)于1971年实现的。现在,以各种大规模、超大规模集成电路制成的各种计算机已经得到普遍而广泛的使用。随着集成电路技术的发展,计算机速度不断提高,功能不断增强,出现了各种门类、品种、型号的计算机,并且不断推陈出新,发展日新月异。

计算机按运算速度和规模,分为巨型机、大型机、中型机、小型机、微型机和微控制器(micro contralor,国内将其统称为单片机,本书亦全部按单片机称之)。微型机又称为个人计算机(persenal computor),简称PC机。微型机用量大,发展快,品种较少,功能单一,结构简单。单片机用量很大,发展最快,品种最多,功能丰富,结构复杂。目前计算机的发展,以三个方面的技术为主线:一是用于数值计算和信息处理的 PC 机微处理器及其外围芯片的技术研究,二是品种繁多的单片机的技术研究,三是工业控制计算机(工业 PC)与可编程序控制器 PLC 技术研究。

从应用方面来看,计算机已经广泛应用到社会生活的各个领域,在制造业(包括所有的机械制造、化工产品制造、电子产品制造、生活用品制造)、金融业(包括银行信贷管理与结算、股票管理与操作)、交通业(铁路与民航的网络售票系统、城市交通管理网络系统)、电信业(通信网管理、收费结算网络系统)、教育业(学校管理、多媒体教学)、信息业(互联网、局域网、天气预报、抗病救灾)、航空航天、国防等行业大显身手,成为促进现代文明进步,推动社会发展的重要工具。

从第一台电子计算机问世至今已有半个世纪,在这一领域聚集了大批研究人员和巨额资金,使得围绕计算机所进行的软件硬件技术开发、产品生产与市场营销成为全球最大的产业。人们围绕计算机处理器、主板、各种板上芯片的功能扩充与改进做了大量的研究开发和试验工作,围绕总线、时序和操作系统进行了大量卓有成效的工作,取得了辉煌的成就。目前,微机的主频已经高达 3.6 GHz 以上,总线已经达到 64 位。由于采用现代先进的计算机硬件、软件技术,如流水线技术、虚拟存储器技术、高速缓冲存储器技术、内存管理技术及分支预测技术、双核与多核(即一个处理器内多个 CPU)技术等,其数据处理速度已经达到惊人的程度。

2. 计算机在机械控制领域的应用

机械制造业是工业领域门类最多、从业人员最多、产品最多、产值最大的行业。其产品大的有各类机床、汽车、火车、轮船、飞机、武器等,小的有空调、冰箱、吸尘器、录音机、复读机、手机等各类家用电器和学习生活用品。近年来,由于计算机数据采集和自动控制技术的发展,机械制造业进入了一个新的发展阶段。其最大的特点就是计算机的应用,使得生产自动化程度大大提高,从而大大提高了产品的加工速度和精度,减少了废品和残次品。在一些现代化的生产线上,只有很少的工作人员进行生产管理,生产加工过程由计算机控制,自动有序地进行。在一些有毒有害健康的工序上,由机器人进行加工,避免了对人的损害。计算机自动采集工件的位置、转速、温度等参数,自动控制加工设备诸如刀具、锻具、焊具、钻具等的运动状态和功率,进行准确、快速、高效的加工。这些具体的加工过程,通常都是由单片机进行控制。比较复杂的加工过程,需要进行大量高速数据运算分析,例如数控机床等,则由工业控制计算机进行控制。数量庞大的普通控制系统则以单片机为核心。由于计算机控制系统包括了硬件系统选型与设计、软件系统构建与程序设计、理论分析与计算方法等多方面的知识,一门课程只能就某一方面进行深入学习,才能逐步掌握计算机控制系统的全面系统的知识。本书主要就目前应用及其广泛、已经成为主流的单片机控制技术进行学习。

1.2 计算机控制系统概述

早期人们研发计算机,唯一目的就是为了进行快速计算和大批量数据处理。随着计算机技术的发展,计算机的应用领域在不断扩展,由单一的计算工具扩展演变为功能复杂多样的工具,进入了生产自动化、机械设计、电器设计、微纳制造、生活、学习、商务、办公、文化教育、财务管理、物流管理、人事档案管理、网络与远近程通信、电影电视制作与播放、音频视频、娱乐与游戏、医疗、军事对抗等人类活动的一切领域,可以说,计算机已经成为人类生产生活中最重要的工具。生产力的一个重要标志就是生产工具,计算机发展到现在的水平,既体现了当前高速发展的生产力的水平,同时计算机的发展也为生产的发展提供了更加有力的工具,使得生产得到更加迅速的发展。计算机在工业自动化领域的广泛使用,使加工过程自动化,保证了批量加工产品的加工精度,提高了产品质量,减少了废品和残次品,减少了工人劳动强度,提高了企业效益,极大地促进了工业的发展,计算机在工业控制领域的发展呈现出勃勃生机。

制造业是工业的基础,所有机械设备、化工设备、发电设备、电器设备、医疗设备、家用电器、各类武器、各类车辆、飞机、轮船,甚至于计算机的加工制造,都是以机械加工为主制造出来的。甚至于计算机芯片的制造也是一种精密机械加工与化学处理的过程。在制造业领域普及计算机控制加工,是工业发展的必然,也是生产力发展的要求。

近年来,计算机在机械领域的应用,门类广泛,种类繁多。按照系统结构划分,主要有以下三类。

1. 单机嵌入式系统

计算机测控系统安装在一个相对独立的设备上,对设备的运行进行监测与控制,称这样的计算机系统为嵌入式系统(embedded system)。例如许多数控机床、轮船、飞机、导弹、高级汽车上的控制器,这些控制系统有相对独立的运行程序,没有特殊情况,会按自身计算机的既定程序执行操作。这种嵌入式系统大多数以 8 位或 32 位单片机为核心处理器构建系统,有少量采用工控机或 PLC 构建系统。

2. 分布式控制系统

由一台主计算机(又称之为上位机)和若干个子计算机(又称之为下位机)组成的系统,这种系统主要安装在生产线上,由上位机根据计划任务,统一调度、协调各个下位机的工作,下位计算机各司其职,完成自己担负的测量与控制任务。在这样的控制系统中,主计算机通常担负任务分配、跟踪检测、数据库、告警信息处理等工作,一般选用配置较高、性能较好的工业控制计算机或者 PC 机,并安装实时多任务操作系统。各下位机完成具体的测量与控制操作,每个下位机系统实际上就是一个嵌入式系统。由于下位机的任务相对简单,因此下位机往往采用单片机、DSP等作为处理器组建控制器,有些下位机采用可编程序控制器 PLC,完成具体的测控任务。工作任务复杂的下位机可能又由一个小的分布式系统组成,系统内的所有计算机通过现场总线相连,但通常各下位机只与上位机通信,各下位机之间互相不直接通信。只有在特殊情况下,系统内一些下位机之间可以互相直接传输数据。分布式系统的结构如图 1-1 所示。

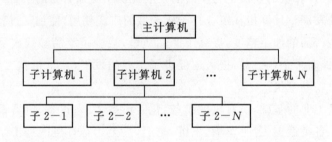

图 1-1　分布式系统结构

3. 网络测控与管理系统

用于多条生产线或多个车间甚至于全厂的生产自动化管理,网络测控系统与分布式系统的主要区别是在功能上增加了管理层,实现生产任务的分配、流程管理、工序管理、物流管理、原料管理、工序管理、每个工序的产品管理、零件管理、零件检测、直到总装、入库、出库管理等生产全过程的计算机控制与管理。各车间各生产线的计算机测控系统可能是分布式系统,具体的一台设备上可能是嵌入式系统,但各上位机都连到工厂的局域网上,管理层各职能部门的计算机也连接到工厂的局域网上,根据授权随时对生产过程进行调度和管理,以便底层的计算机能更加有效和可靠地工作。提高企业的整体效率和管理水平。网络测控与管理系统的结构如图 1-2 所示。

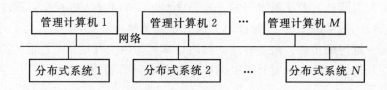

图 1-2　网络化测控系统结构

1.3　单机嵌入式系统

　　较早期的嵌入式系统以单片机系统为主,近年来,随着 32 位单片机 ARM 的发展,有些嵌入式系统采用 RAM 作为核心处理器,形成了普通单片机和 ARM 单片机并行发展的局面。在使用上各有侧重,普通单片机(8 位或 16 位)主要用于家用电器和普通工业控制,ARM 主要用于需要进行大量快速数据处理的工业控制场合,还有一部分嵌入式系统使用的是 PC 计算机或工业 PC,有些是 104 总线工业 PC,有些是 PLC(programmable logical controller)。单机嵌入式系统组成和结构如图 1-3 所示。

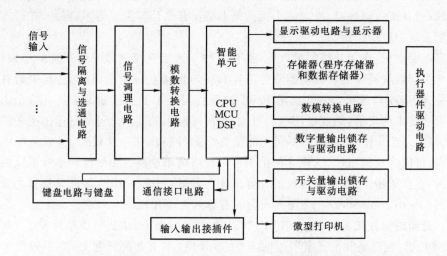

图 1-3　嵌入式系统组成与结构框图

1.3.1　基于单片机的嵌入式系统

　　计算机是应数值计算要求而诞生的。长期以来,电子计算机技术都是为了满足海量高速数值计算要求而发展的。直到 20 世纪 70 年代,电子计算机在数字逻辑运算、推理、温度适用性、实际控制方面有了长足的进展后,在技术上才具备了进入实际工业现场的条件。但是普通的数值计算机却因为其结构和性能的限制无法用于工业现场。工业现场对计算机的要求与普通计算机有很大的不同,主要表现在以下方面:

(1)能对现场设备进行自动控制和人机交互的操作控制。

(2)能嵌入到便携式仪器仪表中去。

(3)能在工业现场环境中可靠运行。

(4)有强大的控制功能。对外部信息能及时捕捉;对控制对象能灵活地实时控制;有实现控制功能的指令系统,有强大的扩展能力等。

单片机(single chip)正是适应这些要求,专为工业控制开发的集成计算机测控芯片,它将微型计算机的处理器和许多外部设备集成到一个芯片内,将 CPU、A/D 转换器、D/A 转换器、多路模拟开关、信号可编程放大器、程序存储器、数据存储器,各种通信控制器及其接口,诸如 UART、SPI、I^2C、CAN、USB 等许多设备集成于一个芯片内,形成了功能强大的适应工业控制要求的专用芯片。单片机的出现,是计算机技术发展史上的一个重要事件,它是计算机从数值计算进入到工业控制领域的标志。它既具有快速的运算处理能力,又有丰富灵活的接口,加上其单片集成,使其抗震动性能,抗电磁干扰的能力都比普通计算机好得多,因此,在嵌入式控制系统中应用广泛。

需要说明,在单片机问世以前,就有一种专为工业控制需要而开发的单板机,是将控制系统需要的各种功能部件芯片和接口焊接在一块电路板上,其中最有名的是 TP-801 单板机,在 20 世纪 70 到 80 年代担当了工业控制的主角。后来由于微电子技术的发展,集成电路密度更大,在同样面积的硅片上可以制造出更多的晶体管或 CMOS 管,就可以将不同功能的许多部件制作在一片硅片上,成品率也相当高,可以大批量生产,这样才产生了可以面市的单片机。由于这种单片机从结构上讲,主要适用于控制,与传统的计算机相比,其体积又特别小,因此又称其为微控制器(micro controller)。在国内人们一直称其为单片机。

最初的单片机为 4 位,主要用于家用电器。后来 Intel 公司成功开发了 MCS-51 单片机,也就是我们通常所说的 8051 单片机(本书为简便起见,在不致引起混淆的情况下,将其简称为 51 单片机),Motorola 公司开发了 M68 系列单片机,ZLOG 公司开发了 Z8 系列单片机。这些单片机很快就普及到工业控制领域和智能仪器仪表领域,为工业自动化提供了强大工具,加快了全球工业自动化的进程。随之又相继开发了 16 位单片机,16 位单片机也逐渐进入了工业控制领域,发挥了重要作用。现在 32 位单片机也已经面世,其功能更加强大,内含有多级流水线结构,含有 DSP 数字信号处理器,含有丰富的信号输入和控制输出端口。适用于极其复杂的设备的控制。

我国从 20 世纪 80 年代末,在进行了多方面比较和研究后,确定了引进和推广 51 系列单片机的方向,引进了 51 单片机的开发技术。而且立足国内,由启东计算机公司率先开发 51 单片机的开发系统,历经几年开发,推出了 CCV-51 开发系统。在该系统上,可以开发 51 单片机的程序。当时还只能编制汇编语言,经过编译后,将目标代码再烧写到程序存储器中去。后来 MCS-96 系列单片机问世,启东公司继续开发研究,研制了国内第一代 51-96 系列单片机集成仿真系统,在当时 PC 机的 DOS 操作系统下运行,并且开发了可以使用高级语言 PLM 语言和 C 语言的编辑编译系统。同时南京伟福公司也研制了在 DOS 操作系统下运行的爱思仿真系统,可以仿真 51-96 系列单片机。后来随着 PC 计算机操作系统 Windows 的面世、发展和更新,启东公司和伟福公司也开发了用于 Windows 操作系统的 51-96 系列单片机仿真系统,仿真机硬件和开发软件逐步完善,且价格逐步下降。与国外的仿真系统相比,价格便宜许多,但在性能上并不逊色。这些系统的推广,极大地推动了国内单片机的应用,推动了国内嵌入式系统技术的成长和工业自动化的发展。

一般来说,单片机仿真系统的硬件都大同小异,国内外仿真机硬件水平相近,但在仿真系统的集成开发软件上,差距很大。一个仿真系统是否好用,主要取决于其软件系统的性能。目前国内单片机仿真系统最有名的,有南京伟福公司的伟福系列仿真机及其仿真系统,启东公司的 ICE16 超级仿真机及其仿真系统,周立功仿真机及其仿真系统。其软件系统功能强大,都有方便的程序编写、编辑、编译、下载功能,都能进行程序全速运行、连续单步、宏单步、跟踪单步等运行,都有断点设置、PC 指针设置等调试功能,都能方便地观察变量,查看程序区和数据区的存储单元,程序调试很方便。伟福仿真系统的几款仿真机还具有以下分析功能:

(1)影子存储器。就是在仿真环境中为外部存储器建立一个影子,可以在程序运行时,动态地观察外部存储器的数据,通过影子存储器不但可以看到程序运行时,外部存储器的数据,还可以观察到外部存储器是否被存取过,其数据存储区的数据每 2 秒钟被刷新一次,被访问过的单元的背景颜色会变为橄榄绿色。以便于分析。

(2)程序时效分析。分析程序中各过程、函数以及每条指令的运行时间、执行次数及占整个程序运行时间的百分比。了解程序执行效率,以便优化程序。

(3)数据时效分析。在数据时效分析程序中,可以统计出各变量、数据单元被访问的次数、访问频率和访问方式,以便修改程序。

(4)逻辑分析仪。逻辑分析仪是一种类似于示波器的波形测试设备,它可以监测硬件电路工作时的逻辑电平,并加以存储,用图形方式直观地表达出来,便于用户检测电路,分析电路设计和软件设计中的缺陷和错误。

(5)波形发生器。波形发生器是一种数据信号发生器,在调试硬件时,常常需要加入一些信号,以观察电路工作是否正常。该仿真器可以产生这些信号,通过插座引出后接入电路板上的信号输入点即可。

现在国内的单片机仿真系统性能已经很好,价格也不高,已经完全占领了国内市场,并且积极拓展国际市场。

同时,国外最有名的几家半导体厂商也积极拓展其单片机在中国的市场,例如著名的美国 Microchip 公司(PIC 单片机研发产销),2016 年被 Microchip 并购的 Atmel 公司(AVR 单片机研发产销),美国德州仪器公司(MSP430 单片机和 DSP 单片机研发产销),法国的意法半导体公司(STM32 和 STM8 单片机的研发产销),这些单片机功能丰富,各具特色,成为中国单片机应用的主流。这些公司也各自推出自家的单片机仿真系统,为其单片机的应用助力。

由于开发工具的成熟和开发资料的丰富,极大地推动了单片机的应用与普及,使得嵌入式系统也得到了迅速发展。也培养锻炼了一大批人才,积累了丰富的设计经验和资料,进一步促进了单片机在嵌入式系统中的应用。

1.3.2　基于 DSP 的嵌入式系统

DSP 器件(数字信号处理器)是专门为快速实现各种数字信号处理算法而设计的具有特殊结构的微处理器,也是一种单片机。在 20 世纪 80 年代已经生产。但是由于其芯片价格和仿真系统价格昂贵,加上国内资料很少,熟悉 DSP 的人员很少,因此国内应用很少。在本世纪初,国外的仿真系统技术上已经成熟,使用的人多了,销量大了,其价格也开始下降,国内开始有人试用。2000 年以来,国内开始生产 DSP 仿真机,当然技术上还是源自于国外 DSP 制造公司。DSP 仿真系统还是 DSP 生产厂家的,最著名的 DSP 仿真系统是 CCS,是美国德州仪器公司为了推广其 TMS 系列 DSP 开发的。后来国内先后有合众达、闻亭等公司生产 TI 系列 DSP 芯片的仿真机。竞争促使价格向价值回归。掌握 DSP 设计开发技术的人员也开始培养出来,相关书籍也大量出版,资料也逐渐丰富。在嵌入式系统中应用 DSP 芯片已相当普遍。

1. DSP 特点

DSP 器件一般具备以下特点:

(1)具有比普通单片机高的指令执行速度;

(2)内部采用程序和数据分开的哈佛总线结构;

(3)具有专门的硬件乘法器;

（4）广泛采用流水线操作；

（5）提供特殊的 DSP 指令集。

DSP 芯片可分为通用型和专用型两大类型。DSP 芯片的发展很快，功能不断增强，性能价格比不断上升，开发手段不断改进，已经在高性能的控制系统中得到应用。在通信与电子系统、信号处理系统、自动控制、雷达、军事、航空航天、医疗、家用电器、电力系统等许多领域中有所应用。对于要求处理速度快，处理数据量大的系统，使用 DSP 器件是较好的方案之一。

TI、AD、AT&T、Motorola 和 Lucent 等公司是 DSP 芯片的主要生产商。其中 TI 公司的 TMS320 系列的 DSP 占据了全球 DSP 市场一半左右。在 DSP 芯片中，TI 的 TMS320 系列产品在我国被用户使用的最多，国内也有较多的资料介绍。这里以 TMS320 系列为例，对 DSP 作以简要说明。

2. DSP 应用与分类

1）DSP 芯片的应用

（1）信号处理，如数字滤波、自适应滤波、快速傅里叶变换、相关运算、谱分析、卷积、模式匹配、加窗、波形产生等；

（2）通信，如调制解调器、自适应均衡、数据加密、数据压缩、回波抵消、多路复用、传真、扩频通信、纠错编码、可视电话等；

（3）语音，如语音编码、语音合成、语音识别、语音增强、说话人辨认、说话人确认、语音邮件、语音存储等；

（4）图形/图像，如二维和三维图形处理、图像压缩与传输、图像增强、动画、机器人视觉等；

（5）军事，如保密通信、雷达处理、声纳处理、导航、导弹制导等；

（6）仪器仪表，如频谱分析、函数发生、锁相环、地震信号处理等；

（7）自动控制，如引擎控制、声控、自动驾驶、机器人控制、磁盘控制等；

（8）医疗，如助听器、超声设备、诊断工具、病人监护等；

（9）家用电器，如高保真音响、音乐合成、音调控制、玩具与游戏、数字电话/电视等。

2）从应用的角度，通用型 DSP 的特点

（1）多总线结构。世界上最早的微处理器是基于冯·诺依曼（Von Neumann）结构的，其取指令、取数据都是通过同一条总线完成的，因此必须分时进行，在高速运算时，往往在传输通道上会出现瓶颈效应。而 DSP 内部一般采用的是哈佛（Harvard）体系结构，它在片内至少有四套总线：程序的数据总线，程序的地址总线，数据的数据总线和数据的地址总线。这种分离的程序总线和数据总线，可允许同时获得指令字（来自程序存储器）和操作数（来自数据存储器），而互不干扰，这意味着在一个机器周期内可以同时准备好指令和操作数。这种多总线结构就好象在 DSP 内部架起了四通八达的高速通道,使得运算单元在取得程序指令的同时也取到了需要的数据,提高运算速度。因此,对 DSP 来说,内部总线是个资源,总线越多,可以完成的功能就越复杂。

(2)多处理单元。DSP 内部一般都包括多个处理单元,如硬件乘法器(MUL),累加器(ACC),算术逻辑单元(ALU),辅助算术单元(ARAU)以及 DMA 控制器等。它们都可以在一个单独的指令周期内执行完成计算任务,并且这些运算往往是同时完成的。例如,当完成一个乘法和累加的同时,辅助算术单元已经完成了下一个地址的寻址工作,为下一次的运算做好了充分的准备。因此,DSP 可以完成连续的乘加运算,而每一次的运算都是单周期的。这种结构特别适用于滤波器的设计,如 IIR 和 IFR。DSP 的这种多处理单元结构还表现在将一些特殊算法做成硬件,以提高速度,典型的 FFT 的位反转寻址,语音的 A 律等。

(3)流水线结构。要执行一条 DSP 指令,需要通过取指令、译码、取操作数和执行等几个阶段,DSP 的流水线结构是指它的这几个阶段在程序执行过程中是重叠的,即在执行本条指令的同时,下面的三条指令已依次完成了取操作数、译码、取指令的操作,这样就将指令周期的时间降低到最小值。正是利用这种流水线机制,保证了 DSP 的乘法、加法以及乘加运算可以在一个单周期内完成,这对提高 DSP 的运算速度具有重要意义,特别是当设计的算法需要连续的乘加运算,这种结构的优越性就得到了充分的表现。也正是这种结构,决定了 DSP 的指令基本上都是单周期指令,衡量一个 DSP 的速度也基本上以单周期指令时间为标准。

(4)硬件乘法器。可以说几乎所有的 DSP 内部都有硬件乘法器,硬件乘法器的功能是在单周期内完成一次乘法运算,是 DSP 实现快速运算的重要保障。

(5)特殊的 DSP 指令。为了更好地满足数字信号处理应用的需要,在 DSP 的指令系统中,设计了一些特殊的 DSP 指令. 例如,TMS320C25 中的 MACD(乘法、累加和数据移动)指令,具有执行 LT、DMOV、MPY 和 APAC 等 4 条指令的功能;TMS320C54x 中的 FIRS 和 LMS 指令,则专门用于系数对称的 FIR 滤波器和 LMS 算法。

(6)指令周期短。早期的 DSP 的指令周期约 400 ns,采用 4 μmNMOS 制造工艺,其运算速度为 5 MIPS(每秒执行 5 百万条指令)。随着集成电路工艺的发展,DSP 广泛采用亚微米 CMOS 制造工艺,其运行速度越来越快。以 TMS320C54x 为例,其运行速度可达 100 MIPS。TMS320C6203 的时钟为 300 MHz,运行速度达 2400 MIPS,6400 系列 DSP 运行速度已经达到 8800 MIPS。

(7)运算精度高。早期 DSP 的字长为 8 位,后来逐步提高到 16 位、24 位、32 位。为防止运算过程中溢出,有的累加器达到 40 位,此外,一批浮点 DSP,例如

TMS320C3x、TMS320C4x、TMS320C6x、ADSP21020 等，则提供了更大的动态范围。

（8）硬件配置强。新一代 DSP 的接口功能愈来愈强，片内具有串行口、主机接口（HPl）、DMA 控制器、软件控制的等待状态产生器、锁相环时钟产生器以及实现在片仿真符合 IEEE 1149.1 标准的测试访问口，更易于完成系统设计。许多 DSP 芯片都可以工作在省电方式，使系统功耗降低。DSP 芯片的上述特点，使其在各个领域得到广泛应用。

在此需要说明，由于后来崛起的 ARM 单片机在总线结构、性能方面优化了 DSP 的结构和功能，现在 ARM 迅速推广到控制领域，大大挤占了 DSP 的市场，并有取代 DSP 的趋势。

1.3.3　基于 ARM 的嵌入式系统

20 世纪 90 年代初，半导体产业形成了设计业、制造业和封装业分离的产业分工，英国先进机器公司（Advanced RISC Machines，ARM 公司）就是专门进行半导体产品设计的公司，它设计了高效的 IP 内核（此处 IP 指的是 Intelligence Property 即智能型内核），授权给各半导体公司使用，这些公司在 ARM 基础上，添加自己的设计并推出芯片产品，经过长期发展，ARM 公司已经成为业界领先的 IP 设计技术供应商。ARM 微处理器得到了众多半导体厂家和整机厂商的大力支持，使 ARM 在高性能嵌入式领域获得巨大成功。目前，已开发出 ARM7/ARM9/ARM10/ARM11 等多种芯片，几乎所有手机、移动智能设备、PDA 都是基于 ARM 核的系统芯片开发的。这里以基于 ARM9 技术的 16/32 位芯片 S3C2410A 为例进行介绍。

1. 片内资源

S3C2410A 是韩国 Samsung 公司的产品，它采用了 ARMT920 内核，其片内资源如下：

（1）1.8 V～2.0 V 内核供电，3.3 V 存储器和 I/O 接口供电。

（2）分开的 16 KB 程序 Chache 和 16 KB 数据 Chache。

（3）外部存储控制器（SDRAM 控制和片选逻辑）。

（4）LCD 控制器，（最大支持 4 K 色 STN 和 256 色 TFT）提供 1 通道 LCD 专用 DMA。

（5）4 通道 DMA 并有外部请求引脚。

（6）3 通道 UART（IrDA1.0，16 字节 TxFIFO，16 字节 RxFIFO）/2 通道 SPI。

（7）1 通道 I^2C 总线和 I^2C 总线控制器。

(8)兼容 SD 主接口协议 1.0 版和 MMC 卡 2.11 版。

(9)2 端口 USB1.1 主机接口和 1 端口 USB1.1 设备接口。

(10)4 通道 PWM 定时器和 1 通道内部定时器,可编程占空比、频率和极性。

(11)看门狗定时器。

(12)117 个 I/O 口。

(13)55 个中断源,包括 1 个看门狗定时器,5 个通用定时器,9 个 UARTs,24 个外部中断,4 个 DMA,2 个 RTC,2 个 ADC,1 个 I^2C,2 个 SPI,1 个 SDI,2 个 USB,1 个 LCD,1 个电池故障。

(14)24 通道外部中断源,可编程的电平触发/边沿触发极性设置,支持为紧急中断请求提供快速中断服务。

(15)功耗控制模式:具有普通、慢速、空闲和掉电模式。

(16)8 通道 10 位 ADC 和触摸屏接口。

(17)具有日历功能的 RTC。

(18)具有锁相环(PLL)的片上时钟发生器。

2. ARM920T 特性

1)ARM920T **工作状态**

(1)ARM920T 可以工作在两种状态:ARM 状态和 THUMB 状态。

(2)ARM 状态,执行 32 位字对齐的 ARM 指令。

(3)THUMB 状态,执行 16 位半字对齐的 THUMB 指令。在这种状态下,PC 寄存器的第 1 位用于选择一个字中的哪个半字。

(4)两种状态的切换方法:要进入 Thumb 状态,可以通过执行 BX 指令,同时将操作数寄存器的状态位(bit0)置 1 来实现。当从异常(指中断等事件服务)返回时,只要进入异常处理前处于 Thumb 状态,则返回后还会处于 Thumb 状态。

要进入 ARM 状态,可以通过执行 BX 指令,同时将操作数寄存器的状态位(bit0)清零来实现。当从异常(指中断等事件服务)返回时,只要进入异常处理前处于 ARM 状态,则返回后还会处于 ARM 状态。这两种状态的转换不影响处理模式和寄存器内容。

2)**数字存储格式**

ARM920T 将存储空间视为从 0 开始按字节排列的连续空间,字节 0～3 中保存第 1 个 32 位字,字节 4～7 中保存第 2 个 32 位字,依此类推。ARM920T 对存储的字可按大端格式或小端格式保存,大端格式是:字数据的高位字节存放在低地址中,而其低位字节存放在高地址中。小端格式是:字数据的高位字节存放在高地址中,而其低位字节存放在低地址中。

3)**指令格式**

指令可以是 32 位(在 ARM 状态)或 16 位(在 THUMB 状态)。

4)**数据类型**

ARM920T 支持字节(8 位)、半字(16 位)、字(32 位)数据类型。字必须按照 4 字节对齐,半字必须按照 2 字节对齐。

5)**操作模式**

ARM920T 支持 7 种操作模式:

(1)用户模式(user 模式),应用的普通模式。

(2)快速中断模式(fiq 模式),用于支持数据传输或通道处理。

(3)中断模式(irq 模式),用于普通中断处理。

(4)超级用户模式(svc 模式),操作系统的保护模式。

(5)异常中断模式(abt 模式),输入数据后预取异常中断指令。

(6)系统模式(sys 模式),是操作系统使用的一个有特权的用户模式。

(7)未定义模式(und 模式),执行了未定义指令时进入该模式。

外部中断、异常操作或软件控制都可以改变操作模式。大多数应用程序都是在用户模式下运行。进入特权模式是为了处理中断或异常请求或保护操作资源。

6)**ARM920T 寄存器**

ARM920T 共有 37 个 32 位的寄存器,其中 31 个是通用寄存器,6 个是状态寄存器。但在同一时间,对程序员来说,并不是所有的寄存器都是可见的。在某一时刻某一寄存器是否可见(可被访问),是由处理器当前的工作状态和工作模式决定的。

在 ARM 状态下,任何时候都可以看到 16 个通用寄存器,1 或 2 个状态寄存器。在特权模式(非用户模式)下,会切换到具体模式下的寄存器组,其中包括模式专用的私有(banked)寄存器。ARM 状态寄存器系列中含有 16 个直接操作寄存器:R0 到 R15。除了 R15 外,其他都是通用寄存器,可用来存放地址或数据值。除此之外,实际上有 17 个寄存器用来存放状态信息。具体如下:

R14,专门存放返回点的地址,在系统执行一条"跳转并链接"指令的时候,R14 将收到一个来自 R15 的拷贝。其他时候,它可以被用作一个通用寄存器。在非用户模式下,不同的工作模式使用不同的专用私有 R14 寄存器,分别为 R14_svc、R14_irq、R14_fiq、R14_abt 和 R14_und。它们都同样用来保存在中断或异常发生时,或在中断或异常中执行了 BL 指令时,R15 的返回值。

R15 是程序计数器 PC,在 ARM 状态下,R15 的 bit1~0 都为 0,其 bit31~2 保存了 PC 的值。在 THUMB 状态,其 bit0 为 0,其 bit31~1 保存了 PC 的值。

快速中断(fiq)模式拥有 7 个私有寄存器 R8~R14。分别为 R8_fiq~R14_fiq。在 ARM 状态下,多数 Fiq 都不需要保存任何寄存器。用户、中断、异常中止、超级用户和未定义模式都拥有两个私有寄存器 R13 和 R14。允许这些模式都可拥有一个私有堆栈指针和链接(link)寄存器。

R16 是 CPSR(当前程序状态寄存器),用来保存当前代码标志和当前处理器模式位。另外还有 5 个保存程序状态寄存器 SPSRs 用于异常中断处理,这些寄存器的功能有:

(1)保留最近完成的 ALU 操作信息。

(2)控制中断的使能和禁止。

(3)设置处理器的操作模式。

CPSR 的低 8 位 bit7-0 为控制位,其依次为 I、F、T 和 M4~M0。

I,F 为中断禁止位,当它们被置 1 时就相应的禁止了 irq 和 frq 中断。

T 为标志位,反映处理器在什么状态运行,该位被设置为 1 时,处理器运行在 THUMB 状态,否则运行在 ARM 状态。这些由外部信号 TBIT 反映出来。注意软件决不能改变 TBIT 的数值,否则处理器会进入一种不可预知的状态。

M4~M0 为运行模式位,它们决定了处理器的操作模式,如表 1-1 所示。并不是所有的组合都决定一个有效的处理器模式,只有那些明确定义的值才能起作用。用户要明白,任何一种非法的值写入模式位,处理器都会进入到一种混乱状态,要回到正常工作状态,必须要复位。

表 1-1　ARM 模式位的值和对应的模式

M4~M0	模式	可视的 THUNM 状态寄存器	可视的 ARM 状态寄存器
10000	用户模式	R7~R0,LR,SP,PC,CPSR	R14~R0,PC,CPSR
10001	Fiq 模式	R7~R0,LR_fiq,SP_fiq,PC, CPSR,SPSR_fiq	R7~R0,R14_fiq~R8_fiq,PC, CPSR,SPSR_fiq
10010	Irq 模式	R7~R0,LR_irq,SP_irq,PC, CPSR,SPSR_irq	R12~R0,R14_irq,R13_irq, PC,CPSR,SPSR_irq
10011	超级用户模式	R7~R0,LR_svc,SP_svc,PC, CPSR,SPSR_svc	R12~R0,R14_svc,R13_svc,PC, CPSR,SPSR_svc
10111	中止	R7~R0,LR_abt,SP_abt,PC, CPSR,SPSR_abt	R12~R0,R14_abt,R13_abt,PC, CPSR,SPSR_abt
11011	未定义模式	R7~R0,LR_und,SP_und,PC, CPSR,SPSR_und	R12~R0,R14_und,R13_und,PC, CPSR
11111	系统模式	R7~R0,LR,SP,PC,CPSR	R14~R0,PC,CPSR

7)进入异常和离开异常时的处理

正常的程序运行被临时中断,转而执行其他程序或操作称为异常,就计算机的一般概念,实际上就是执行中断服务程序。有可能同时有几个中断请求,如果出现这种情况,ARM 就会按其优先级的高低和同一优先级下规定的次序进行处理。

在进入异常时,ARM920T 将执行以下操作:

(1)将下一条指令的地址存放到相应的 Link 寄存器中,不管异常是从 ARM 状态还是 THUMB 状态进入的,下一条指令的地址(根据异常的类型,数值为当前 PC+4 或当前 PC+8)都会被复制到 Link 寄存器中。这表示异常处理程序并不关心是从什么状态进入异常的。无论来自什么状态,处理程序只要执行 MOVS PC,R14_svc 语句,总可以返回到原来程序的下一条语句。

(2)将 CPSR 的内容复制到 SPSR 中。

(3)根据异常类型强制改变 CPSR 模式位中的值。

(4)令 PC 的值指向异常处理向量所指的下一条指令。

这时也可以设置中断禁止标志,以防止其他中断。

在退出异常时,ARM920T 将执行以下操作:

(1)将 Link 寄存器减去相应的偏移量,赋给 PC(偏移量的值由异常的类型决定)。

(2)将 SPSR 的内容复制到 CPSR 中。

(3)如果在进入异常时设置了禁止中断标志,就要清除它。

1.4　工业控制计算机

工业控制计算机(industrial control computer)是按常见工业现场环境条件设计、适用于工业过程实时监测控制用的计算机。它包括过程控制计算机和生产线控制、机械加工控制的计算机,它们可以是各类专用机和通用机。大至具有多级通信网络的分布式控制系统,小至带有单片机或微处理器的仪表型控制器。

以工控机为核心的嵌入式系统主要用于各类功能复杂的数控机床和加工中心,还有各类飞机、舰船的自动驾驶系统,还有自动化生产线控制系统。国外有许多公司研制和生产这类产品,其中以德国的西门子公司最为著名。迄今为止,西门子的数控产品占领了中国数控市场的相当大的份额,其他外国厂家占有小部分市场,中国自己的数控产品目前所占的市场份额不大,主要原因是质量欠佳,包括精度、可靠性和寿命以及故障率等都差一点(与国外高水平的数控产品比较)。要改变这一局面,需要努力提高产品质量。可喜的是国内已有不少企业正在积极开发数控产品,在不断地提高产品质量,以提高产品的市场竞争力,有望在不远的将来赶上和超过国外同类产品。

1.4.1　工控机概述

1.工控机主要特点

1)可靠性高

要求在工业现场的恶劣环境条件(如高温、低温、高湿度、多粉尘、含腐蚀性气体、强电磁场干扰等)下,仍能可靠地连续运行,具有足够长的平均故障间隔时间(1V,RBF)。提高可靠性的措施主要有:

(1)选用高质量的元器件并降级使用;

(2)抗干扰的电路设计和可靠的线路板设计;

(3)使用优质的工业电源;

(4)采用监视定时器的自启动电路;

(5)抗恶劣环境的系统结构设计;

(6)具有抗恶劣环境并适合工艺操作的键盘或操作台;

(7)具有后备设计,有的进一步采用容错及冗余设计等。

2)易于维护

系统结构上便于故障诊断和维修。新一代工业控制计算机具有在线维护功能,能按自诊断结果自动切断故障部分,可将故障模板或模块在线带电插、拔更换。

3)实时性强

有良好实时性的数据处理及通信能力。

4)易于扩展

适合工业现场较易变更控制方案、扩充控制回路数和功能的要求。

2.常见的工业控制计算机类型

1)专用工业控制计算机

以微处理器、单片机等为基础,它们往往按控制对象来定义名称,例如工业锅炉控制计算机、回转炉控制计算机等。这一类型的控制系统结构简单、价廉,可靠性可满足设计要求,但开发时针对性强,扩展性和通用性差。一般用于小型简单的过程监控系统。

2)扩展的工业控制计算机

以可编程控制器为基础,目前主要用于各种机械加工过程的控制,也能用于其它的过程控制。其可靠性、扩展性和软件开发的方便性一般优于第1)类。

3)模块化工业控制计算机

具有模块化结构.可按需要将一组具有特定功能的组件即模板或模块,用工业标准总线加以连接,构成系统。由于组件的模块化和标准化,这种系统的整机可靠性很高,系统设计灵活,易于扩展和维护。其中基于 ISA 总线的 AT96 总线技术和基于 PCI 总线的 COMPACT PCI 总线技术而发展起来的工业控制计算机,近年来迅速发展并广泛应用,成为现今最流行的工控机总线技术。

集散型控制系统中的现场控制站实际上也是一种工业控制计算机,但它一般没有人机接口,人机对话通过操作站进行。

工控机的机械结构主要保证抗震动、防灰尘、良好的散热、良好的电磁屏蔽等,此处不作介绍。这里主要介绍一下模块化工控机的总线技术。

3. 工控机的总线技术

经历了 30 多年的发展,现在应用于现场的总线主要有以下几种。

1)VME 总线

VME 总线工控机诞生于 1981 年。30 多年来,在高性能的实时应用领域长期处于主导地位。然而,昔日先进的总线架构,与现今流行的先进的 Compact PCI 总线相比,已经落后太多,失去了发展的空间。为了生存,从 VME32,改进到 VME64、VME64x,直到 VME320,但市场接受状况并不理想。其主要原因是 VME 总线速度慢,32 位的 VME 总线最大理论带宽为 40 MB,实际仅能达到每秒 15 MB 左右的传输速度。再是其架构为封闭式,没有统一的软件标准,所以其软件研制环境是特定的,并依赖于硬件。软件研制一直是 VME 总线工控机的最大弊端,为此客户须付出高昂的费用和漫长的研制周期。因此这种总线将被淘汰。

2)Compact PCI(CPCI)

CPCI 是一种基于标准 PCI 总线的小巧而坚固的高性能总线技术。1994 年 PICMG(PCI Computer Manufacturer's Group,PCI 工业计算机制造商联盟)提出了 Compact PCI 技术,它定义了更加坚固耐用的 PCI 版本。在电气、逻辑和软件方面,它与 PCI 标准完全兼容。卡安装在支架上,并使用标准的 Eurocard 外型。由于 CPCI 总线是与 PCI 总线兼容的开放式架构,可以利用 PC 技术的软件资源,产品研制周期短、成本低。

从总线速度上看,32 位 33 MHz 的 CPCI 总线最大传输速度为 132 MB/s,64 位 33 MHz 的为 264MB/s,64 位 66 MHz 时的峰值速度可达 528 MB/s;CPCI 总线工控机可以自动识别板卡,并自动配置系统资源,很容易实现即插即用;CPCI 有丰富的 I/O 子板,如 PMC 和 IndustryPack,借助于载板,很容易插入到系统中使用。是现今应用最广的工控机总线。

3)STD 总线

STD 总线是在 1978 年最早由 Pro-Log 公司作为工业标准发明的,由 STDGM 制定为 STD-80 规范,随后被批准为国际标准 IEE961。STD-80/MPX 作为 STD-

80 追加标准,支持多主(MultiMaster)系统,为开放式架构。STD 总线性能不如 CPCI,但在软件、I/O 板卡资源等方面优于 VME 总线,在国内外也有较多的应用。

4)AT96 总线

为了将 ISA 总线 PC 机应用在恶劣的工业环境中,1994 年由德国 SIEMENS 公司发起制定了 AT96 总线欧洲卡标准(IEEE996),并在欧洲得到了推广应用。

由于本书前边对 ISA 总线和 PCI 总线及其应用已作了介绍,在此仅介绍 Compact PCI 总线工控机和 STD 总线工控机。

1.4.2 Compact PCI 总线工控机

Compact PCI 工控机的电路系统结构与 PCI 总线的 PC 机相同,其与普通 PC 机的区别主要在于机械结构不同。

1. Compact PCI 规格

(1)业界标准 PCI 芯片组,以低价格提供高性能。

(2)单总线 8 个槽,可通过 PCI 桥扩展。

(3)欧式插卡结构。

(4)高密度气密 2mm 针孔接头。

(5)前面板安装和拆卸。

(6)板卡垂直安装利于冷却。

(7)强抗冲击和震动特性。

2. Compact PCI 的三大核心技术

(1)PCI 局部总线。

(2)欧式插卡机械结构。欧式插卡机械结构是一种由 VMEbus 推广的工业级包装标准。有两种欧式插卡规格:3U 和 6U。3U Compact PCI 卡尺寸为 160 mm ×100 mm,6U 卡为 160 mm×233.35 mm。Compact PCI 卡的前面板符合 IEEE 1101.1 和 IEEE 1101.10 标准,并且可以包含可选的 EMC 密封圈以降低电磁干扰。典型情况下前面板包含 I/O 接口,LED 指示灯和开关。Compact PCI 也支持 IEEE 1101.11 的后面板 I/O。由于其易于维护的特性,后面板 I/O 在电信设备上应用广泛。由于所有的连线都连接在后部转接板上,前面的 Compact PCI 插卡没有任何连线,因此可以在更换板卡时无需重新连线。

(3)高密度针孔连接器。Compact PCI 使用符合 IEC-1076 国际标准高密度气密式针孔连接器,其 2 mm 的金属针脚具有低感抗和阻抗,从而减少了高速 PCI 总线引起的信号反射,使 Compact PCI 系统在单总线段即可达到 8 个槽,Compact PCI 定义了 5 种接口:J1 到 J5。3U Compact PCI 板卡只有 J1 和 J2 两个接口,6U

板 J1 到 J5 都包括。J1 和 J2 在 3U 和 6U Compact PCI 板卡上的定义是一样的，因此 3U 和 6U Compact PCI 板卡在电气上是可以互换的。

3. Compact PCI 的优点

与传统工业 PC 相比，Compact PCI 具有以下优点：

(1)易用性。从传统工业 PC 系统上更换一块板卡常常是相当耗时的；由于板卡与外围设备之间可能会有一些内部连接电缆。而换卡时必须将这些连线断开，因此这一过程很容易出错。Compact PCI 的 I/O 接线都是通过后面板，前面的 Compact PCI 板卡上没有任何连线，可以从前面板拔插板卡。因此更换板卡非常快捷简便。维修时间将会从小时级(传统工业 PC)缩减为分钟级，从而缩短了 MTTR(平均维修时间)。

(2)抗震性。传统工业 PC 不能对系统中的外围设备板卡提供可靠而安全的支持，插于其中的板卡只能固定于一点。卡的顶端和底部也没有导轨支持，因此卡与槽的连接处也容易在震动中接触不良。Compact PCI 卡牢牢地固定在机箱上，顶端和底部均有导轨支持。前面板紧固装置将前面板与周围的机架安全地固定在一起。卡与槽的连接部分通过针孔连接器紧密地连接。由于卡的四面均牢牢地固定在其位置上，因此即使在剧烈的冲击和震动场合，也能保证持久连接而不会接触不良。

(3)通风性。传统的工业 PC 机箱内空气流动不畅，不能有效散热。空气流动因为无源底板、板卡支架和磁盘驱动器所阻塞，冷空气不能在所有板卡间循环流动，热空气也不能立即排出机箱外。电子设备和电路板会因这些冷却问题而损坏，使之变形、断线等。Compact PCI 为系统中所有发热板卡提供了顺畅的散热路径。冷空气可以随意在板卡间流动，将热量带走。集成在板卡底部的风扇系统也加速了散热进程。由于良好的机械设计带来通畅的散热途径，Compact PCI 系统极少出现散热方面的问题。

4. CPCI 总线工控机的应用

在欧美，CPCI 工控机取代 VME 工控机，逐渐应用在空防、海防和陆地军事武器和航天地面测控设备上，如 SBS Technologies 的 CR6 CPCI 工控机系统等。

在国内，中国核动力研究院设计院采用康拓公司的 CPCI 产品研制了"九五"重点攻关项目"核电站数字化反应堆保护系统"原理样机，并通过了中国核工业集团公司组织的鉴定。"核电站反应堆保护系统"是核电站重要的安全系统，有高可靠性要求。这是国产化的工控机和国产化设备首次应用在核保护装置上，推进了核电站保护设备的国产化过程和相关领域的技术进步。浙江绍兴精工集团采用北京康拓公司生产的 CPCI 工控机系统研制成功了国产化先进的"喷气"纺织机。国产化的 CPCI 总线工控机在国内航天领域的"神通一号"卫星动量轮地面测试系统、"风云二号"气象卫星自旋线路系统测试设备、"东方红四号"通信卫星推进系统地面测试设备中也得到了成功应用。在这以前,由于没有国产高性能的工控机可用,我国卫星地面测试设备基本被进口设备所垄断,如 VME 总线和 VXI 总线测试设备,其价格昂贵,同时国防信息安全也没有保证。国产化的 CPCI 总线工控机在海军、电力、铁路、公路隧道等方面已经有数十家用户,产品已经被市场认可,并正在继续发展。综上所述,CompactPCI 总线技术在军工通信领域得到成功应用之后,近几年在工业自动化总线型工控机领域中已获得长足进展。北京康拓公司研制成功的采用 CompactPCI 总线和 AT96 总线双总线结构的 APCI5000 系列工控机,已经通过航天科技集团组织的新产品技术成果鉴定会,标志着中国有了自己的 CompactPCI 总线工控机平台。这从技术水平上提高了我国企业进入 WTO 以后的市场竞争力,对我国传统产业升级改造和优化产业结构,都具有十分积极的作用,对提高我国的国防实力也具有十分重要的意义。随着人们对 CPCI 总线工控机认识的深入,以及技术的进步和思想的解放,CPCI 总线工控机以其系统的开放性、软件硬件的标准化、高性能和高可靠性,必将在可靠性要求很高的工业和国防领域中得到广泛的应用。

1.5　STD 总线工控机

STD 总线工控机是工业型计算机,STD 总线的 16 位总线性能满足嵌入式和实时性应用要求,特别是它的小板尺寸、垂直放置无源背板的直插式结构、丰富的工业 I/O OEM 模板、低成本、低功耗、可扩展的温度范围、可靠性和良好的可维护性设计,使其在空间和功耗受到严格限制的、可靠性要求较高的工业自动化领域得到了广泛应用。

1. STD 总线工控机的电路结构

STD 总线工控机采用无源母板架构,母板上只有 STD 总线。其它所有模板都可直接插在母板上的任意插槽内,各模板都有自己的地址,模板包括了 CPU 板、电源板、存储器板、模拟 I/O 板、数字 I/O 板、工控 I/O 板、外设接口板等。其电路结构如图 1-4 所示。

2. STD 总线的 32 位扩展

现在,STD32 总线工控机技术更好地发挥了 32 位计算机的性能。自从 1978 年 STD 总线问世以来,STD 总线工控机已经从最初的 8 位发展到 32 位。随着技术的进步,原来被工业用户所认同的 STD-80 标准已经难以满足要求。1990 年 9 月,STD32 MG 公布 STD32 规范 1.0 版。STD32 具有 32 位数据宽度,32 位寻址

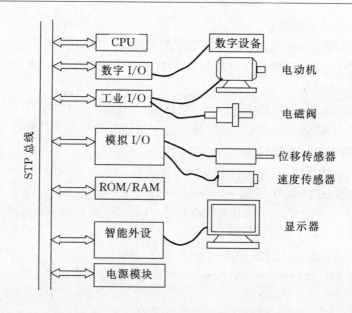

图 1-4　STD 总线工控机电路结构示意图

能力,是工业型的高端计算机。STD32 总线兼容 STD-80 规范,产品可以互操作。

　　众所周知,总线的力量不在于其理论上多么先进,而在于为这种总线研制的 OEM 模板的数量和种类的丰富程度。STD32 总线工控机由众多的 OEM 制造商支持,既可以采用已经投放市场的丰富的 STD 总线 I/O 模板,也可以采用由 STD32 产品制造商不断推向市场的 STD32 总线 I/O 模板,以及其它与 PC 兼容的资源,组成工业控制系统。STD32 总线支持热切换和多主系统,满足工业控制冗余设计要求。

1.6　PC104 总线工业控制计算机

　　PC/104 是一种专门为嵌入式控制而定义的工业控制总线,是由美国加州的 Ampro 公司 1980 年首先开发的,其后在国际上广泛流行。1992 年被 IEEE 协会定义为 IEEE-P996.1 标准。IEEE-P996 是 PC 和 PC/AT 工业总线规范,从 PC/104 被定义为 IEEE-P996.1 就可以看出,PC/104 实质上是一种紧凑型的 IEEE-996。其型号定义和 PC/AT 基本一致,但电气和机械规范却完全不同,是一种优化的,小型堆栈式结构的嵌入式控制系统。PC/104 有两个版本,8 位和 16 位,分别与 PC 和 PC/AT 相对应。PC/104 PLUS 则与 PCI 总线相对应,在 PC/104 总线的两个版本中,8 位 PC/104 共有 64 个总线引脚,单列双排插针和插孔,P1:64 针,P2:40 针,合计 104 个总线信号,PC/104 因此得名。

PC/104 与普通 PC 总线控制系统的主要不同是:

(1)小尺寸结构:标准模块的机械尺寸是 3.6 英寸×3.8 英寸,即 96 mm×90 mm。

(2)堆栈式连接:去掉总线背板和插板滑道,总线以"针"和"孔"形式层叠连接,即 PC/104 总线模块之间总线的连接是通过上层的针和下层的孔相互咬和相连,这种层叠封装有极好的抗震性。

(3)轻松总线驱动:减少元件数量和电源消耗,4 mA 总线驱动即可使模块正常工作,每个模块 1~2 W 能耗。

现以一款中档 PC/104 模块 PCM-3350 为例,PCM-3350 的接口见图 1-5。其性能如下:

(1)采用高性能嵌入式处理器,主频为 300 MHz;

(2)具有 PC/104 尺寸大小(96 mm×90 mm);带有 256 KB Flash memory,含

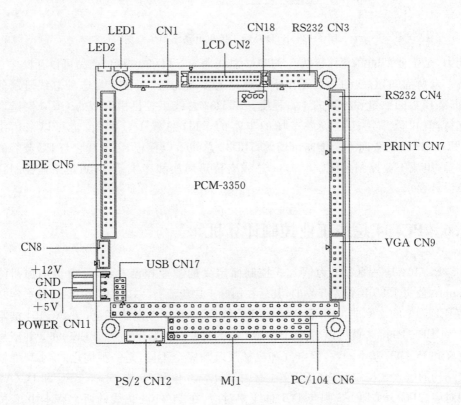

图 1-5　PC/104 模块 PCM-3350 接口示意图

有可支持 128 MB SDRAM 内存的 SODIMM 插槽；

(3)此模块支持 2 个 EIDE 设备,支持软驱和 ATA 硬盘；

(4)带有 1 个 RS-232 端口和 1 个 RS-232/422/485 端口；

(5)带有 2 个 USB1.0 兼容的 USB 端口；

(6)1 个并口和 1 个支持标准 PS/2 键盘和鼠标的接口；

(7)带有 1 个 CompactFlash 插槽,可以插入 CompactFlash 卡将其模拟为硬盘；

(8)模块支持 18 位 TFT LCD 平板显示器和逐行 CRT 显示器；

(9)可安装 Windows 系统或 Linux 系统。

此外,PCM-3350 还具有 APM 1.1 电源管理功能,带有红外端口和看门狗定时器。PCM-3350 所具备的这些丰富功能使它成为最受欢迎的嵌入式系统之一。

PC104 可以使用 Windows 操作系统,也可以使用 Linux 操作系统,也可以使用 DOS 操作系统,尤其是 Windows 和 Linux 操作系统强大的功能和丰富的软件资源,使得针对具体应用对象的开发设计变得简便易行。人们可以很快地开发出用于目标系统的应用程序。由于在工业控制中,人机交互过程中显示器的显示内容,在应用程序开发中往往占有很大的比例,而 PC104 工控机的显示程序可以在普通 PC 机上使用 Windows 环境下开发人机界面极好的 Powerbuilder、LabVIEW 等集成软件开发平台,设计开发应用程序,然后将目标代码以模块组件 DLL 与其他模块链接后直接装入 PC104 中运行。这可以大大加快程序开发速度,提高开发效率。

1.7 可编程控制器(PLC)

可编程控制器(program mable controller)简称为 PC,在办公自动化和工业自动化中广泛使用的个人计算机(PersonalComputer)也简称为 PC,为了避免混淆,现在一般将可编程控制器简称为 PLC(program mable logic controller)。现代的 PLC 是以微处理器为基础的工业控制装置。1985 年国际电工委员会(1EC)的 PLC 标准草案第三稿对 PLC 作了如下定义:"PLC 是一种数字运算操作的电子系统,专为在工业环境下应用而设计。它采用可编程序的存储器,用来在其内部存储执行逻辑运算、程序控制、定时、计数和算术运算等操作的指令,并通过数字式、模拟式的输入和输出,控制各种类型的机械或生产过程。PLC 及其有关设备,都应按易于使工业控制系统形成一个整体,易于扩充其功能的原则设计。"

PLC 迅速发展,已经成为工业自动化的重要设备。

1.7.1　PLC 的应用特点

多年来,人们用电磁继电器控制顺序型的设备和生产过程。复杂的系统可能使用成百上千个各式各样的继电器,它们由密如蛛网的成千上万根导线用很复杂的方式连接起来,执行相当复杂的控制任务。作为单台装置,继电器本身是比较可靠的,但是对于复杂的控制系统,如果某一个继电器损坏,甚至某一个继电器的某一对触点接触不良,都会影响整个系统的正常运行,查找和排除故障往往是非常困难的,有时可能会花费大量的时间。继电器本身并不太贵,但是控制柜内部的安装、接线工作量极大,因此整个控制柜的价格是相当高的。如果工艺要求发生变化,控制柜内的元件和接线需要做相应的变动,这种改造的工期长、费用高,以至于有的用户宁愿扔掉旧的控制柜,另外制作一台新的控制柜。

现代社会要求制造业对市场需求做出迅速的反应,生产出小批量、多品种、多规格、低成本和高质量的产品,老式的继电器控制系统已经成为实现这一目标的巨大障碍。显然,需要寻求一种新的控制装置来取代老式的继电器控制系统,使电气控制系统的工作更加可靠、更容易维修、更能适应经常变动的工艺条件。PLC 就是适应这一需求而产生的,其应用特点如下。

1)编程方法简单易学

考虑到企业中一般电气技术人员和技术工人的传统读图习惯,PLC 配备了他们易于接受和掌握的梯形图语言。梯形图语言的电路符号和表达方式与继电器电路原理图相当接近,只用 PLC 的二十几条开关量逻辑控制指令就可以实现继电器电路的功能。

梯形图语言实际上是一种面向用户的高级语言,PLC 在执行梯形图程序时,用解释程序将它"翻译"成汇编语言后再去执行。

2)硬件配套齐全,用户使用方便

PLC 配备有品种齐全的各种硬件装置供用户选择,用户不必自己设计和制作硬件装置。用户在硬件方面的设计工作,只是确定 PLC 的硬件配置和设计外部接线图而已。PLC 的安装接线也很方便,各种外部接线都有相应的接线端子。

PLC 的输入/输出端可以直接与 AC 220V 或 DC 24V 的强电信号相接,它还具有较强的带负载能力,可以直接驱动一般的电磁阀和交流接触器的线圈。

3)通用性强,适应性强

由于 PLC 的系列化和模块化,硬件配置相当灵活,可以组成能满足各种控制要求的控制系统。硬件配置确定后,可以通过修改用户程序,方便快速地适应工艺条件的变化。

4)可靠性高,抗干扰能力强

绝大多数用户都将可靠性作为选择控制装置的首要条件。PLC 采取了一系列硬件和软件抗干扰措施,可以直接用于有强烈干扰的工业生产现场。例如 FX 系列 PLC 在幅度为 1000 V、宽度 1 μs 的脉冲干扰下能可靠地工作。从实际的使用情况来看,用户对 PLC 的可靠性都相当满意。可以说,PLC 是可靠性最高的工业控制设备,PLC 的平均无故障时间可达 30 万小时。如果使用冗余控制系统,可靠性还可以进一步提高。

1.7.2 PLC 的基本结构

PLC 实质是一种专用于工业控制的计算机,其硬件结构与微型计算机大同小异,如图 1-6 所示。其外形与普通微型计算机大不相同,其输入输出接线几乎全部通过固定在其表面上的接线端子连接。一款常用 PLC 的顶视图如图 1-7 所示。

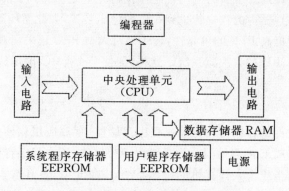

图 1-6 PLC 系统结构

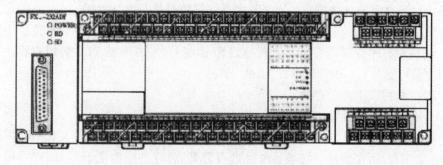

图 1-7 一款 PLC 的顶视图

1. CPU 模块

中央处理单元(CPU)是 PLC 的控制中枢,它不断地采集输入信号,执行用户程序,刷新系统的输出。小型 PLC 的 CPU 采用 8 位单片机。这类 PLC 应用于功能比较单一、运行速度较慢的设备,例如高楼电梯、自来水厂的供水设备、多点温度检测与控制的热处理炉等。有些采用 16 位单片机或 16 位微处理器,这些 PLC 用于高速复杂的嵌入式系统,例如数控机床、加工中心、大型飞机、舰艇、高档小轿车等。

PLC 的 CPU 按照 PLC 系统程序赋予的功能接收并存储从编程器键入的用户程序和数据;检查电源、存储器、I/O 以及警戒定时器的状态,并能诊断用户程序中的语法错误。当 PLC 投入运行时,首先它以扫描的方式接收现场各输入装置的状态和数据,并分别存入 I/O 映象区,然后从用户程序存储器中逐条读取用户程序,经过命令解释后按指令的规定执行逻辑或算数运算,再将其结果送入 I/O 映象区或数据寄存器内。等所有的用户程序执行完毕之后,再将 I/O 映象区的各输出状态或输出寄存器内的数据传送到相应的输出装置,如此循环运行。

为了进一步提高 PLC 的可靠性,近年来对大型 PLC 还采用双 CPU 构成冗余系统,或采用三 CPU 的表决式系统。这样,即使某个 CPU 出现故障,整个系统仍能正常运行。

2. 存储器

存放系统软件的存储器称为系统程序存储器,存放应用软件的存储器称为用户程序存储器。PLC 的存储器分为系统程序存储器、用户程序存储器和数据存储器。系统程序相当于个人计算机的操作系统,它使 PLC 具有基本的智能,能够完成 PLC 设计者规定的各种工作。系统程序由 PLC 生产厂家设计并固化在 ROM 内,用户不能直接读取。PLC 的用户程序由用户设计,它决定了 PLC 的输入信号与输出信号之间的具体关系。用户程序存储器的容量一般以字(每个字由 16 位二进制数组成)为单位,三菱的 FX 系列 PLC 的用户程序存储器以步为单位。小型 PLC 的用户程序存储器容量在 1 K 字(1K＝1024)左右,大型 PLC 的用户程序存储器容量可达数百 K 字,甚至数 M(兆)字。

PLC 常用以下几种存储器。

1) 随机存取存储器(RAM)

用户可以用编程器读出 RAM 中的内容,也可以将用户程序写入 RAM,因此 RAM 又叫读/写存储器。它是易失性的存储器,将它的电源断开后,储存的信息将会丢失。

RAM 的工作速度高,价格低,改写方便。为了在关断 PLC 外部电源后,保存

RAM 中的用户程序和某些数据(如计数器的计数值),为 RAM 配备了一个锂电池。一般选用耗电极少的 CMOS 型 RAM,锂电池可用 2~5 年,需要更换锂电池时由 PLC 发出信号,通知用户。

2)只读存储器(ROM)

ROM 的内容只能读出,不能写入。它是非易失的,它的电源消失后,仍能保存储存的内容。PLC 厂商用 ROM 存放系统程序。

3)可擦除可编程序的只读存储器(EPROM)

EPROM 是一种非易失性的存储器,调试好用户程序后,可以用 PLC 厂商提供的 EPROM 写入器或编程器将它写入 EPROM,以防止用户程序因偶然原因遭到破坏。用紫外线照射芯片上的透镜窗口,可以擦除已写入的内容,再写入新内容。现在已很少使用 EPROM。

4)可电擦除的 EPROM(EEPROM 或 EPROM)

它是非易失性的,但是可以用编程器对它编程,兼有 ROM 的非易失性和 RAM 的随机存取优点,但是它比 RAM 和 EPROM 的价格高一些,写入信息所需的时间比 RAM 长。EEPROM 用来存放用户程序。有的 PLC 将 EEPROM 作为基本配置,有的 PLC 将 EEPROM 作为可选件。

3. 开关量 I/O 模块

开关量 I/O 模块的输入输出信号仅有接通和断开两种状态。电压等级有直流 5 V,12 V,24 V,48 V 和交流 110 V,220 V 等。输入输出电压的允许范围很宽,如某交流 220 V 输入模块的允许低电平输入电压为 0~70 V,高电平为 170~265 V,频率为 47~63 Hz。

各 I/O 点的通/断状态用发光二极管或其他元件显示在面板上,外部 I/O 接线一般接在模块面板的接线端子上,某些模块使用可拆装的插座型端子板,在不拆去端子板上的外部连线的情况下,可以迅速地更换模块。

开关量 I/O 模块每块可能有 4,8,16,32,64 点。

4. 模块的外部接线方式

I/O 模块的接线方式有汇点式、分组式和分隔式 3 种。

汇点式的各 I/O 电路有一个公共点,各输入点或各输出点共用一个电源。

分组式的 I/O 点分为若干组,每组的 I/O 电路有一个公共点,它们共用一个电源。各组之间是分隔开的,可以分别使用不同的电源。

分隔式的各 I/O 点之间相互隔离,每一 I/O 点都可以使用单独的电源。

5. 输入模块

输入电路中设有 RC 滤波电路,以防止由于输入触点抖动或外部干扰脉冲引起的错误信号的输入。滤波电路延迟时间的典型值为 10～20 ms(信号上升沿)和 20～50 ms(信号下降沿),输入电流约 10 mA。图 1-8 是开关量输入模块的内部电路和外部接线图。

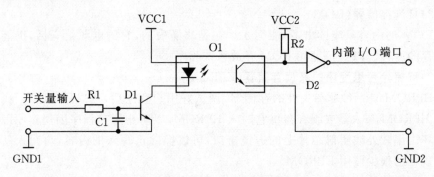

图 1-8　开关量输入电路

6. 输出模块

输出模块的功率放大元件有大功率晶体管和场效应管(驱动直流负载)、双向可控硅(驱动交流负载)和小型继电器,后者可以驱动交流负载或直流负载。输出电流的典型值为 0.5～2 A,负载电源由外部现场提供。

输出电流的额定值与负载的性质有关,例如某模块可以驱动 1 A 的电阻性负载,但是只能驱动 100 VA/220 V 的电感性负载和 100 W 的白炽灯。额定负载电流还与温度有关,温度升高时额定负载电流减小,有的 PLC 提供了有关曲线。

输出模块内可能设置有熔断器,并在模块面板上用发光二极管显示熔断器的状态。某些新式的模块用非破坏性的电子保护电路代替熔断器。

输出信号经 I/O 总线送给输出锁存器,再经光电耦合器送给晶体管、双向可控硅或场效应管,它们的饱和导通和截止状态相当于触点的接通和断开。通常在双向可控硅两端要接上 RC 吸收电路和压敏电阻,用来抑制可控硅的关断过电压和外部的浪涌电流。

双向可控硅由关断变为导通的延迟时间小于 1 ms,由导通变为关断的延迟时间小于 10 ms。当可控硅的负载电流过小时,可控硅不能导通,遇到这种情况时可以在负载两端并联电阻。PLC 的输出电路见图 1-9。

还有一种既有输入电路又有输出电路的模块,输入、输出的点数一般相同,这种模块使用户确定 PLC 的硬件配置更为方便。

7. 电源

PLC 的电源在整个系统中起着十分重要的作用。如果没有一个良好的、可靠

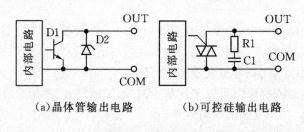

（a）晶体管输出电路　　　　　　（b）可控硅输出电路

图 1-9　输出电路

的电源系统是无法正常工作的,因此 PLC 的制造商对电源的设计和制造也十分重视。一般交流电压波动在＋10％(＋15％)范围内,可以不采取其它措施而将 PLC 直接连接到交流电网上去。

1.7.3　PLC 的工作原理

PLC 是从继电器控制系统发展而来的,它的梯形图程序与继电器系统电路图相似,梯形图中的某些编程元件也沿用了继电器这一名称,如输入继电器、输出继电器等。

这种用计算机程序实现的"软继电器",与继电器系统中的物理继电器在功能上有某些相似之处。

1. 继电器

继电器是一种用弱电信号控制输出信号的电磁开关,已有一百多年的历史,是继电器控制系统中最基本的元件。当线圈通电时,电磁铁产生磁力,吸引衔铁,使动断触点断开,动合触点闭合。线圈电流消失后,复位弹簧使衔铁返回原来的位置,使动合触点断开,动断触点闭合。

继电器在控制系统中有以卜作用。

1)功率放大

在控制系统中,常用继电器来实现弱电对强电的控制。例如可以用 6 V,几十毫安的直流电流驱动继电器,用这种继电器的触点可以控制交流 220 V,2～10 A 的负载,可见继电器的功率放大倍数是相当大的。

2)电气隔离

继电器的线圈与触点在电路上是完全隔离开的,各对触点之间一般也是隔离开的。它们可以分别接在不同性质(交流或直流)和不同电压等级的电路中。利用这一性质,可以使 PLC 的继电器型输出模块中的内部电子电路与 PLC 驱动的外部负载在电路上完全分隔开。

3)逻辑运算

在开关量控制系统中,变量仅有两种相反的工作状态,如继电器线圈的通电和断电、触点的接通和断开,它们分别用逻辑代数中的 1 和 0 来表示,在波形图中,用高电平表示"1"状态,用低电平表示"0"状态。

用继电器电路或梯形图可以实现基本的"与""或""非"逻辑运算。多个触点的串、并联电路可以实现复杂的逻辑运算。

接触器的结构和工作原理与继电器基本相同,区别仅在于继电器触点的额定电流较小,而接触器是用来控制大电流负载的,如它可以控制额定电流为几十安培至几千安培的异步电动机。

2. 工作原理

PLC 有两种基本的工作状态,即运行(RUN)状态与停止(STOP)状态。在运行状态,PLC 通过执行反映控制要求的用户程序来实现控制功能。为了使 PLC 的输出及时地响应随时可能变化的输入信号,用户程序不是只执行一次,而是反复不断地重复执行,直至 PLC 停机或切换到 STOP 工作状态。

在每次循环过程中,PLC 要完成扫描过程和内部处理、通信处理等工作,一次循环可分为 3 个阶段,见图 1-10。PLC 的这种周而复始的循环工作方式称为扫描工作方式。由于计算机执行指令的速度极高,从外部输入输出关系来看,处理过程似乎是同时完成的。在内部处理阶段,PLC 检查 CPU 模块内部的硬件是否正常,将监控定时器复位,以及完成一些别的内部工作。

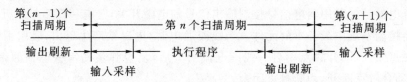

图 1-10　PLC 扫描周期

在通信服务阶段,PLC 与别的带微处理器的智能装置通信,响应编程器键入的命令,更新编程器的显示内容。

当 PLC 投入运行后,其工作过程一般分为三个阶段,即输入采样、用户程序执行和输出刷新三个阶段。完成上述三个阶段称作一个扫描周期。在整个运行期间,PLC 的 CPU 以一定的扫描速度重复执行上述三个阶段。

1)输入采样阶段

在输入采样阶段,PLC 以扫描方式依次地读入所有输入状态和数据,并将它们存入 I/O 映象区中的相应的单元内。输入采样结束后,转入用户程序执行和输出刷新阶段。在这两个阶段中,即使输入状态和数据发生变化,I/O 映象区中的相应单元的状态和数据也不会改变。因此,如果输入是脉冲信号,则该脉冲信号的宽度必须大于一个扫描周期,才能保证在任何情况下,该输入均能被读入。

2)用户程序执行阶段

在用户程序执行阶段,PLC 总是按由上而下的顺序依次地扫描用户程序(梯形图)。在扫描每一条梯形图时,又总是先扫描梯形图左边的由各触点构成的控制线路,并按先左后右、先上后下的顺序对由触点构成的控制线路进行逻辑运算,然后根据逻辑运算的结果,刷新该逻辑线圈在系统 RAM 存储区中对应位的状态;或者刷新该输出线圈在 I/O 映象区中对应位的状态;或者确定是否要执行该梯形图所规定的特殊功能指令。即在用户程序执行过程中,只有输入点在 I/O 映象区内的状态和数据不会发生变化,而其他输出点和软设备在 I/O 映象区或系统 RAM 存储区内的状态和数据都有可能发生变化,而且排在上面的梯形图,其程序执行结果会对排在下面的凡是用到这些线圈或数据的梯形图起作用;相反,排在下面的梯形图,其被刷新的逻辑线圈的状态或数据只能到下一个扫描周期才能对排在其上面的程序起作用。

3)输出刷新阶段

当扫描用户程序结束后,PLC 就进入输出刷新阶段。在此期间,CPU 按照 I/O 映象区内对应的状态和数据刷新所有的输出锁存电路,再经输出电路驱动相应的外设。这时,才是 PLC 的真正输出。

在 PLC 的存储器中,设置了一片区域用来存放输入信号和输出信号的状态,它们分别称为输入映像寄存器和输出映像寄存器。PLC 梯形图中别的编程元件也有对应的映像存储区,它们统称为元件映像寄存器。

在输入处理阶段,PLC 把所有外部输入电路的接通/断开(ON/OFF)状态读入输入映像寄存器。

外接的输入触点电路接通时,对应的输入映像寄存器为"1"状态,梯形图中对应的输入继电器的动合触点接通,动断触点断开。外接的输入触点电路断开时,对应的输入映像寄存器为"0"状态,梯形图中对应的输入继电器的动合触点断开,动断触点接通。

在程序执行阶段,即使外部输入信号的状态发生了变化,输入映像寄存器的状态也不会随之而变,输入信号变化了的状态只能在下一个扫描周期的输入处理阶段被读入。

PLC 的用户程序由若干条指令组成,指令在存储器中按步序号顺序排列。在没有跳转指令时,CPU 从第一条指令开始,逐条顺序地执行用户程序,直到用户程序结束之处。在执行指令时,从输入映像寄存器或别的元件映像寄存器中将有关编程元件的 0/1 状态读出来,并根据指令的要求执行相应的逻辑运算,运算的结果写入到对应的元件映像寄存器中,因此,各编程元件的映像寄存器(输入映像寄存器除外)的内容随着程序的执行而变化。

在输出处理阶段,CPU 将输出映像寄存器的 0/1 状态传送到输出锁存器。梯形图中某一输出继电器的线圈"通电"时,对应的输出映像寄存器为"1"状态。信号经输出模块隔离和功率放大后,继电器型输出模块中对应的硬件继电器的线圈通电,其动合触点闭合,使外部负载通电工作。

若梯形图中输出继电器的线圈"断电",对应的输出映像寄存器为"0"状态,在输出处理阶段后,继电器型输出模块中对应的硬件继电器的线圈断电,其动合触点断开,外部负载断电,停止工作。某一编程元件对应的映像寄存器为"1"状态时,称该编程元件为 ON,映像寄存器为"0"状态时,称该编程元件为 OFF。

梯形图以指令的形式储存在 PLC 的用户程序存储器中,图 1-11 中的梯形图与下面的 4 条指令相对应,";"之后是该指令的注释。

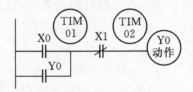

图 1-11　梯形图示例

LD　　　X0；接在左侧母线上的 X0 的动合触点。

OR　　　Y0；与 X0 的动合触点并联的 Y0 的动合触点。

AND　　X1；与并联电路串联的 X1 的动断触点。

OUT　　Y0；Y0 的线圈。

图 1-11 中的梯形图完成的逻辑运算为

$$Y0:(X0+Y0) \cdot \overline{X1}$$

在输入处理阶段,CPU 将 SB1,SB2 的动合触点的状态读入相应的输入映像寄存器,外部触点接通时存入寄存器的是二进制数 1,反之存入 0。

执行第一条指令时,从输入映像寄存器 X0 中取出二进制数并存入运算结果寄存器。

执行第二条指令时,从输出映像寄存器 Y0 中取出二进制数,并与运算结果寄存器中的二进制数相"或"(触点的并联对应"或"运算),运算结果存入运算结果寄存器。

执行第三条指令时,取出输入映像寄存器 X1 中的二进制数,因为是动断触点,取反后与前面的运算结果相"与"(电路的串联对应"与"运算),然后存入运算结果寄存器。

执行第四条指令时,将运算结果寄存器中的二进制数送入 Y0 的输出映像寄存器。

在输出处理阶段,CPU 将各输出映像寄存器中的二进制数传送给输出模块并锁存起来,如果输出映像寄存器 Y0 中存放的是二进制数 1,外接的 KM 线圈将通电,反之将断电。

3. 扫描周期

PLC 在 RUN 工作状态时,执行一次图 1 - 12 所示的扫描操作所需的时间称为扫描周期,其典型值为 1～100 ms。以 OMRON 公司 C 系列的 P 型 PLC 为例,其内部处理时间为 1.26 ms;执行编程器等外部设备的命令所需的时间为 1～2 ms;没有外部设备与 PLC 连接时该段时间为 0;输入/输出处理的执行时间≤1 ms。指令执行所需的时间与用户程序的长短、指令的种类和 CPU 执行指令的速度有很大的关系。当用户程序较长时,指令执行时间在扫描周期中占相当大的比例。

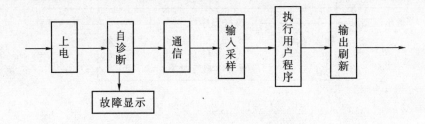

图 1 - 12　PLC 扫描周期流程

4. 输入/输出滞后时间(响应时间)

输入/输出滞后时间又称系统响应时间,是指 PLC 的外部输入信号发生变化的时刻至它控制的有关外部输出信号发生变化的时刻之间的时间间隔,它由输入电路滤波时间、输出电路的滞后时间和因扫描工作方式产生的滞后时间三部分组成。

输入模块的 RC 滤波电路用来滤除由输入端引入的干扰噪声,消除因外接输入触点动作时产生的抖动引起的不良影响,滤波电路的时间常数决定了输入滤波时间的长短,其典型值为 10 ms 左右。

输出模块的滞后时间与模块的类型有关,继电器型输出电路的滞后时间一般在 10 ms 左右;双向可控硅型输出电路在负载接通时的滞后时间约为 1 ms,负载由导通到断开时的最大滞后时间为 10 ms;晶体管型输出电路的滞后时间一般在 1 ms 左右。

　　由扫描工作方式引起的滞后时间最长可达两个多扫描周期。

　　由于 PLC 总的响应时间通常只有几十毫秒,对于一般的系统是无关紧要的。要求输入输出信号之间的滞后时间尽量短的系统,可以选用扫描速度快的 PLC 或采取其他措施。

　　为了增强 PLC 的抗干扰能力,提高其可靠性,PLC 的每个开关量输入端都采用光电隔离等技术。为了能实现继电器控制线路的硬件逻辑并行控制,PLC 采用了不同于一般微型计算机的运行方式(扫描技术)。

　　以上两个主要原因以及扫描延时,使得 PLC 的 I/O 响应比一般微型计算机构成的工业控制系统慢得多,其响应时间至少等于一个扫描周期,一般均大于一个扫描周期甚至更长。其最短的 I/O 响应时间是指在一个扫描周期刚结束时收到一个输入信号,下一个扫描周期一开始这个信号就被采样,使输入更新,这时响应时间最短。最短响应时间=输入延迟时间+1 个扫描周期+输出延迟时间。其时序见图 1-13。

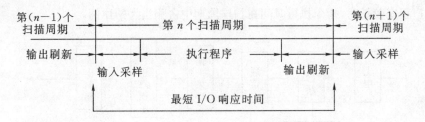

图 1-13　PLC 最短 I/O 响应时间

　　最长的 I/O 响应时间是指如果在一个扫描周期开始时收到一个输入信号,在该扫描周期内这个输入信号不会起作用,要到下一个扫描周期结束前的输出刷新阶段,输出才会作出反应,最长响应时间=输入延迟时间+2 个扫描周期+输出延迟时间。其时序图见图 1-14。

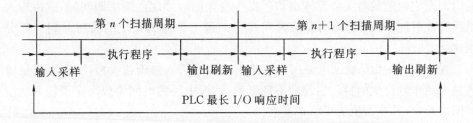

图 1-14　PLC 最长 I/O 响应时间

　　PLC 应用最成功的是在各类数控机床、电梯和自动化生产线上作为控制器使用。

　　基于 PC 机的嵌入式系统目前发展也很快,有些采用工业 PC,其处理器与家用 PC 机基本相同,许多在 Windows 系统下工作,也有采用 Linux 系统的。基于 PC 机的控制系统,大多数用的是工控机,或者是工控机与 PLC 组合使用。这种应用多见于自动化生产线上。

1.7.4　PLC 编程技术

　　早期的 PLC 编程采用单一的梯形图方法,这种编程方法比较直观,适用于使用继电器接通断开设备的工程技术人员,这些人不一定要了解计算机,只要按照被控对象的动作时序和逻辑,编制用继电器符号表示的逻辑图(这种图被称为梯形图)就可以了。这种梯形图就是 PLC 的程序。

　　比较图 1-15 所示两个程序的异同。

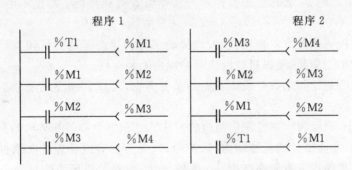

图 1-15　两个不同排列的梯形图

　　这两段程序执行的结果完全一样,但在 PLC 中执行的过程却不一样。

　　程序 1 只用一次扫描周期,就可完成对%M4 的刷新;

　　程序 2 要用四次扫描周期,才能完成对%M4 的刷新。

　　这两个例子说明:同样的若干条梯形图,其排列次序不同,执行的结果也不同。另外,也可以看到:采用扫描用户程序的运行结果与继电器控制装置的硬件逻辑并行运行的结果有所区别。当然,如果扫描周期所占用的时间对整个运行来说可以忽略,那么二者之间就没有什么区别了。

　　目前国内使用的 PLC 主要是欧姆龙、西门子、三菱、施耐德、富士、LG 等外国公司的产品,在高达 31 亿元/年(2004 年的市场总量)的 PLC 市场总需求中,我国生产的 PLC 不到整个市场份额 1%,目前国内 PLC 生产厂家有 30 余家。现在,更多的来自于原 PLC 应用的技术人员准备加入到小型 PLC 开发中来。相信国内的 PLC 开发与生产会逐步走向成熟。

1.8　数控机床

数控机床是计算机在机械加工和制造中应用最广泛最成功的领域,现代化的机械工程企业的车铣刨磨镗钻铰等常规冷加工工序大都由数控机床完成。许多不用普通刀具而使用电火花、线切割、激光加工、电弧加工的工艺也都有了专用的数控机床,焊接加工也根据焊接方法和工艺的不同,开发了各种不同的焊接数控设备。

较早生产的数控机床,功能比较简单,显示装置不好,设置操作比较麻烦。

近年来由于微型计算机的迅速普及和升级,数控机床的数控设备也在迅速升级,现在的数控机床实现了多功能、多轴联动、多曲面加工、CRT 显示或者大屏幕液晶显示、菜单浏览、鼠标点击操作等。操作设置直观简便。功能不断丰富,精度不断提高。

由于数控机床的大量使用,极大地提高了劳动生产率和批量化生产的产品的加工精度和加工质量,使得机械制造业呈现出勃勃生机。

加工中心是近年来数控机床发展的重要方向,可以自动完成复杂工件多工位的加工。

图 1-16 所示为宝鸡机床厂制造的 CH7520 车削中心。其整机的强度、刚性、动静态刚性、主要部件的机械结构、防护冷却、安全性等设计先进。该机床采用高强度铸铁的整体式床身底座结构、45 度斜导轨,确保了机床高刚性及流畅的排屑性能;高精密通孔式主轴结构,抗震性能好,以及大功率交流主轴电机,增强了机床运动的稳定性;主轴轴承及进给丝杠轴承等关键部件均采用日本 NTN、NSK 产

图 1-16　宝鸡机床厂生产的 CH7520 数控车削中心

品,传动噪声低,保证了加工的高精度和设备的长寿命;配备 12 工位的转塔式刀架,可连续分度、就近换刀、转位精度高、分度速度快。

机床选配日本 FANUC 0-TC 数控系统,液压件、润滑元件、卡盘均选用国外优质产品。

机床外观设计新颖,面板操作方便,全封闭防护,防三漏效果尤其明显。综合其大功率、高精度、高性能等优点,该机床是同类机型中相当优秀的产品。

该机床主要特点:

(1)大功率强力型交流主轴电机;

(2)强劲的主轴扭矩,满足强力切削要求;

(3)大直径主轴通孔,允许较大直径棒料通过;

(4)大直径主轴丝杠和交流伺服电机;

(5)高刚性 45 度斜床身,整体刚性好;

(6)淬火磨削床身导轨配合贴塑滑鞍,高刚度和高动态响应性相兼顾;

(7)双向 12 工位动力刀架,每个工位都可安装旋转刀具,满足多刀自动加工即钻、铣、攻丝之需要;

(8)可编程尾座及套筒,能使其方便地进入自动线;

(9)专向安全限矩离合器,防止意外误操作对机床造成的损坏,保护机床安全;

(10)自动对刀仪,方便地实现刀补值的自动输入;

(11)32 位 FANUC 数控系统,并可按用户需要配置不同数控系统;

(12)热交换通风除湿型电气单元柜;

(13)表盘式液压压力调整。

CH7520 车削中心技术参数见表 1-2。

表 1-2　CH7520 车削中心技术参数

工作范围		尾座	
床身上最大回转直径 /mm	500	尾座套筒直径/mm	80
床鞍上最大回转直径 /mm	320	尾座顶尖锥度/(°)	40
最大车削直径/mm	280	尾座套筒最大行程/mm	100
最大车削长度/mm	530	C 轴	
主轴		最大端铣直径/mm	18
主轴头型式	A2—6	最大攻丝直径/mm	M12

主轴通孔直径/m	φ62	最小控制角度/(°)	0.001
卡盘尺寸/m	φ210	回转刀具电机功率/kW	2.2～3.7
主轴转速范围/(r·m⁻¹)	40～4000	回转刀具速度/(r·m⁻¹)	60～2000
主轴电机功率/kW	11～15(连续/30 min)	外形尺寸及重量	
刀架		电源容量/kVA	35
刀位数	12	机床尺寸/mm	3255×1795×1850 (长×宽×高)
刀具装夹尺寸(车/镗) /mm	25×25/φ40	机床净重/kg	4500
进给		机床毛重/kg	5000
行程/mm	210～550		
快速移动速度(X/Z) /(m·s⁻¹)	12～16		
进给电机功率/kW	1.0～2.1		

　　图 1－17 是长春机床厂制造的 XH715 型立式加工中心。为立式主轴、十字型工作台结构,全封闭防护罩,加工范围广。机床整体精度高、寿命长、操作方便灵活,自动化程度和工作进度都达到了较高的水平,可实现四轴联动,主要用于加工板类、盘类、模具及各种复杂型面和型腔的零件,工件一次装夹可完成铣、镗、钻、铰、攻丝等各种工序加工,特别适用于多种小批量的机械加工。其参数见表 1－3。

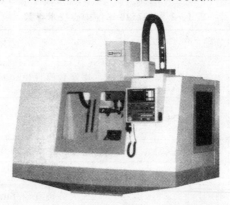

图 1－17　长春机床厂制造的 XH715 型立式加工中心

表1-3 XH715型立式加工中心主要技术参数

工作台尺寸/mm	1060×520(长×宽)
三向行程(X,Y,Z)/mm	800,450,500
主轴中心线至立柱导轨面距离/mm	500
主轴端面至工作台面距离/mm	125~625

图1-18是泰州大明数控机床厂生产的XK5032C数控立式升降台铣床。XK5032C数控立式升降台铣床是机电一体化产品,适用于加工箱体模具、样板、凸轮等各种复杂零件,是经济型数控铣床。其参数见表1-4。

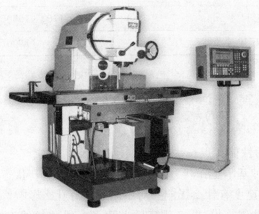

图1-18 泰州大明数控机床厂生产的XK5032C数控立式升降台铣床

表1-4 XK5032C数控铣床主要技术参数(Main Specification)

工作台工作面/mm		320×1320(宽×长)
工作台行程/mm	纵向	800
	横向	300
	垂向	400
工作台进给/(mm·min⁻¹)	纵向	5~2000
	横向	5~2000
	垂向	5~1000

工作台工作面/mm		320×1320(宽×长)
工作台快速进给 /(mm·min⁻¹)	纵向	3000
	横向	3000
	垂向	2000
主轴锥孔		7:24 50GB3837.1_83
定位精度		0.05/500　JB/T9928.1—1999
重复定位精度		0.025　JB/T9928.1—1999
数控系统		西门子 802S 系统
主电机功率/km		11
主轴转速(变频调速)/(r·min⁻¹)		30～1200(无级)
外形尺寸/mm		2327×1760×1950(长×宽×高)
机床质量/kg		3000

思考题与习题

1. 简述 DSP 的性能特点。

2. ARM 的两种基本工作状态 ARM 状态和 THUMB 状态各用于处理什么指令？对系统的运行速度有什么影响？对中断处理有什么影响？

3. ARM 有哪些工作模式,各用于哪些服务？哪些模式有私有寄存器？这些私有寄存器起什么作用？

4. 简述 ARM 的寄存器结构。简述其当前工作状态寄存器 CPSR 的作用？

5. 简述 PC104 工业控制计算机 PCM-3350 的外设接口和内部资源。

6. 简述 PLC 的结构、工作原理、扫描周期和编程技术。

7. 简述数控机床、加工中心的结构和功能。

第 2 章　基于单片机的控制系统

　　由于单片机在控制系统所占的份额越来越大,因此本章系统学习单片机的原理和应用技术。单片机 SCM(single chip microcomputer),又称之为微控制器 MCU(micro controller unit),中国人普遍称其为单片机,是一种单片集成的专用于控制系统的微型计算机,大量应用于工业现场、嵌入式系统和智能仪器。

　　单片机诞生早期,在控制领域中长期以 8 位机为主流机型。16 位单片机虽有发展,但所占市场份额一直不大。随着技术进步,32 位 ARM 单片机迅速发展,其性价比很高,销量逐年上升,价格也随之大幅下降。而且从技术人员的培养而言,现在也有了一批能够使用 ARM 单片机进行系统设计的人员。因此,在控制领域,类似于 STM32 系列 ARM 内核的 32 位高性能单片机正在迅速推广,逐步成为控制用单片机的主流。单片机有唯一的专门为测控应用设计的体系结构与指令系统,它最能满足控制系统和智能仪器的应用要求。因此,它广泛地应用在工控领域和各类仪器仪表中,成为电子系统智能化的重要工具。由于单片机技术的飞速发展,单片机的运行速度越来越高,性能越来越强大,在控制系统中的应用也会更加广泛和灵活。

2.1　8 位单片机系列产品

　　在分布式控制系统和智能仪器仪表中,8 位单片机的应用最多,用量最大。8 位单片机产品主要有:Intel 公司的 8051 系列,Phlip 公司的 80C51 系列,Motorola 公司的 68 系列,Zilog 公司的 Z8 系列,ST 公司的 STM8 系列,已经被并购到 MICROCHIP 公司的原 ATMEL 公司的 AVR 系列,MICROCHIP 公司的 PIC 系列,深圳宏晶公司的 STC 系列等。近二十年来,以 8051 为基核的单片机发展迅速,品种和功能大大扩展,指令执行速度增长为原 8051 的数倍乃至数十倍,被广泛应用。尤其是 ATMEL 公司的 89C5x/89S5x 系列,PHILIP 公司的 OTPROM 系列,WINBOND 公司的 W78E 系列,Silicon 公司的 C8051F 系列等基于 8051 内核的单片机非常著名。其性价比高,销售量很大。近年来,法国意法半导体公司的 STM8 系列单片机,美国微芯科技公司的 PIC 系列单片机及其最近并购的 ATMEL 公司的 MEGA 系列单片机,由于其卓越的性能,异军突起,占据了相当大的市场份额。常用 8 位单片机产品见表 2-1。

表 2-1　8 位单片机主要产品

公司	型号	片内 RAM	片内 ROM	定时/计数器	监视定时器	并行 I/O	串行 I/O	A/D	D/A	DMA	中断
Phlip	P89C51RA2	512B	8KB	4×16b		4	UART				5
	P89C51RB2	512B	16KB	4×16b		4	UART				6
	P89C51RC2	512B	32KB	4×16b		4	UART				5
	P89C51RD2	1KB	64KB	4×16b		4	UART				6
Intel	80(C)31	128B	0KB	2×16b		4	UART				5
	80(C)51	128B	4KB	2×16b		4	UART				5
	80(C)52	256B	8KB	3×16b		4	UART				6
	80C51FA	256B	8KB	3×16b		4	UART				7
	80C51FB	256B	16KB	3×16b	有	4	UART	4×8b	有		7
	80C152JA	256B	8KB	2×16b	有	5	UART			2	11
	80C152JB	256B	8KB	2×16b		7	UART				11
Moto-rola	6801	128~192B	2~4KB	3×16b			SIO				7
	68HC11	192~512B	4KB	4×16b	有	4	UART	有	有		18
	6804/6805	32~176B	0.5~8KB	8×16b		2~4	UART				2~5
	68HC05	96~176B	2~16KB	8×16b	有	4	UART	有	有		
Zilog	Z86C71	236B	8KB	2×16b		3					8
	Z8800	272B	8~16KB	2×16b		3				有	7
Atmel	89C1052	128B	1KB	2×16b	有	2	UART				5
	89C2051	128B	2KB	2×16b	有	2	UART				5
	89C51	128B	4KB	2×16b	有	4	UART				5
	89C52	256B	8KB	3×16b	有	4	UART				6
	89C55	256B	20KB	3×16b	有	4	UART				6
	89C5115	512B	16KB	3×16b	有	3	UART				6
	89C51RB2	1280B	16KB	3×16b	有	4	UART				6
	89C51RC2	1280B	32KB	3×16b	有	4	UART				6
	89C51RD2	1280B	64KB	3×16b	有	4	UART				6
Win-bond	W78E516B	512B	64KB	3×16b		4	UART				6
	W78IE52	256B	64KB	3×16b	有	4+1/2	UART				8

公司	型号	片内RAM	片内ROM	定时/计数器	监视定时器	并行I/O	串行I/O	A/D	D/A	DMA	中断
Cygnal Silicon	C8051f020/21	4352B	64KB	5×16b	有	8(20/2)	2×UART	12b	2×		22
	C8051f022/3	4352B	64KB	5×16b	有	4(21/3)	2×UART	10b	12b		22
	C8051F040/60	4352B	64KB	5×16b	有	8/7	CAN2.0B	12b	2×		22
	C8051F206	1024B	8KB	3×16b	有	4	SCI/SPI		12b		21
	C8051F320/40	5376B	64KB	5×16b	有	4	USB2.0				22
	各种专用单片机										
ST	STM8S103F3	1KB	8KB	3×16b	有	3	3	10b			16
	STM8S105K6	1KB	32KB	4×16b	有	5	3	10b			23
	STM8S207MB	2KB	128KB	5×16b	有	7	4	10b			37
	STM8S208MB	2KB	128KB	5×16b	有	7	5	10b			37
STC	STC89C51	256B	8KB	2×16b	有	4	1				5
	STC12C5A60S2	1280B	60KB	4×16b	有	5	1	10b			9
	STC15F2K60S2	2KB	60KB	5×16b	有	5	1	10b			9
	STC15W4K56S4	4KB	56KB	5×16b	有	5	3	10b			9
Micro-chip	PIC16F916	256B	14KB	2×16b	有	4	1	10b			5
	PIC18F4685	3328B	96KB	3×16b	有	4	1	10b			
	PIC18F66J16	3904B	96KB	3×16b	有	4	1	10b			
	PIC18F87J11	3904B	128KB	3×16b	有	8	2	10b			

目前,国内外公认的 8 位单片机标准体系结构是 Intel 的 8051 系列,其先进的系统架构至今还没有其他单片机能够超越。由于其性能卓越,指令丰富,而得到了广泛的应用。全世界围绕 8051 所作的软件开发、仿真机开发、技术书籍、资料、教材和系统集成工作,超过了其他任何单片机。8051 系列拥有最多的硬件和软件开发资源,使得应用 8051 的产品或者系统,设计开发周期短,速度快,成本低,效率高。又由于 8051 系列大批量的生产供货,其综合成本大大降低,生产工艺更加成熟,使其芯片的质量得到很好的保证,并具有极低的价格。因此,采用 8051 开发的产品有较低的成本和高的可靠性,因而具有很强的市场竞争力。8051 已被多家计算机厂家作为基核,发展了许多兼容系列,尤其是 ATMEL 公司将 51 基核与 FLASH 存储器技术相结合,研制了功能更强的 51 系列单片机,风靡全球,为众多的设计开发人员所钟爱。其推出的 89C51RD 系列单片机,片内集成了 8~64KB 的 FLASH 程序存储器和 1280B 的 RAM。尽管 ATMEL 公司在 2016 年被 MI-

CROCHIP 公司收购了,但他们所开发的单片机还在继续生产。由其开发生产的 MEGA2560 单片机正在世界范围内被大量应用于 3D 打印机控制器上。

美国 Silicon 公司开发的 C8051F 系列单片机,更将 51 单片机的功能发展到了极致,内含可多路输入的 12 位 A/D 转换器和两路输出的 12 位 D/A 转换器,输入信号可编程分级放大。更具优越性的是,这种单片机内部结构采用流水线方式运行程序,处理指令的速度非常快,其中的 C8051F124 已达到 50MIPS(1MIPS 意指每秒钟执行 100 万条指令,普通 8 位或 16 位单片机在规定的最高时钟频率下的指令运行速度仅为 1MIPS),C8051F36x 已达到 100MIPS,也就是说其运行速度为普通 51 单片机的 50 倍到 100 倍。这类单片机内部程序存储器从 8 KB 到 128 KB 不等,为 FLASH 程序存储器,有最大为 8 KB+256 B 的 RAM。其使用温度全部按工业级标准,从 $-40 \sim +85$℃,使单片机有了更为强大而复杂的功能,从而具有更好的应用价值。

根据片内存储器形式的不同,目前 8051 单片机有三种不同的结构:

(1)片内 ROM 型。在器件内部集成有一定容量的只读存储器(掩膜 ROM),如 8051 系列。

(2)片内 EPROM 型。片内含有一定容量可供用户多次编程的 EPROM 存储器,如 8751 系列。

(3)片内 FLASHROM 型。片内含有一定容量可供用户多次编程的 FLASH(闪速)存储器,如 89C51 系列。

这三种类型器件,其封装完全相同,引脚兼容。它们适合于不同的应用需要。

C8051F 系列单片机,由于其功能的极大增强,其内部结构也有较大变化,其引脚封装形式已不同于普通的 51 系列单片机,在使用时应该注意。就开发过程中的仿真方式来说,两者也完全不同。普通 51 单片机用的仿真机,其仿真头必须插在用户板的 51 单片机插座中,代替单片机。这种仿真方式被称为侵入式仿真。这种仿真方式容易损坏单片机插座。而 C8051F 系列单片机内部有边界扫描电路,仿真时不要去掉单片机,程序直接下载到单片机内部的程序区,通过边界扫描方式的 JTAG 接口进行实时仿真,仿真过程运行的就是单片机内的程序代码。称此为非侵入式仿真。

在选用单片机时也要考虑其封装形式,应优先选用封装小巧的芯片。MCU 片内 ROM 大小也是选择的一个条件,应采用带有足够内部 ROM 的单片机,这样就可以直接将程序写入单片机。如果需要修改程序,还可以擦除后再写。因此目前人们大多数采用内带 FLASHROM 的 MCU,例如 89C51 系列、MEGA 系列、STM8 系列、PIC 系列等单片机。这些单片机的 ROM 为闪速存储器,可以快速擦除和编程,受到产品开发人员的普遍欢迎。加上其使用频率可高达 66 MHz

（83C5111 等多个品种），可大大提高运算速度，因此近年来在应用系统中被广泛使用。但是由于 FLASHROM 的可靠性不及一次写入性 ROM（one time program ROM，OTPROM），因此在干扰特别大的环境下工作的系统，还是用 OTPROM 为好。大批量产品的生产也是以选用 OTPROM 的单片机为好。

为了适应一些速度更快、处理数据量更多的工业控制要求，后来又出现了 16 位单片机，16 位单片机在硬件集成度和软件性能方面都有很大提高。以 Intel 公司的 MCS8096 为例，它在一块芯片上集成了 12 万只以上的晶体管，片内有 16 位的 CPU，8KB 的 ROM，232B 的 RAM，8 路（或 4 路）10 位 A/D 转换器，4 个 16 位软件定时器，5 个 8 位并行 I/O 端口等。在软件方面，它的指令可支持位、字节、字、双字以及 8 位或 16 位带符号和不带符号数的运算，执行一条加法指令只需 1μs（主频为 12 MHz 时），完成 16 位×16 位乘法或 32 位/16 位除法指令只需 6.25μs。Intel 公司的 16 位单片机由于品种多、功能全，加上有较强的系统软件支持和较多的资料，其应用较多。美国德州仪器公司出品的 16 位 MSP430 系列单片机，采用精简指令集，其片内资源丰富，功能强大，是一种超低功耗微控制器系列，由针对各种不同应用的多种型号组成。微控制器设计成可使用电池长时间工作，由于其 16 位的体系结构，16 位的 CPU 集成寄存器和常数发生器，可使 MSP430 实现最优的代码效率。它有两个内置的 16 位定时器，一个快速 12 位 14 通道的 A/D 转换器，一或两个通用串行同步/异步通信接口（USART）。它的定时器具有多种功能，在单片机应用领域独树一帜，成绩斐然。意法半导体公司出品的 STM8 和 STM32 系列单片机，由于采用了先进的总线架构，性能卓越，加上该公司为其开发了比较完备的固件库，给开发人员提供了极大的便利，受到业界普遍欢迎。

本章从学习原理和应用的角度出发，重点介绍 8051 单片机和 STM32 单片机在控制系统和智能仪器中的应用技术。

2.2　8051 单片机

2.2.1　8051 单片机的基本结构与功能

由于 8051 单片机设计了总线方式和 I/O 方式两种可以混同工作的电路结构，而且其 I/O 口的每个口线可以单独操作控制，使其在现今的所有单片机中，具有最好的总线架构和最灵活的 I/O 操作能力。其内部包含了一个独立的计算机硬件系统所必需的各个功能部件，还有一些重要的功能扩展部件。8051 内部有一个 8 位 CPU。8 位的意思是指 CPU 对数据的处理是按 8 位二进制数进行的。与通常的概念一样，8051 内部 CPU 也是由运算器、定时控制部件及各种专用寄存器等组成。其功能见图 2-1,内部结构见图 2-2。

　　8051 有强大的运算能力。它可以进行加、减、乘、除,逻辑与、或、异或、取反和清零等运算,并具有多种形式的跳转、判断转移及数据传送功能。在此基础上,8051 配置了丰富的指令系统。由于 8051 的时钟频率可达 12 MHz,因此,它的指令执行速度很快。绝大多数指令执行时间仅为 1μs。这样,8051 不仅适用于一般的数据处理和逻辑控制,更适合于实时控制。尤其是近年来基于 51 内核的各种新型高速单片机的出现,使其在控制领域获得了很大的应用空间。

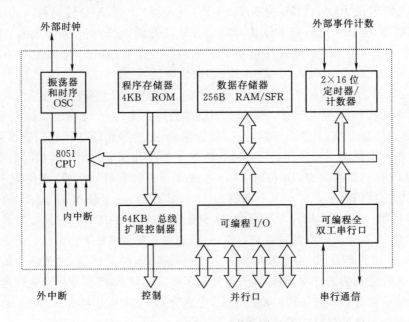

图 2-1　8051 功能框图

　　8051 的定时和控制部件担负控制器的功能。它发出从取指令到执行指令的各种控制信号,指挥和协调 8051 内部各个功能部件之间的动作,并对片外器件进行控制。其基本功能如下:

　　(1)8 位数据总线 16 位地址总线的 CPU;

　　(2)具有布尔处理能力和位处理能力;

　　(3)采用哈佛结构,程序存储器与数据存储器地址空间各自独立,便于程序设计;

　　(4)相同地址的 64KB 程序存储器和 64KB 数据存储器;

　　(5)0～8KB 片内程序存储器(8031 无,8051 有 4KB,8052 有 8KB,89C55 有 20KB,W78E516 有 64KB,C8051F12X 有 128KB);

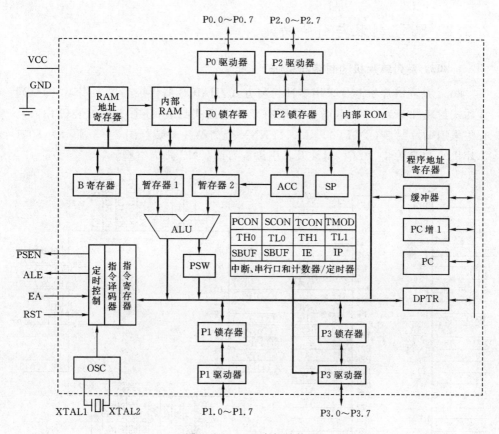

图 2-2　8051 内部结构图

（6）128B 片内数据存储器（8051 有 256B，C8051F02X 有 4352B，C8051F12X 有 8448B）；

（7）32 根双向并可以按位寻址的 I/O 线（C8051F12X 有 64 根，其专用单片机有 6 到 32 根 I/O 数量不同的几款）；

（8）两个 16 位定时/计数器（8052 有 3 个，C8051F12X、13X 有 5 个）；

（9）一个全双工的串行 I/O 接口（C8051F 单片机还有 SPI 接口或 USB2.0 接口或 CAN2.0B 接口或 SMBUS 或 LIN2.0 接口）；

（10）6 源 5 向量中断结构，具有两个中断优先级；

（11）片内时钟振荡器。

2.2.2　8051 封装与引脚功能

1. 8051 系列单片机的封装与引脚

8051 系列单片机芯片采用多种封装方式：HMOS 器件（8051）采用 40 脚双列直插式封装（DIP）。CHMOS 器件既有双列直插式封装，还有方形封装（PLCC）。有些采用贴片封装（TQPF）。C8051FXXX 全为贴片封装。图 2-3 所示为 8051 单片机的 DIP 封装、PLCC 封装及其引脚配置图。NC 脚为空脚。

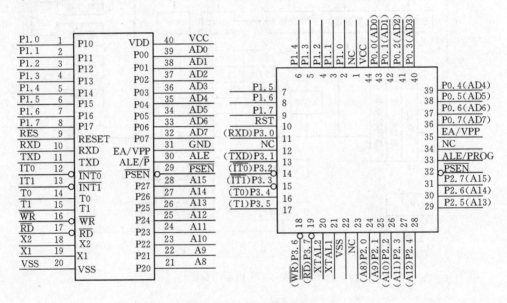

图 2-3　8051 封装形式及引脚配置图

8051 各引脚功能如下：

VCC：正电源，接 +5V。

VSS：电源地，接地。

ALE/PROG：访问外部存储器或片外 I/O 器件时，输出地址锁存信号 ALE。在不访问外部存储器和非 EPROM 编程状态下，ALE 输出为振荡器频率的六分之一。必须注意，在每次访问外部数据存储器时，要少一个 ALE 脉冲。STC12C5A60S2 单片机只有访问片外挂接在地址、数据、控制总线上的设备时，才有 ALE 信号输出；其他时间，不输出 ALE 信号。

PROG：是在对 EPROM 器件进行编程时用于输入编程脉冲 PROG。

PSEN：外部程序存储器的读选通信号输出，低有效。在从外部程序存储器取指令或取数据期间,每个机器周期出现两次$\overline{\text{PSEN}}$负脉冲。$\overline{\text{PSEN}}$负脉冲的作用是
使程序存储器的数据端口解除高阻态,从而将地址总线上的地址所确定的程序存
储器中的单元的数据接通到数据总线上,把指令或数据读入到 CPU 中。在访问
外部数据存储器时,该引脚不输出负脉冲。

$\overline{\text{EA}}$/VPP:$\overline{\text{EA}}$ 为内外程序存储器选择,VPP 为编程电压输入。若 $\overline{\text{EA}}$ 保持高
电平,那么在访问程序存储器时,则 PC 为 0000H 至 0FFFH(对于 8051/8751/
80C51)时或 PC 为 0000H 至 1FFFH(对于 8052/8752/80C52)时,执行的是片内程
序存储器的程序。超出此范围将自动执行片外程序存储器的程序。如果 $\overline{\text{EA}}$ 保持
低电平,那么在访问程序存储器时,从 PC＝0000H 开始的指令都取自于片外程序
存储器。由于现在的 51 单片机程序区都处于单片机内部,不需要在外部扩展程序
存储器,程序指令的读取都来自于片内程序区,因此 $\overline{\text{EA}}$ 引脚都要接高电平,即连
接到单片机的正电源引脚。

2.8051 系列单片机的端口

何谓单片机的端口,单片机的端口指的是可以一次操作的多个口线的组合,在
片内这些口线是由一个 8 位(8 位单片机)或 16 位(16 位单片机)锁存器来控制的。
例如 51 单片机的 4 个端口,每个端口都有一个 8 位锁存器管理该端口的每一位。
每个端口主要由 4 部分组成:端口锁存器、输入缓冲器、输出驱动器和引至芯片外
的引脚。

8051 单片机有 P0,P1,P2,P3 共 4 个 8 位并行输入输出端口。它们都是双向
端口,每一条口线都能独立地用来作为输入或输出。作输出时数据可以锁存,作输
入时数据可以缓冲,但这 4 个端口的功能不完全相同。图 2-4 给出了 4 个端口中
各个端口 1 位的逻辑图。从图中可以看到,P0 口和 P2 口内部各有一个 2 选 1 的
选择器,受内部控制信号的控制,在如图位置则是处在 I/O 口工作方式。4 个端口
在进行 I/O 方式时,特性基本相同,具体有以下几点:

(1)作为输出口用时,内部带锁存器,故可以直接和外设相连,不必外加锁
存器。

(2)作为输入口用时,有两种工作方式,即所谓读端口和读引脚。读端口时实
际上并不从外部读入数据,而只是把端口锁存器中的内容读入到内部总线,经过某
种运算和变换后,再写回到端口锁存器。属于这类操作的指令很多,如对端口内容
取反等。而读引脚时才真正地把外部的数据读入到内部总线。口线结构中各有两
个输入缓冲器,CPU 根据不同的指令,分别发出"读端口"或"读引脚"信号,以完成
两种不同的读操作。

(3)在端口作为外部输入线,也就是读引脚时,要先通过指令,把端口锁存器置
1,然后再执行读引脚操作,否则就可能读入出错。若不先对端口置 1,端口锁存器

中原来状态有可能为 0,加到输出驱动场效应管栅极的信号为 1,该场效应管就导通,对地呈现低阻抗。这时,即使引脚上输入的是信号 1,也会因端口的低阻抗而使信号变低,使得外加的信号 1 读入后不一定是 1。如果先执行置 1 操作,则可以驱动场效应管截止,引脚信号直接加到三态缓冲器,实现正确的读入。由于在输入时还必须附加置 1 操作,所以这类 I/O 口被称为"准双向"口。

　　这 4 个端口特性上的差别主要是 P0、P2 和 P3 都还有第二功能,而 P1 口则只能用作 I/O 口。当然对 8052 来说,其 P1.0 和 P1.1 也有第二功能。各口线的电气逻辑结构如图 2-4 所示。

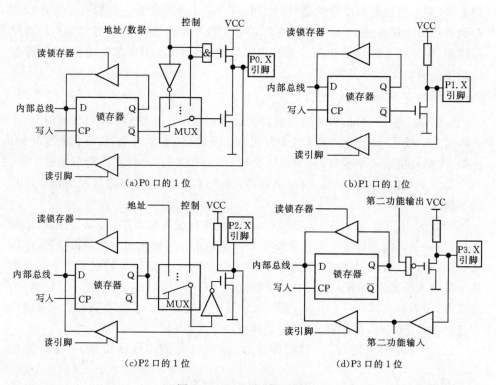

图 2-4　8051 的端口结构

　　8051 的芯片引脚中没有专门的地址总线和数据总线,在向外扩展存储器和接口时,由 P2 口输出地址总线的高 8 位 A15~A8,由 P0 口输出地址总线的低 8 位 A7~A0,同时对 P0 口采用了总线复用技术,P0 口又兼作 8 位双向数据总线 D7~D0,即由 P0 口分时输出低 8 位地址和输入/输出 8 位数据。在不作总线扩展用时,P0 口和 P2 口可以作为普通 I/O 口使用。

　　P0 口的 8 位:P0.7~P0.0。由图 2-4 可以看出,P0 口在片内没有上拉电阻,在驱动场效应管的上方有一个提升场效应管,它只是在对外部存储器进行读写操作,用作地址/数据线时才起作用。这时,内部控制信号使 MUX 开关倒向上端,从而使地址/数据信号通过输出驱动器输出。在其他情况下,上拉场效应管处于截止状态。因此 P0 口线用作输出时为开漏输出,必须外接上拉电阻,通常该上拉电阻为 10 kΩ。如果向位锁存器写入 1,使驱动场效应管截止,则引脚"浮空",这时可用于高阻抗输入。P0 口的这种结构,使它成为真正的双向口。P0 口用作地址/数据线时可驱动 8 个 LSTTL 输入。P0 口在作为普通 I/O 口输出数据时,必须外接上拉电阻,否则,其输出的高电平信号无法表达。

P1 口的 8 位:P1.7~P1.0。P1 口是一个内部带有上拉电阻的 8 位双向 I/O 口,据测试,该上拉电阻数值较大,为 30~50 kΩ。若要以该口线输出高电平以驱动外部电流驱动型器件,必须外接上拉电阻以增强驱动能力。若作为低电平吸入电流驱动外部电流驱动型器件,且需要的驱动电流小于 1 mA 时,可以直接由 P1 口线驱动。

在 8032/8052 中,P1 口各位除作通用 I/O 口使用外,P1.0 还可作为定时器 T2 的计数触发输入端,P1.1 还可作为定时器 T2 的外部控制输入端 T2EX。

P2 口的 8 位:P2.7~P2.0。P2 口既可用作通用 I/O 口,也可用作高 8 位地址总线。作为通用 I/O 口使用时,其驱动能力与 P1 口相同,其处置方法与 P1 口相同。在对片内 EPROM 编程和程序验证时,它输出高 8 位地址。P2 口可驱动 4 个 LSTTL 输入端。

P3 口的 8 位:P3.7~P3.0。P3 口是一个带内部上拉电阻的 8 位双向 I/O 口。作为通用 I/O 口使用时,其驱动能力与 P1 口相同,其处置方法与 P1 口相同。P3 口除了可作为通用双向 I/O 口外,还有第二功能,因此称其为多功能口。8051 系列单片机 P3 口各位的第二功能见表 2-2。

表 2-2　P3 口各位的第二功能

口线	第二功能	口线	第二功能
P3.0	RXD(串行输入通道)	P3.4	T0(定时器 T0 外部输入)
P3.1	TXD(串行输出通道)	P3.5	T1(定时器 T1 外部输入)
P3.2	INT0(外中断 0)	P3.6	$\overline{WR}$(外部数据存储器写选通)
P3.3	INT1(外中断 1)	P3.7	$\overline{RD}$(外部数据存储器读选通)

4 个端口的负载能力也不相同。P1,P2,P3 口都能驱动 4 个 LSTTL 门,并且不需外加电阻就能直接驱动 CMOS 电路。P0 口在驱动 TTL 电路时能带 8 个 LSTTL 门,但驱动 CMOS 电路时若作为地址/数据总线,可以直接驱动,而作为

I/O口时,需外接上拉电阻。

2.2.3　时钟电路

8051外接晶体振荡器和补偿电容,就能构成时钟产生电路,如图2-5所示。

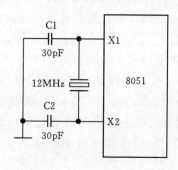

图 2-5　8051 晶振接法

CPU 的所有操作均在时钟脉冲同步下进行。片内振荡器的振荡频率 fosc 非常接近晶振频率,一般多在 1.2~12 MHz 之间选取。XTAL2 输出 3V 左右的正弦波。图中 C1 和 C2 是补偿电容,其值在 5pF ~ 30pF 之间选取,其典型值为30pF。改变 C1 和 C2 可微调 fosc。也可以由外部提供时钟信号,作为振荡器输入信号。如图 2-6 所示。

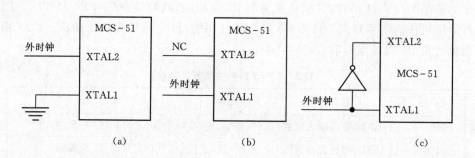

图 2-6　8051 外部时钟接法

2.2.4　复位和复位电路

计算机在启动运行时都需要复位,以便 CPU 和系统中的其他部件都处于某一确定的初始状态,并从这个状态开始工作。在 8051 芯片内,有一个施密特触发器介于内部复位电路与外部 RST 引脚之间。引脚 RST 是施密特触发器的输入端,施密特电路的输出接复位电路的输入。当主电源 VCC 已上电且振荡器已起振后,若在 RST 引脚上保持高电平两个机器周期(即 24 个振荡周期),就可以使 8051 复位。若一直保持 RST 为高电平,就使 8051 每个机器周期复位一次。复位之后,PC 寄存器的数值为 0000H,ALE,$\overline{PSEN}$,P0,P1,P2,P3 口的输出均为高电平。复位以后内部寄存器的状态如表 2-3 所示。

表 2-3　8051 复位后寄存器的内容

寄存器	内容	寄存器	内容	寄存器	内容
PC	0000H	IE(8051)	0XX00000b	SBUF	不定
ACC	00H	IE(8052)	0X000000b	PCON(HMOS)	0XXXXXXXb
B	00H	TMOD	00H	PCON(CHMOS)	0XXX0000b
PSW	00H	TCON	00H	TH2(8052)	00H
SP	07H	TH0	00H	TL2(8052)	00H
DPTR	0000H	TL0	00H	RCAP2H(8052)	00H
P0-P3	FFH	TH1	00H	RCAP2L(8052)	00H
IP(8051)	XXX00000b	TL1	00H		
IP(8052)	XX000000b	SCON	00H		

RST 变为低电平后,就退出了复位状态,CPU 从初始状态开始工作。复位后,程序指针寄存器 PC 为 0000H,因此,8051 单片机复位后从 0000H 执行程序。

内部 RAM 不受复位的影响。VCC 上电时,RAM 的内容是不定的。

8051 的复位电路如图 2-7 所示。上电自动复位电路的工作原理是:$Vcc = V_C + V_{R1}$,V_C 是电容 C 两端的电压,V_{R1} 是电阻 R1 两端的电压,也是单片机复位引脚上的电压。在未加电时,$Vcc = V_C = V_{R1} = 0$。Vcc 为阶跃函数,上电时,Vcc 在 $t=0$ 瞬时即可以达到工作电压 5 V。因为电路中电阻 R1 的限流作用,电路对电容 C 的充电电流为有限值,电容上的电压不能突变,而是按照指数曲线变化。其值为 $V_C = Vcc(1 - e^{-\frac{t}{R1C}})$。

在刚上电的一段时间内,V_C 上的电压低,而电阻 R1 上的电压高,则单片机复位引脚 RST 上的电压就高。由于单片机是 CMOS 电路,因此其复位端口 RST 上的电压大于 3.5 V 即为高电平。对 8051 单片机,该高电平维持两个机器周期(24 个时钟周期)以上,单片机就可以复位。若所采用的晶振频率为 12 MHz,R1 与 C 的数值取上图中的数值即可,若晶振频率低于 12 MHz,应该适当加大电容 C 和电

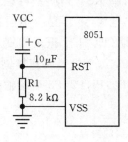 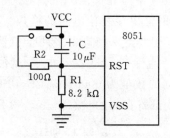

(a)上电自动复位电路　　　　　(b)上电自动复位与手动复位电路

图 2-7　8051 的复位电路

阻 R1,以满足复位的时间要求,保证可靠的复位。图 2-7(a)中加了手动复位按钮,为了减小按键时的脉冲电流干扰,在手动复位开关上串联了一只 100 Ω 的限流电阻。按键接通后,由 R1 和 R2 组成分压电路,由于 R2 的阻值很小,只有0.1 kΩ,其上面分担的电压可以忽略不计,因此电压主要由 R1 承担。因此手动复位时,R1 上的电压几乎等于电源电压,从而使 RST 上保持高电平而使单片机复位。

若复位电路失效,加电后 CPU 从一个随机的状态开始工作,程序就不能正常运行。在电路调试时,如发现电路不工作,首先要检查复位电路,检查 RST 引脚上的电平信号是否正常。虽然刚上电瞬间,RST 引脚为高电平,但是由于 RC 电路的过渡过程很快,在十几个微秒内,就降低到低电平了,因此,在用万用表测量时,由于万用表的 AD 转换时间在几百毫秒,因此万用表测到的只是个低电平。必须用示波器测量才行,一定要看到上电瞬间其引脚上出现一个高电平并迅速下降到0 V 的电压尖峰,才说明复位电路正常,否则就是复位电路的问题,可能是元件虚焊或者元件坏了。检查后对症解决即可。

2.2.5 存储器结构

8051 的存储器为哈佛结构,有两个分开的、可以各自独立寻址的程序存储器与数据存储器空间。

1.8051 的存储器结构

其存储器结构见图 2-8。

8051 有片内片外从 0000H～FFFFH 地址连续的共 64KB 的程序存储器(包括片内 ROM 或 EPROM)。当 EA 接低电平时,在访问程序存储器时,从 PC=0000H 开始的指令都取自于片外程序存储器。当 EA 接高电平时,在访问程序存

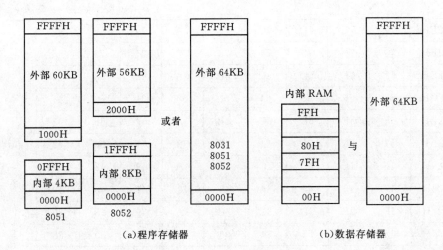

（a）程序存储器　　　　　　　　　　（b）数据存储器

图 2 - 8　8051 存储器结构

储器时，则 PC 为 0000H 至 0FFFH（对于 8051/8751/80C51/89C51）或 PC 为
0000H 至 1FFFH（对于 8052/8752/80C52/89C52），执行的是片内程序存储器的
程序。超出此范围将自动执行片外程序存储器的程序。对 89C51RD 和 C8051F
来说，4KB~64KB 程序存储区全位于片内。

　　8051 的数据存储器包括片外 0000H~FFFFH 共 64KB 数据存储器（包括存
储器地址映射的片外 I/O 设备），片内 RAM 和专用寄存器 SFR 区。8051 片内
RAM 为 00H~7FH 共 128B，可以直接寻址或间接寻址，SFR 区只能直接寻址（地
址 80H~FFH）。

　　8052 的存储器配置，除了与 8051 相同的部分外，还增加第二个片内 RAM 区
（80H~FFH）。这部分 RAM 只能通过寄存器间接寻址进行访问。

　　8051 片内数据存储器分为二部分，见表 2 - 4。

表 2 - 4　片内数据存储器

RAM 地址	(MSB)	(LSB)	地址序号	区别
7FH ⋮ 30H			127 ⋮ 48	数据区

2FH	7F	7E	7D	7C	7B	7A	79	78	47	位
2EH	77	76	75	74	73	72	71	70	46	
2DH	6F	6E	6D	6C	6B	6A	69	68	45	
2CH	67	66	65	64	63	62	61	60	44	
2BH	5F	5E	5D	5C	5B	5A	59	58	43	
2AH	57	56	55	54	53	52	51	50	42	寻
29H	4F	4E	4D	4C	4B	4A	49	48	41	
28H	47	46	45	44	43	42	41	40	40	
27H	3F	3E	3D	3C	3B	3A	39	38	39	址
26H	37	36	35	34	33	32	31	30	38	
25H	2F	2E	2D	2C	2B	2A	29	28	37	
24H	27	26	25	24	23	22	21	20	36	区
23H	1F	1E	1D	1C	1B	1A	19	18	35	
22H	17	16	15	14	13	12	11	10	34	
21H	0F	0E	0D	0C	0B	0A	09	08	33	
20H	07	06	05	04	03	02	01	00	32	
1FH 18H	3 区								31 24	工
17H 10H	2 区								23 16	作 寄
0FH 08H	1 区								15 8	存 器
07H 00H	0 区								7 0	区

2. 8051 片内存储区功能分区

1)工作寄存器区 0 区～3 区

地址从 00H～1FH,共 32 个字节。每 8 个字节(记作 R0～R7)构成一个区,共有 4 个区。工作寄存器区的选择由程序状态字 PSW 中的 RSl 位和 RS0 位的值来决定,有关指令将在后面讨论。在 8051 芯片复位后,系统自动指向工作寄存器 0 区。

　　工作寄存器 R0~R7 在编程中极为有用,它一般用作数据缓冲寄存器,如果不用作工作寄存器,这个区域中的 32 个字节可以直接按字节访问,把它们作为数据存储器来使用。

　　2)位寻址区

　　该区域地址从 20H 到 2FH,共 16 个字节,128 位,使用指令可以寻址到位地址,它们的位地址为 00H~7FH。

　　位地址表示方法与片内 RAM 字节地址的表示方法是一样的,都是 00H~7FH,但字节操作同位操作的指令形式是不一样的,在使用时应注意它们的区别。

　　这个区域的位地址还有另一种表示方法,即用它们的字节地址加位数来表示;例如位 0 到位 7 可写成 20.0~20.7,位 08H 到 0FH 可写成 21.0~21.7 等。其中,“.”号之前的数字为该字节的字节地址,“.”号之后为该位在该字节中的位号。

　　位寻址区是布尔处理器的一部分。该区域的 16 个字节也可按字节访问。

　　3)数据区

　　地址从 30H 到 7FH,共 80 个字节,可作为用户数据存储器,按字节访问。用户堆栈通常放置在该区域。

2.2.6　指令部件

1. 程序计数器 PC

　　它是一个 16 位寄存器,是指令地址寄存器。用来存放下一条需要执行的指令的地址。其寻址能力为 64KB。

2. 指令寄存器 IR

　　指令寄存器 IR 是用来存放当前正在执行的指令。

3. 指令译码器 ID

　　该寄存器对 IR 中的指令操作码进行分析解释,产生相应的控制信号。

4. 数据指针 DPTR

　　DPTR 是一个 16 位地址寄存器,既可以用于寻址外部数据存储器,也可以寻址外部程序存储器中的表格数据。DPTR 可以寻址 64KB 地址空间。由高位字节 DPH 和低位字节 DPL 组成。这两个字节也可以单独作为 8 位寄存器使用。使用时,应先对 DPTR 赋值,可用指令 MOV　DPTR,♯data,这样,DPTR 即指向了以 16 位常数 data 为地址的存储单元,这就是所谓数据指针的含意,在此基础上就可以进行以 DPTR 为地址指针的数据传送等操作。如 8051 执行指令“MOVX　A,DPTR”就能把 DPTR 所指向的外部数据存储器中地址为 data 的单元的数据送入

累加器 A 中。如 8051 执行指令"MOVC　A,A+DPTR"就能把 DPTR 所指向的
外部程序存储器中地址为(A)+data 的单元的数据送入累加器 A 中,此处(A)表
示累加器 A 中的数据。

2.2.7　特殊功能寄存器区

8051 把 CPU 中的专用寄存器、并行端口锁存器、串行口与定时器/计数器内
的控制寄存器等集中安排到一个区域,离散地分布在地址从 80H 到 FFH 范围内,
这个区域称为特殊功能寄存器区。

1.特殊功能寄存器区

特殊功能寄存器区共有 128B。占有片内从 80H～FFH 共 128B 地址区域,在
性质上它属于数据存储器。

8051 共有 21 个特殊功能寄存器,其中程序计数器 PC 在物理上是独立的。该
区域实际上定义了 20 个特殊功能寄存器,它们占据 21 个字节(数据指针 DPTR
占两个字节)。访问特殊功能寄存器,只能使用直接寻址方式。该区域内的其他字
节均无定义,访问它们是无意义的。特殊功能寄存器的定义见表 2-5。表中前边
有 * 号的寄存器可以位寻址,前边有+号的寄存器仅 8052 单片机才有。

表 2-5　特殊功能寄存器的符号、名称及地址

符号	名称	地址
* ACC	累加器	0E0H
* B	B 寄存器	0F0H
* PSW	程序状态字	0D0H
SP	堆栈指针	81H
DPTR	数据指针(2B)	
DPL	低位字节	82H
DPH	高位字节	83H
* P0	P0 口	80H
* P1	P1 口	90H
* P2	P2 口	0A0H
* P3	P3 口	0B0H
* IP	中断优先级控制	0B8H
* IE	中断允许控制	0A8H

符号	名称	地址
TMOD	定时器/计数器方式控制	89H
* TCON	定时器/汁数器控制	88H
* +T2CON	定时器/计数器 2 控制	0C8H
TH0	定时器/计数器 0 高位字节	8CH
TL0	定时器/计数器 0 低位字节	8AH
TH1	定时器/汁数器 1 高位字节	8DH
TL1	定时器/计数器 1 低位字节	8BH
+TH2	定时器/计数器 2 高位字节	0CDH
+TL2	定时器/计数器 2 低位字节	0CCH
+RCAP2H	定时器/计数器 2 捕捉寄存器高位字节	0CBH
+RCAP2L	定时器/计数器 2 捕捉寄存器低位字节	0CAH
* SCON	串行控制	98H
SBUF	串行数据缓冲器	99H
PCON	电源控制	87H

2. 几种最常用的寄存器

1)累加器 ACC

ACC 是一个具有特殊用途的 8 位寄存器,主要用来存放操作数或者存放运算结果。

8051 指令系统中多数指令的执行都要通过累加器 ACC 进行。因此,在 CPU 中,累加器的使用频率是很高的。作为一个寄存器,累加器 ACC 又可简写为累加器 A。

2)寄存器 B

B 也是一个 8 位的寄存器,通常用来和累加器配合,进行乘法、除法运算。例如在乘法指令"MUL A,B"和除法指令"DIV A,B"中,B 用来寄存另一个操作数及部分结果。对其他指令,B 可作为一个工作寄存器使用。

3)程序状态字 PSW

PSW 是一个可编程的 8 位寄存器,用来寄存当前指令执行结果的有关状态。8051 有些指令的执行结果会自动影响 PSW 有关位(称为标志位)的状态,在编程时要加以注意。同时 PSW 中各位的状态也可通过指令设置。PSW 各标志位的定

义如下:

位	D7	D6	D5	D4	D3	D2	D1	D0
名称	CY	AC	F0	RS1	RS0	OV	—	P

CY(PSW.7)进位标志。累加器 A 的最高位有进位(加法)或借位(减法)时,CY=1,否则 CY=0。在布尔处理机中,它是各种位操作指令的"累加器"。CY 亦可简记为 C。

AC(PSW.6)辅助进位标志。当累加器 A 的 D3 位向 D4 位有进位或借位时,AC=1,否则 AC=0。它主要用于 BCD 码操作。

F0(PSW.5)用户通用标志位。用户可以根据需要用指令将其置位或清零,从而可通过测试 F0 的状态来控制程序的转向。

RSl(PSW.4)寄存器区选择位 1。

RS0(PSW.3)寄存器区选择位 0。RSl 和 RS0 可由指令置位或清零,用来选择 8051 的工作寄存器区。其选择方式见表 2-6。

表 2-6　RS1、RS0 与工作寄存器组的关系

RS1	RS0	寄存器区	地址
0	0	0	00H~07H
0	1	1	08H~0FH
1	0	2	10H~17H
1	1	3	18H~1FH

OV(PSW.2)溢出标志位。当带符号数运算(加法或减法)结果超出($-127\sim+127$)范围时,有溢出,OV=1;否则 OV=0。溢出产生的逻辑条件是:OV=D6C+D7C。其中,D6C 表示位 6 向位 7 的进位(或借位),D7C 表示位 7 向 CY 的进位(或借位)。

—(PSW.1)用户定义标志位。

P(PSW.0)奇偶校验位。在每个指令周期由硬件按累加器 A 中"1"的个数为奇数或偶数而置位或清零。若累加器中包含奇数个 1,则 P=1;若累加器中包含偶数个 1,则 P=0。因此,奇偶位 P 可用于指示操作结果(累加器 A 中)的 1 的个数的奇偶性。

4)堆栈指针 SP

存储单元在作为数据堆栈使用时,是不能按字节任意访问的,有专门的堆栈操

作指令把数据送入或移出堆栈,堆栈为程序中断、子程序调用等临时保存一些特殊信息(例如某些工作寄存器的内容)提供了方便。

堆栈指针 SP 用来指示堆栈的位置。当用户需要设置堆栈时,总是先要定义堆栈在片内 RAM 的哪一个单元开始,这个起始单元称为栈底。

8051 的堆栈可以设置在片内 RAM 的任何地方。堆栈指针 SP 是一个 8 位寄存器。它的地址为 81H。复位操作后,堆栈指针初始化为 07H。当用户开辟堆栈时,必须首先对 SP 赋值,以确定堆栈的起始位置(即栈底)。随着数据进出堆栈的操作,堆栈指针 SP 的内容是随时在变化的。8051 的堆栈采用地址增量型。当执行 PUSH 操作时,一个字节数据压入堆栈即进栈,SP 内容自动加 1,当执行 POP 操作时,一个字节数据从堆栈弹出即出栈,SP 内容自动减 1。SP 始终指向堆栈中地址最高的单元,即指向栈顶。堆栈及其操作见示意图 2-9。

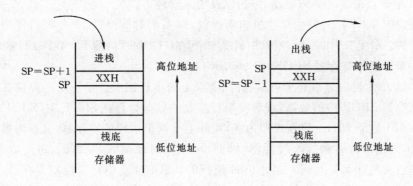

图 2-9 堆栈操作示意图

在使用堆栈时应注意,堆栈的深度(即开辟了多少字节作为堆栈)在程序中是没有标识的,在片内 RAM 中,哪些为工作寄存器,哪些为变量区,哪些为堆栈区,编译连接程序都会自动给予设置,通常在留出工作寄存器和变量区以后,自动确定好 SP 的位置。

5)中断用寄存器 IE,IP

IE 为中断允许寄存器,8051 的中断系统允许接受 5 个独立的中断源,即两个外部中断申请、两个定时器/计数器中断以及串行口中断。外部中断申请通过 INT0 和 INT1(即 P3.2 和 P3.3)输入,输入方式可以是电平触发(低电平有效),也可以是边沿触发(下降沿有效)。两个定时器中断请求是当定时器溢出时向 CPU 提出的,即当定时器由状态全 1 转为全 0 时发出的。第五个中断请求是由串行口发出的,串行口每发送完一个数据或接收完一个数据,就可提出一次中断申请。设置 IE 内部的相应位为 1 或 0,就可以决定对哪些中断源允许中断,对哪些不允许。

IP 为中断优先级寄存器。8051 单片机可以设置两个中断优先级,即高优先级和低优先级,由中断优先控制寄存器 IP 来控制。

6)定时器/计数器用控制寄存器 TMOD,TCON,T0,T1

8051 内部有两个 16 位可编程定时器/计数器,记为 T0 和 T1。16 位是指它们都是由 16 个触发器构成,故最大计数模值为 65535。可编程是指它们的工作方式由指令来设定,或者当计数器用,或者当定时器用,并且计数(定时)的范围也可以由指令来设置。这种控制功能是通过定时器方式控制寄存器 TMOD 来完成的。

如果需要,定时器在计到规定的定时值时可以向 CPU 发出中断申请,从而完成某种定时的控制功能。在计数状态下同样也可以申请中断。定时器控制寄存器 TCON 用来负责定时器的启动、停止以及中断管理。

在定时工作时,时钟由单片机内部提供,即系统时钟经过 12 分频后作为定时器的时钟。计数工作时,时钟脉冲(计数脉冲)由 T0 和 T1(即 P3.4,P3.5)输入。

7)串行口用寄存器 SCON,SBUF,PCON

8051 单片机内部有一个可编程的、全双工的串行接口。串行发送存储在特殊功能寄存器 SBUF 中的数据,或者将串行接收的数据暂存在 SBUF 中,SBUF 占用内部 RAM 地址 99H。但在机器内部,实际上有两个这样的寄存器,又称为数据缓冲器,即发送缓冲器和接收缓冲器,因此,可以同时保留收/发数据,进行收/发操作,但收/发操作都是对同一地址 99H 进行的。SCON 是串行口控制寄存器,用于控制串行口的工作。PCON 的最高位 SMOD 用于波特率倍频设置,其值为 1 时波特率翻倍,其值为 0 时波特率为原值。

8)布尔处理器

在 8051 内部有一个结构完整、功能很强的布尔处理器,即位处理器。它在硬件上是一个完整的系统,包括一个位累加器(借用 PSW 中的 C 位),可位寻址的 RAM,可位寻址的寄存器及并行 I/O 口。同时,8051 的运算器具有极强的位运算能力。与此相适应,8051 的位处理器在软件方面,有一个功能丰富的位操作指令子集。

布尔处理器是 8051 的独特结构,这使它在控制领域内的应用具有一定的优势。

2.2.8　8051 单片机低功耗操作方式

8051 单片机有两种低功耗操作方式:节电操作方式和掉电操作方式。在节电方式时,CPU 停止工作,而 RAM、定时器、串行口和中断系统继续工作。在掉电方式时,仅给片内 RAM 供电,片内所有其他的电路均不工作。

CMOS 型单片机用软件来选择操作方式,由电源控制寄存器 PCON 中的有关位控制。这些有关的位是:

　　　　IDL(PCON.0);　　　　节电方式位。IDL＝1 时,激活节电方式

　　　　PD(PCON.1);　　　　掉电方式位。PD＝1 时,激活掉电方式

　　　　GF0(PCON.2);　　　　通用标志位

　　　　GFl(PCON.3);　　　　通用标志位

1. 节电方式

一条将 IDL 位置 1 的指令执行后,80C51 就进入节电方式。这时提供给 CPU 的时钟信号被切断,但时钟信号仍提供给 RAM、定时器、中断系统和串行口,同时 CPU 的状态被保留起来,也就是栈指针 SP、程序计数器 PC、程序状态字 PSW、累加器 ACC 及通用寄存器的内容。在节电方式下,VCC 仍为 5 V,但消耗电流由正常工作方式的 24 mA 降为 3.7 mA。

可以有两条途径退出节电方式恢复到正常方式。

一种途径是有任一种中断被激活,此时 IDL 位将被硬件清除,随之节电状态被结束。中断返回时将回到进入节电方式的指令后的一条指令,恢复到正常方式。

PCON 中的标志位 GF0 和 GFl 可以用作软件标志,若置 IDL＝1 的同时也置 GF0/GFl＝1,则节电方式中激活的中断服务程序查询到此标志便可以确定服务的性质。

退出节电方式的另一种方法是靠硬件复位,复位后 PCON 中各位均被清 0。

2. 掉电方式

一条将 PD 位置 1 的指令执行后,80C51 就进入掉电工作方式。掉电后,片内振荡器停止工作,时钟冻结,一切工作都停止,只有片内 RAM 的内容被保持,SFR 内容也被破坏。掉电方式下 VCC 可以降到 2 V,耗电仅 50 μA。

退出掉电方式恢复正常工作方式的唯一途径是硬件复位。应在 VCC 恢复到正常值后再进行复位,复位时间需 10 ms 时间,以保证振荡器再启动并达到稳定,实际上复位本身只需 25 个振荡周期(2 μs～4 μs)。但在进入掉电方式前,VCC 不能掉下来,因此要有掉电检测电路。

2.2.9　8051 的机器周期与指令周期

CPU 完成一种基本操作所需的时间称为机器周期。例如取指令周期,它所执行的操作是,CPU 从程序存储器读一个字节的指令码到指令寄存器。单片机的各种指令功能,都是由几种基本的机器周期实现的。基本的机器周期有取指周期,

存储器读周期,存储器写周期等。

8051 的一个机器周期由 6 个状态组成,分别为 S1 至 S6。每个状态时间为 2 个振荡器周期。一个机器周期共 12 个振荡器周期。如果振荡器频率为 12 MHz,则一个机器周期的时间为 1 μs。

为了叙述方便,又把每个状态的两个振荡器周期称为相位 1(P1)和相位 2 (P2),一个机器周期的 12 个振荡器周期分别为 S1P1、S1P2、……、S6P1、S6P2 等。

CPU 执行一条指令所需要的时间称为指令周期。由于指令的功能不同,指令的长度(字节数)也不同,因此,每条指令的指令周期是不一样的,也就是说执行一条指令所需的机器周期数不同。按机器周期划分,8051 的指令有单周期、双周期及四周期指令三种。

2.2.10　8051 访问片外存储器的时序

弄清 CPU 访问片外存储器的时序,是正确设计接口的关键。而 8051 的时序主要是地址信号、指令读取、数据信号、控制信号 ALE、$\overline{PSEN}$、$\overline{RD}$、$\overline{WR}$ 等在时间上的严密配合。

在不对片外操作时,ALE 为低电平,$\overline{PSEN}$,$\overline{RD}$ 和 $\overline{WR}$ 均为高电平,这些引脚均无效。在访问片外存储器(包括程序存储器、数据存储器和存储器影射的 I/O 设备)期间,在 ALE 引脚,每个机器周期(12 个振荡周期)出现两次正脉冲。只有在访问(读或写)片外数据存储器或 I/O 设备时,每个机器周期少一个 ALE 正脉冲。在这个缺少的 ALE 正脉冲处代之以 $\overline{RD}$(在读操作时)或 $\overline{WR}$(在写操作时)的负脉冲($\overline{RD}$ 或 $\overline{WR}$ 负脉冲的宽度比 ALE 正脉冲宽度大)。在每个 ALE 正脉冲的下降沿前后,P0 口输出的低 8 位地址 A7～A0 有效且稳定。片外地址锁存器就利用 ALE 正脉冲的高电平选通地址锁存器,把 A7～A0 送到锁存器,然后利用 ALE 的下跳沿把低 8 位地址锁存在地址锁存器的输出端口,从而使低 8 位地址在读或写过程中一直有效。因为在整个对片外操作期间,P2 口只用作高 8 位地址 A15～A8,而且一直有效且稳定。因此一般高 8 位地址不需锁存。在地址有效期间,被选通的外部存储器的单元就可以在 $\overline{RD}$ 或 $\overline{WR}$ 控制信号的作用下被读出或写入数据。

CPU 执行一条指令分两个阶段:取指阶段和执行阶段。取指阶段从程序存储器取出若干字节的指令码(包括操作码和操作数)放到 CPU 的指令寄存器中;执行阶段对指令的操作码(指令第一字节)进行译码,并执行该指令的功能。取指令实际上是对片外程序存储器的读访问,其时序见图 2-10,是以 $\overline{PSEN}$ 信号作为读控制信号的,$\overline{PSEN}$ 信号线必须和程序存储器的输出允许端 $\overline{OE}$ 相连。在程序存器被选通且$\overline{PSEN}$信号有效期间,程序存储器的输出端口才与数据总线接通,在其他时间其数据输出端口都呈现高阻态。在程序存储器没有被选通时,不管$\overline{PSEN}$信号是否有效,其数据输出端口都呈现高阻态。从图中可见,在每个机器周期,ALE 信号两次有效,一次在 S1P2 到 S2P1 之间,一次在 S4P2 到 S5P1 之间。每出现一次 ALE 信号,CPU 进行一次取指操作。在从片外程序存储器取指令期间,每个机器周期出现两次$\overline{PSEN}$负脉冲。应利用$\overline{PSEN}$脉冲上跳前的低电平把程序存储器的指令选通到数据总线上,CPU 在$\overline{PSEN}$上跳时把数据总线上的数据通过 P0口读到指令寄存器中锁存,并且$\overline{PSEN}$的上跳沿封锁程序存储器的输出线。在不取指令期间,$\overline{PSEN}$脚为高电平(无效)。

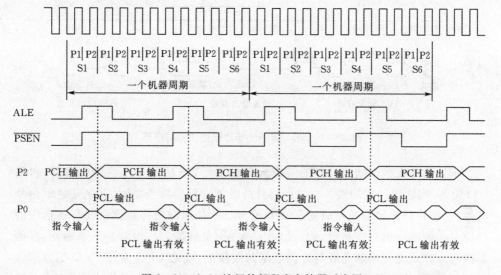

图 2-10　8051 访问外部程序存储器时序图

在访问片外数据存储器时,主要由地址总线、片选线、ALE、$\overline{RD}$、$\overline{WR}$等信号控制,其时序见图 2-11。$\overline{RD}$是读片外数据存储器(包括 I/O 设备)的控制线,通常与存储器的输出允许端$\overline{OE}$相连。在数据存储器被选通且$\overline{RD}$或$\overline{WR}$信号有效期间,存储器的输出端口才与数据总线接通,在其他时间其数据输出端口都呈现高阻态。

在执行读片外数据存储器指令期间,首先是地址与片选信号有效,将所选的存储器内由地址决定的单元与芯片的内部数据总线接通,然后出现一次$\overline{RD}$负脉冲。在该脉冲到来期间,存储器按读方式将其内部总线与外部数据总线接通,把所选单元内的数据送到数据总线上,再由 CPU 从 P0 口将总线上的数据读入到累加器 A中,$\overline{RD}$的上跳变封锁数据存储器的数据端口,使其又恢复平常的高阻态,然后,地址与片选信号消失,完成一次读操作。

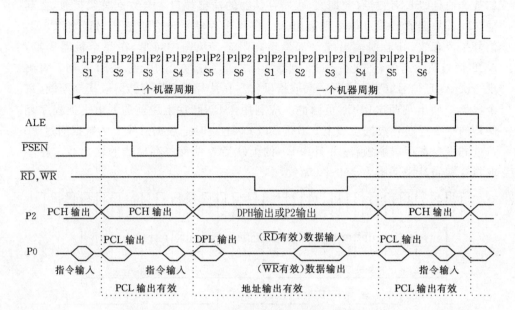

图 2-11　8051 访问外部数据存储器时序图

不读片外数据存储器时,$\overline{RD}$一直为高电平。$\overline{WR}$是向片外数据存储器(包括 I/O 设备)写数据的控制线。在执行写片外数据存储器指令期间,首先是地址信号有效,选中片外存储器及相应的存储单元,此时,存储器内部数据总线与被选中的存储单元的每一位对应接通,然后出现一次$\overline{WR}$负脉冲。在该脉冲到来期间,存储器按写入方式将其内部总线与外部数据总线接通,随之 CPU 通过 P0 口把数据送上数据总线,使数据进入所选的存储单元,总线上的数据要稳定并持续到$\overline{WR}$上跳变之后一段时间。$\overline{WR}$的上跳变把数据锁存在数据存储器里。在不对片外数据存储器进行写操作时,$\overline{WR}$一直为高电平(无效)。

8051 有 111 条指令,按指令功能和指令长度,安排了几种基本时序。有一字节一周期指令,二字节一周期指令,一字节二周期指令,二字节二周期指令,三字节二周期指令及一字节四周期指令等。下面对几种主要时序作以简单介绍。

1)单字节、单周期指令时序

执行一条单字节单周期指令时,在 S1 期间读入操作码,把它送入指令寄存器,接着开始执行,并在本周期的 S6P2 执行完毕。在本周期的 S4P2 期间还要照常读入下一个指令字节,但 CPU 不予处理,PC 也不加 1,也就是说此次读取无效。

2)双字节单周期指令时序

在执行一条二字节单周期指令时,在 S1 期间读入指令操作码字节并将它锁存在指令寄存器,在 S4 期间读入指令第二字节,指令在本周期的 S6P2 期间执行完毕。

3)单字节双周期指令时序

在执行一条单字节双周期指令时,在第一个周期的 S1 期间读入操作码并锁存,然后开始执行。在本周期的 S4 期间及下一个周期的两次读操作均无效,指令在第二周期的最后一个状态 S6P2 执行完毕。

2.2.11　8051 的系统扩展

在很多应用场合,8051 自身的存储器和 I/O 资源不能满足要求,这时就要进行系统扩展。目前,存储器和 I/O 接口电路已经使用各种规模的集成电路工艺制作成常规芯片或是可编程的芯片。系统扩展,就是实现单片机与这些芯片的接口以及编程使用。

1. 外部总线的扩展

8051 受到引脚的限制,没有对外专用的地址总线和数据总线,那么在进行对外扩展存储器或 I/O 接口时,需要首先扩展对外总线(局部系统总线)。

8051 提供了引脚 ALE,在 ALE 为高电平期间 P0 口上输出低 8 位地址 A7~A0。通常外接地址锁存器,用 ALE 的下降沿作锁存信号,将 P0 口上的地址信息锁存到锁存器,直到 ALE 再次为高。在 ALE 为 0 期间 P0 口传送数据,即作数据总线口。这样就把 P0 口扩展为地址/数据总线复用口。

另外,P2 口可用于输出地址高 8 位 A15~A8,所以对外 16 位地址总线 ABl5~AB0 由 P2 口和低 8 位地址锁存器构成。

8051 引脚中的输出控制线(如 $\overline{RD}$、$\overline{WR}$、$\overline{PSEN}$、ALE)以及输入控制线(如 $\overline{EA}$、$\overline{INT0}$、$\overline{INT1}$、RST、T0、T1)等构成了外部控制总线 ControlBus(CB)。

通常用作单片机的地址锁存器的芯片有 74LS373、74HC373、74HC573、74HC574 等。

2. 程序存储器的扩展

在片内程序存储器不够用的情况下,就要加接外部程序存储器,称此为外部程序存储器的扩展。通常扩展一片存储器即可。单片机与外部程序存储器的连接依然按三总线结构扩展,如图 2-12 所示。

图中 P2 口与 EPROM 的高 8 位地址线连接;P0 口经地址锁存器输出的地址线与 EPROM 的低 8 位地址线相连,同时 P0 口又与 EPROM 的数据线相连;单片机 ALE 连接锁存器的锁存控制端 CLK;$\overline{PSEN}$接 EPROM 的输出允许$\overline{OE}$;8031的内、外存储器选择端$\overline{EA}$接地。

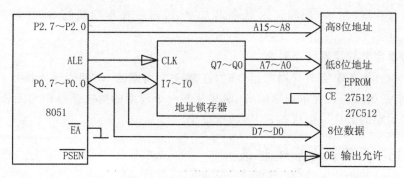

图 2 - 12　8051 与外部程序存储器的连接

　　芯片型号的高两位数字 27 表示 EPROM,价格便宜,使用可靠,但若要改写程序,擦除费时多(需要紫外线擦除 20～30 min),宜于程序已经完善的大批量产品使用。28 表示 EEPROM,是电可擦除存储器,可快速擦除,但价格高,宜于开发试验过程中使用。目前 27 系列存储器也有电可擦除的,其价格与 28 系列的相同。低位数字表示存储容量的千位(Kb)值,如 2764 表示 64 K 个存储位的 EPROM,28256 表示 256 K 个存储位的 EEPROM,低位数字除以 8 为芯片的字节存储容量,如 XX64 表示有 8 KB 容量,可以表示成 8KX8。因为存储器芯片有 8 KB、16 KB、32 KB、64 KB 各种规格,为了减少电路板的面积,使电路紧凑,建议根据程序大小,选用一片即可。这样,该芯片的片选端$\overline{CE}$可以直接接地,使该片始终处于选通状态。只要系统执行读外部程序存储器的指令,就由$\overline{PSEN}$控制读该片EPROM。几种存储器芯片的引脚图见表 2 - 7。

　　从芯片引脚表中可以看到,相同引脚数目而容量不同的芯片,引脚基本兼容。这样为在已设计好的电路板上更换不同容量的 EPROM 芯片,带来了方便,也方便不同型号 EPROM 的编程写入。

　　EPROM 的引脚中,除去 VCC、GND、地址线 AX、数据线 DX 外,还有三个引脚:$\overline{OE}$、$\overline{CE}$和 Vpp。其中:

　　$\overline{OE}$:输出允许,接 CPU 的读程序信号$\overline{PSEN}$;

　　$\overline{CE}$:片选,由地址译码器或单独的地址线选通,只有一片程序存储器的情况下,$\overline{CE}$直接接地即可;

　　Vpp:编程写入电压,不同型号芯片的 Vpp 可能不同。

3. 外部数据存储器的扩展

　　8051 外部数据存储器的扩展分为并行接口扩展和串行接口扩展。并行接口扩展的存储器寻址范围为 64KB,并与外部 I/O 接口包括外部设备统一编址。外部 RAM 和外部 I/O 接口的读写控制信号为$\overline{RD}$和$\overline{WR}$,它们由 MOVX 指令产生。

串行接口扩展存储器目前主要是 I^2C 器件,每片存储器容量大小不等,每片最大为 64KB,一个 8051 可以接多个这样的存储器。下边介绍并行接口 RAM 的扩展。

外部 RAM 在 64KB 范围寻址时,地址指针为 DPTR;若对外部 RAM 按页面寻址(256B 为一页),则用 R0 或 R1 作页内地址指针,P2 口作页地址指针。

表 2-7 几种存储器芯片引脚说明

27512	28256	27256	2764	6264	元件引脚		6264	2764	27256	28256	27512
A15	A14	Vpp	Vpp	NC	1	28	VCC	VCC	VCC	VCC	VCC
A12	A12	A12	A12	A12	2	27	$\overline{WE}$	$\overline{PGM}$	A14	$\overline{WE}$	A14
A7	A7	A7	A7	A7	3	26	CS2	NC	A13	A13	A13
A6	A6	A6	A6	A6	4	25	A8	A8	A8	A8	A8
A5	A5	A5	A5	A5	5	24	A9	A9	A9	A9	A9
A4	A4	A4	A4	A4	6	23	A11	A11	A11	A11	A11
A3	A3	A3	A3	A3	7	22	$\overline{OE}$	$\overline{OE}$	$\overline{OE}$	$\overline{OE}$	$\overline{OE/VPP}$
A2	A2	A2	A2	A2	8	21	A10	A10	A10	A10	A10
A1	A1	A1	A1	A1	9	20	$\overline{CE}$	$\overline{CE}$	$\overline{CE}$	$\overline{CE}$	$\overline{CE}$
A0	A0	A0	A0	A0	10	19	D7	D7	D7	D7	D7
D0	D0	D0	D0	D0	11	18	D6	D6	D6	D6	D6
D1	D1	D1	D1	D1	12	17	D5	D5	D5	D5	D5
D2	D2	D2	D2	D2	13	16	D4	D4	D4	D4	D4
GND	GND	GND	GND	GND	14	15	D3	D3	D3	D3	D3

外部数据存储器扩展时,地址总线和数据总线的连接方法与程序存储器的扩展相同。控制信号中主要是读信号 $\overline{RD}$ 和写信号 $\overline{WR}$ 有所不同。8031 的 $\overline{RD}$ 信号与外部 RAM 的输出允许 $\overline{OE}$ 相连,8031 的 $\overline{WR}$ 信号与外部 RAM 的写信号 $\overline{WE}$ 相连。外部 RAM 的片选信号与外部 I/O 接口的片选信号由译码逻辑电路产生。

常用的静态 RAM 芯片有 6264(8KB)、62256(32KB)、62512(64KB)等。在使用上,即使很复杂的仪器系统,作为数据缓存的 RAM 的需求一般也就是数 KB,因此选择一片 6264 通常已足够了。但有些仪器的数据需要较长时间保存,在系统断电后数据也不丢失,则必须使用 EEPROM,因此可选用 28XX 存储器。因为 EEPROM 的价格现在已经大大降低,为了电路板紧凑可靠,最好根据容量需求选用一片 EEPROM。由于串行 EEPROM 体积小,最好优先选用。下面以 6264 芯片为例,讨论 RAM 的并行扩展方法。

6264 是 $8K \times 8b$ 的 SRAM 芯片。SRAM 是静态 RAM,不需要定时刷新。其

引脚在表 2 - 7 中已有表述,6264 和 8031 的连接电路见图 2 -13。

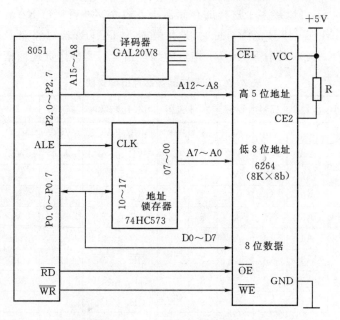

图 2 - 13　8031 与 6264 的连接

具体说明如下:

A12～A0:地址线;高 5 位地址线直接与 8031 的高 5 位地址线(A12～A8)相连,低 8 位与地址锁存器 74HC573 的输出相连,该锁存器的输入端与 8031 的数据与低 8 位地址复用口线 P0 口相连。

$\overline{CE1}$:片选线 1,低电平有效;

$\overline{WE}$:写允许线,低电平有效;

D07～D00:双向数据线;

CE2:片选线 2,高电平有效;可通过上拉电阻 R 接到 VCC,也可以直接接到 VCC,在后备电池供电时,为保证在电源切换瞬时数据不丢失,CE2 必须接到后备电池的正极。

$\overline{OE}$:读允许线,低电平有效。

2.2.12　8051 的中断系统

8051 的中断系统由以下几个寄存器控制。

1. 中断允许寄存器 IE

其地址为 A8H。其各位定义如下:

位	D7	D6	D5	D4	D3	D2	D1	D0
名称	EA	未定义	ET2	ES	ET1	EX1	ET0	EX0

其各位的定义见表 2 - 8。

表 2 - 8　中断允许寄存器 IE

位名称	功能说明	
EA	中断总控制位	
未定义		EA 为 1 允许中断,为 0 禁止所有中断
ET2	定时/计数器 T2 中断允许位	
ES	串行口中断允许位	其他各位:
ET1	定时/计数器 T1 中断允许位	在 EA=1 时,为 1 允许中断
EX1	外部中断 1 中断允许位	为 0 禁止中断。
ET0	定时/计数器 T0 中断允许位	在 EA=0 时,禁止中断。
EX0	外部中断 0 中断允许位	

2. 中断优先级寄存器 IP 其地址为 B8H

其各位定义如下:

位	D7	D6	D5	D4	D3	D2	D1	D0
名称	未定义	未定义	PT2	PS	PT1	PX1	PT0	PX0

IP 各位功能说明见表 2 - 9。

表 2 - 9　中断优先级寄存器 IP

位名称	功能说明	
PT2	定时/计数器 T2 中断优先级设定位	8051 中断优先级分为两级:
PS	串行口中断优先级设定位	该位为 1,则该中断为高优先级;
PT1	定时/计数器 T1 中断优先级设定位	为 0,则该中断为低优先级;
PX1	外部中断 1 中断优先级设定位	如果同一优先级的几个中断申请同时发
PT0	定时/计数器 T0 中断优先级设定位	生,则其响应中断的顺序为:EX0,ET0,
PX0	外部中断 0 中断优先级设定位	EX1,ET1,ES,ET2

　　低优先级的中断服务会被高优先级的中断所打断,即当有一个低优先级的中断被响应,CPU正在执行其中断服务程序时,又有一个没有禁止的高优先级的中断申请到来,如果此时 EA＝1,则 CPU 会停止当前的中断服务程序,转去执行刚发生的高优先级的中断服务程序,执行完后,再接着执行刚停止的低优先级的中断服务程序。

　　同一级别的中断不能互相中断对方。

　　各中断的入口地址见表 2－10。

表 2－10　中断入口地址

中断源	中断入口地址
定时器 2	002BH
串行口	0023H
定时器 1	001BH
外中断 1	0013H
定时器 0	000BH
外中断 0	0003H

3. 定时器控制与中断方式控制寄存器 TCON

　　其地址为 88H。其各位的定义与功能见表 2－11。

　　TF1、TF0 是定时器 T1、T0 溢出标志。是 T1、T0 的中断请求标志。定时器T1、T0 溢出时,该位被自动置 1。CPU 检测到其为 1 时,就根据中断优先级及当前是否有中断决定是否响应这个中断,响应 T1、T0 中断后,TF1、TF0 被自动清零。TF1、TF0 也可以由程序查询和清零。

表 2－11　定时器控制与中断触发方式控制寄存器 TCON

位	D7	D6	D5	D4	D3	D2	D1	D0
名称	TF1	TR1	TF0	TR0	IE1	IT1	IE0	IT0
说明	用于 T1		用于 T0		用于中断控制			

　　TR1、TR0 是定时器 T1、T0 的启动控制位,由程序设定。设其为 1 时,定时器开始工作。设其为 0 时,定时器停止工作。

　　IT1、IT0 是外中断 1、0 的中断触发方式控制位。ITX 为 0 时,为电平触发方式,外中断引脚上的低电平将触发中断。低电平必须保持一定的时间才能触发中断。在电平触发方式,外中断引脚上低电平的到来不会引起下跳沿触发标志位 IE1、IE0 的变化。ITX 为 1 时,为下跳沿触发方式,在这种方式下,外中断引脚上由高到低的电平下跳将使 IEX 被自动置位(为 1),CPU 响应这个中断后,IEX 被自动清零。

2.2.13 8051 的定时器/计数器

8051 和 8052 都有 16 位加 1 定时器/计数器 T0 和 T1,与 T0 和 T1 有关的寄存器有:

1. 方式控制寄存器 TMOD(地址 89H)

TMOD 用于规定 T0 和 T1 的工作方式,其各位定义如下:

位	D7	D6	D5	D4	D3	D2	D1	D0
名称	GATE	C/$\overline{\text{T}}$	M1	M0	GATE	C/$\overline{\text{T}}$	M1	M0
说明	用于定时/计数器 T1				用于定时器/计数器 T0			

M1 和 M0 是工作方式选择位,如表 2-12 所示。

表 2-12 定时器/计数器工作方式选择

M1	M0	方式	功能
0	0	方式 0	13 位定时器/计数器
0	1	方式 1	16 位定时器/计数器
1	0	方式 2	计数初值重新装入的定时器/计数器
1	1	方式 3	对 T0 分为两个独立的 8 位定时/计数器,对 T1 停止计数

C/$\overline{\text{T}}$:定时或计数方式选择位。若 C/$\overline{\text{T}}$=0,则 T0(或 T1)为定时器方式,以内部振荡频率的 1/12 为计数信号;若 C/$\overline{\text{T}}$=1,为计数方式,以引脚 T0(P3.4)和 T1(P3.5)的脉冲为计数脉冲。

GATE:门控位,若 GATE=1,则 TX(T0 或 T1)计数器受引脚$\overline{\text{INTX}}$($\overline{\text{INT0}}$ 或 $\overline{\text{INT1}}$)和 TRX(TR0 或 TR1)共同控制。当$\overline{\text{INTX}}$和 TRX 都是 1 时,TX 计数,否则 TX 停止计数。若 GATE=0,则 T0 和 T1 不受 INT0(或 INT1)引脚控制而只受 TRX 控制,此时,TRX 为 1,TX 计数,TRX 为 0,停止计数。

2. 定时器/计数器的寄存器 TH1,TL1,TH0,TL0

TH1 和 TL1 分别为定时器/计数器 T1 的高 8 位和低 8 位;TH0 和 TL0 分别

为 T0 的高 8 位和低 8 位。它们均可由软件置初值。两组作用相似,讨论其中一组即可,现讨论 TH1 和 TL1。

(1)当 T1 工作于方式 0 时:此时 TH1 是 T1 的高 8 位,TL1 是 T1 的低 5 位,于是由 TH1 和 TL1 组成 T1 的 13 位计数器。T1 加 1 计数到 1FFH 后,再加 1 便溢出,置 TF1 为 1。

(2)当 T1 工作于方式 1 时:此时由 TH1 和 TL1 组成 T1 的 16 位计数器,其他一切与 T1 工作于方式 0 相同。

(3)当 T1 工作于方式 2 时:此时 TL1 是 T1 的 8 位计数器,TH1 是计数初值寄存器。T1 在 TL1 的初值的基础上加 1 计数。当 T1 计数到 FFH 再加 1 溢出时,便把 TF1 置为 1,同时把 TH1 送到 TL1,于是 T1 又在 TL1 的新值基础加 1 计数,如此周而复始。

(4)当 T1 或 T0 工作于方式 3 时:T1 与 T0 的情况不同。当 T0 工作于方式 3 时,把 T0 分成两个 8 位定时器/计数器。一个与方式 0 时很相似,差别只在于现在不是 13 位计数器,而是 8 位计数器。此计数器由 TL0 承担,计数溢出时置 TF0 =1。另一个是 8 位定时器,对振荡频率的 12 分频(fosc/12)计数,计数器由 TH0 承担,计数溢出时置 TF1=1。TH0 是否计数由 TR1 控制,若 TR1=1,允许计数,若 TR1=0,则禁止计数。此时定时器/计数器 T1 只可用作串行口的波特率发生器。

2.2.14　8051 的串行接口

8051 单片机有一个全双工的异步串行通信接口,它有四种工作方式。四种方式各有特点,但也有共同点:发送(输出)和接收(输入)都是数据的最低位在先。

1. 与串行口有关的寄存器

(1)数据缓冲器 SBUF(地址 99H)

SBUF 是可直接寻址的专用寄存器,在物理上它对应着两个寄存器,一个是接收寄存器 SBUF(RX),另一个是发送寄存器 SBUF(TX),它们的地址都是 99H。读 SBUF 就是读接收寄存器。写 SBUF 就是写发送寄存器。

(2)串行口控制寄存器 SCON(字节地址 98H)

SCON 用于控制和监视串行口的工作状态,其各位定义如下:

位	D7	D6	D5	D4	D3	D2	D1	D0
名称	SM0	SM1	SM2	REN	TB8	RB8	TI	RI

SM0,SM1:串行口的方式选择位,如表 2-13 所示。

表 2-13　串行口工作方式

SM0	SM1	方式	功能	波特率
0	0	0	同步移位寄存器	振荡频率 fosc/12
0	1	1	8 位 UART	可变(T1 或 T2 溢出率/n)
1	0	2	9 位 UART	Fosc/32(SMOD=1)或 fosc/64(SMOD=0)
1	1	3	9 位 UART	可变(T1 或 T2 溢出率/n)

表中的 SMOD 是特殊功能寄存器 PCON 的 D7 位的值,由软件赋值。

SM2:允许方式 2 或 3 的多机通信控制位。

在串行口工作方式 0,不用 SM2 位,应置 SM2=0。

只在串行口工作于方式 1,2 或 3 的接收状态时,SM2 位才对串行的工作有影响,在接收完 9 位数据 D0~D8 后,若 RI=1,则把接收的所有数据丢失;若 RI=0 且 SM2=0,则把接收到的前 8 位数据 D0~D7 装入 SBUF,把第 9 位数据 D8 装入 RB8,并置"1"RI,请求中断;若 RI=0,但是 SM2=1,那么只有 D8 为 1 时,才把 D0~D7 装入 SBUF,把 D8 装入 RB8,并置 RI=1,否则,把接收的数据全部丢失,RI 仍为 0,不请求中断。

REN:允许串行接收控制位。

无论串行口工作于方式 0、1、2 或 3 的那一种,只有先用软件置 REN=1,才允许串行口接收数据。由软件清"0"REN 来禁止接收。REN 是 RXD/P3.0 引脚功能选择位。

TB8:预置发送的第 9 位数据。

在串行口工作于方式 2 或方式 3 的发送状态时,TB8 是待发送的第 9 位数据。TB8 需用软件置位或复位。其他情况用不到 TB8。

RB8:接收到的第 9 位数据。

方式 0 不用 RB8。串行口工作于方式 1 时,装入 RB8 的是停止位。工作于方式 2 和 3 时,把接收到的第 9 位数据装入 RB8。工作于方式 2 或方式 3 的多 MCS-51 单片机通信时,RB8 实际上来自发送机的 TB8。

TI:发送中断的标志。

在方式 0 发送完第 8 位数据时,由内部硬件自动置 TI=1,请求中断;在其他方式串行发送的停止位开始时,由硬件置 TI=1,请求中断。TI 必须由软件清"0"(撤消中断请求)。

2. UART 与 USART

在单片机通信资料中经常可以看到 UART 与 USART 这两个缩写词,两个都是单片机上的串口通信英文名称的缩写,具体含义如下:

UART:universal asynchronous receiver and transmitter(通用异步收/发器)。

USART:universal synchronous asynchronous receiver and transmitter(通用同步/异步收/发器)。

从名字上可以看出,USART 在 UART 基础上增加了同步功能,即 USART 是 UART 的增强型。所有单片机上的串行口都具有 UART 功能,大部分单片机上的串行口都具有 USART 功能。

当用具有 USART 功能的串行口做异步通信的时候,它与 UART 没有什么区别,但是用在同步通信的时候,区别就很明显了,因为同步通信需要同步时钟来触发数据传输,也就是说 USART 相对于 UART 的唯一区别就是能提供主动时钟。如 8051 单片机既可以进行异步通信,实现 UART 功能,也能进行同步通信,实现 USART 功能。

在 UART 方式下,它通过 TX(P3.1)发送数据,并可以同时从 RX(P3.0)接收数据,实现全双工通信功能。

在 USART 方式下,串行口工作于方式 0,它又叫同步移位寄存器输出方式。其数据从 RXD(P3.0)串行输出或输入,同步信号从 TXD(P3.1)端输出。发送或接收的数据为 8 位,低位在前,高位在后,没有起始位和停止位。数据传输率固定为振荡器频率的 1/12,也就是每一机器周期传送一位数据。方式 0 可以外接移位寄存器,将串行口扩展为并行口,也可以外接同步输入/输出设备。执行任何一条以 SBUF 为目的的寄存器指令,就开始发送。

3. 波特率

从表 2-13 可知,串行口工作于方式 0 和方式 2 时,波特率是基本固定的,工作于方式 1 和方式 3 时,波特率是由定时器 1 的溢出率决定的,其值为

$$方式 1、3 波特率 = (定时器 1 的溢出率) \times \frac{2^{SMOD}}{32}$$

式中,SMOD 是 PCON 寄存器的最高位。

定时器 1 的溢出率取决于定时器工作方式控制寄存器 TMOD 的设定,在通信应用中,设置定时器 1 为定时器方式,在这种方式下,T1 对机器周期计数(对普通的 8051 单片机,一个机器周期为 12 个时钟周期)。且须运行于自动重新装载方式,此时 TMOD 的高 4 位应为 0010B,而自动重装入的值放在 TH1 中,这时波特率的产生公式为

$$方式 1、3 波特率 = \frac{2^{\text{SMOD}}}{32} \times \frac{f_{\text{OSC}}}{12 \times [256 - (TH1)]}$$

式中, f_{OSC} 是系统时钟频率。

在这种情况下,应禁止定时器 1 中断。定时器 1 产生的常用波特率见表 2-14。

表 2-14　定时器 1 产生的常用波特率

波特率/(b·s⁻¹)	f_{OSC}/MHz	SMOD	定时器 1		
			C/T	方式	重装入值
方式 0(最大):1 M	12	X	X	X	X
方式 2(最大):375 k	12	1	X	X	X
方式 1、3:62.5 k	12	1	0	2	FFH
19.2 k	11.0592	1	0	2	FDH
9.6 k	11.0592	0	0	2	FDH
4.8 k	11.0592	0	0	2	FAH
2.4 k	11.0592	0	0	2	F4H
1.2 k	11.0592	0	0	2	E8H
137.5	11.0592	0	0	2	1DH
110	6	0	0	2	72H
110	12	0	0	1	FEEBH

2.3　8051 单片机在冲床自动控制中的应用

冲压加工是机械制造中常用的加工成形方法,有热冲压和冷冲压两种基本冲压方法。冲床在冲压加工过程中,必须具有以下功能:

(1)自动进料,且保证料坯到达规定的位置。

(2)自动出件,将已冲压的工件自动送出。

(3)自动保护,一旦探测到有人体或人四肢进入冲压区,立即停止冲头下冲运动,保护工人,避免工伤事故。

(4)自动恢复,在人体离开冲压区后,冲头不再下冲,以避免中途暂停导致动能减少,力量不够而产生次品。而是重新上提,开始与以往相同的冲压。

实现上述要求,可以采用机械式自动控制装置,也可以采用电子式自动控制装置,其中电子式装置反应灵敏,尤其在自动保护方面效果更好,可以广泛应用。

冲床保护与控制电路原理图见图 2-14 所示。

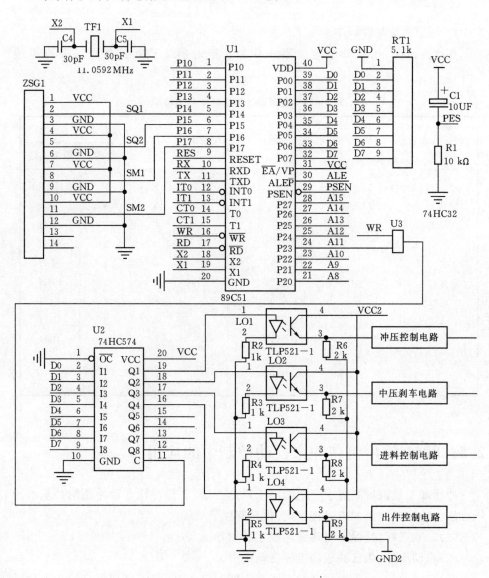

图 2-14　冲床控制与保护电路原理图

控制电路的组成如下：

(1)控制电路板。该控制系统的核心是以 89C51 单片机为 CPU 的控制电路板。板上有 CPU、信号采集连线、信号放大电路、光电隔离耦合电路、接插件等。

(2)工件位置探头，有两个。工件位置探头既探测坯料是否到位，也探测已完成冲压的工件是否被送出了工作区。其信号只有两种，一是占位信号，其信号为低电平；另一个是空位信号，其信号为高电平。

(3)人体安全探头，有两个。冲压区域没有人或肢体时，人体安全探头会输出正常信号(高电平信号)，否则会输出报警信号(低电平信号)。

(4)大功率模块电路，有四个。每个控制三相交流电，从而控制电机转动情况。

(5)电动机有三个，进料电机、冲压电机(与刹车共用)、出件电机。

(6)电源电路。主要通过功率模块给电机供电(三相 380V)，同时给控制电路板供电(通过变压器降压整流滤波后输出 5V 和 12V)。

在工作的全过程中，CPU 一直对工件位置探头和人体安全探头的信号进行高速采样。

在每个冲压循环的开始，CPU 采集到 4 个探头都是高电平信号时，就说明正常(为空位)。如果循环开始时，采集到位置探头是占位信号，就发出报警信号，停止工作。如果采集到的是空位信号，就输出进料控制信号给进料控制电路，通过进料大功率模块，驱动进料电机转动进行送料。直到工件位置探头在采集到坯料到达正确位置(两个位置探头的信号都变为低电平)且人体安全探头信号正常时，CPU 输出冲压控制信号给冲压控制电路，再由冲压控制电路将信号放大，驱动大功率模块电路，正常启动冲压电机进行冲压。在完成冲压后，出件夹具将工件送出去，此时位置探头的信号又变为空位信号。又继续下一个循环。

在工作过程中，只要在规定的工序中，工件位置探头信号不对，都会自动停机。

在工作过程中，只要人体探头输出报警信号，就会启动紧急刹车系统，使冲头迅速停止运动，以保护工人安全。

控制电路板的电原理图中 U1 为单片机 89C51，与 8051 基本相同，只是其片内的 8KB 的程序存储器是 FLASH 存储器，可以多次快速擦写。TF1 为该单片机时钟电路的外部晶体振荡器，其振荡频率为 11.0592 MHz。C4、C5 为时钟电路的补偿电容。ZSG1 为 4 个探头的供给电源与信号输入插座，信号依次输入给 89C51 的 P14、P15、P16、P17，这些信号都是开关量信号，要么是高电平，要么是低电平，89C51 只需要读这些口线即可获知工件与人体安全情况。RT1 为 89C51P0 口的上拉电阻，以加强数据总线的驱动能力。C1 与 R1 组成 89C51 的上电自动复位电路。U2 为输出信号锁存器，用 74HC574 芯片，其锁存信号由 WR 和地址 A11 经或门 74HC32 后加在 74HC574 的输出锁存端(11 脚)。所有控制信号都由

74HC574 锁存输出。该锁存器的地址是 A11 为 0 的所有地址。输出的控制信号经过光电隔离耦合器 TLP521-1 后,输出给各自的控制电路,经控制电路对信号进行放大和电压变换后再输出去,就可以直接控制三相交流电从而控制三个电机的运动。其中的冲压电机控制电路比较复杂,是将三相交流电进行换相控制。我们知道,只要将三相电动机的三根动力线的任意两根进行交换,电动机的转向就会与交换前的转向相反。冲压电机控制电路实际上控制的是 5 个可控硅模块,其中的一个模块接通一相交流电,其他两相交流电由另外 4 个可控硅模块控制,每两个接一相电,根据冲压控制信号有效还是刹车控制信号有效,使这两相电迅速切换,两根动力输入线快速交换,由换相后的交流电驱动冲压电机进行紧急刹车,其实质是在正向转动的电机上突然加上反转电流,迫使其反转,可是由于正转中系统的巨大惯性,电机并不能立即反转,但却可以产生一个巨大的反转扭矩,使电机在尽可能短的时间内停转,使冲头紧急制动停止,在冲头停止时立即自动切断电源,以避免工伤事故。

2.4　STM 系列单片机

2.4.1　STM32 和 STM8 系列单片机简介

在对诸多单片机进行了分析对比后发现,在现今流行的几十种类型的单片机中,法国意法半导体(ST)公司的 STM32 系列单片机和 STM8 系列单片机,具有比较先进的技术和丰富强大的功能,在单片机世界中独领风骚,深受测控工程师们的喜爱。这类单片机不仅性能优越,还有一个极大的优势,就是他们公司为这些单片机推出了完备的固件库。固件库对单片机程序的开发效率有极大的提升。有了固件库,人们只需要调用固件库里的函数,就可以实现所有对寄存器的操作,而不需要一遍遍地查找寄存器,再查找相应的寄存器位,再对这些位进行设置。另外用寄存器位设置编写的程序,也很难维护修改或移植。时间一久,连编程者都记不清这些位是干什么的,在程序修改维护时又得一遍遍地查找单片机的技术手册,弄清楚这些寄存器位的功能后才能进行修改。一款单片机有几十到几百个特殊功能寄存器,有些是 8 位的,有些是 16 位的,STM32 的特殊功能寄存器都是 32 位的,而且有几百个这样的 32 位特殊功能寄存器,要记住这些寄存器的各个位是干什么的,是很困难的,要进行程序移植就更加困难。为此,一些单片机生产厂家组织力量开发自己单片机的固件库,以利于自己单片机的推广应用。而在所有单片机中,ST 公司的单片机固件库是做得最好的,给软件工程师提供了极大的方便,使得 STM 系列单片机近年来在计算机控制系统和智能仪器中有了迅猛发展和广泛的应用,具有明显长远的应用前景。因此,学习 STM 系列单片机也是本课程的重点之一。

由于视频音频信号采集、压缩、回放对系统速度的要求高,ARM 公司研究设计了一类 32 位的单片机 ARM,主要用于有视频音频处理需求的手持式设备,例如手机、复读机、掌上电脑、掌上游戏机等。ARM 内核由 ARM 公司设计,各芯片制造厂家购买其设计,然后自己配置封装后大量生产。ARM 已经有多个版本,在有视音频处理需求的手持设备上应用广泛。后来 ARM 公司根据测控市场需求,开发了专用于测控的 32 位 ARM 处理器 STM32 系列单片机。此类单片机在系统结构上属于 ARM 最高级别的 V7 架构。RAM 芯片的发展如图 2 - 15 所示。

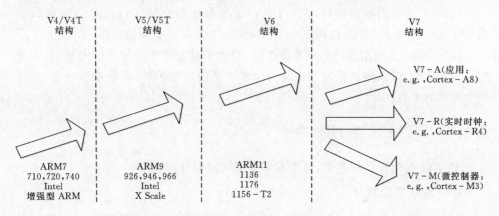

图 2 - 15 ARM 发展简图

STM32FXX 是基于 Cortex-M3 内核的新型 32 位嵌入式微处理器,具有高性能、低功耗、低价格的特点,是当前在嵌入式控制系统中应用最火的一类高性能的 ARM 处理器。它能支持 32 位广泛的应用,支持包括高性能、实时功能、数字信号处理,以及低功耗、低电压操作,同时拥有一个完全集成和易用的开发平台。它适合应用在各种高可靠、低成本、低功耗的嵌入式控制系统和智能仪器中。它可以带操作系统,也可以不带操作系统,因此在很多高性能应用场合可替代多种普通单片机。

STM32 系列 32 位单片机,基本的内部资源如下:

(1)多达 51 个快速 I/O 端口,所有 I/O 口均可以映像到 16 个外部中断,几乎所有端口都允许 5V 信号输入。每个端口都可以由软件配置成输出(推挽或开漏)、输入(带或不带上拉或下拉)或其他的外设功能口。

(2)2 个 12 位 A/D 转换器,多达 16 个外部输入通道,转换速率可达 1 MHz,转换范围为 0~36V;具有双采样和保持功能;内部嵌入有温度传感器,可方便地测量处理器温度值。

(3)灵活的 7 路通用 DMA 存储器直接访问,可以管理存储器到存储器、设备到存储器和存储器到设备的数据传输,无须 CPU 干预。通过 DMA 可以使数据快速地移动,从而节省 CPU 的资源来进行其他操作。DMA 控制器支持环形缓冲区的管理,避免了控制器传输到达缓冲区结尾时所产生的中断。它支持的外设包括定时器,ADC,SPI,I2C 和 USART 等。

(4)调试模式,支持标准的 20 脚 JTAG 仿真调试以及针对 Cortex—M3 内核的串行单线调试(SWD)功能。通常默认的调试接口是 JTAG 接口。

(5)内部包含多达 7 个定时器。

(6)含有丰富的通信接口,3 个 USART 异步串行通信接口、2 个 I^2C 接口、2 个 SPI 接口、1 个 CAN 接口和 1 个 USB 接口,为实现数据通信提供了方便。

以 STM32 为应用的产品线非常广泛,是由于其基于工业标准的内核,有大量的工具和软件支持,使该系列芯片成为众多产品的理想选择,不管是小终端,还是一个大型的平台。

2.4.2 STM32 系列划分

STM32 系列有多种类型,每类有多个不同的型号。

1. STM32 类型划分

STM32 系列从内核上分,可分为 Cortex-M0/-M0＋、Cortex-M3、Cortex-M4 和 Cortex-M7。从应用上分,大体分为高性能型、主流型和超低功耗型,具体见表 2-15。该表也显示了几类芯片的性能指标。

表 2-15 中的 CoreMark 和 DMIPS 是用来测量嵌入式系统中央处理单元(CPU)性能的标准。CoreMark 标准于 2009 年由 EEMBC 组织的 Shay Gla-On 提出,并且试图将其发展成为工业标准,从而代替陈旧的 Dhrystone 标准。代码使用 C 语言写成,包含如下的运算法则:列举(寻找并排序)、数学矩阵操作(普通矩阵运算)和状态机(用来确定输入流中是否包含有效数字),最后还包括 CRC(循环冗余校验)。其数值就是每秒钟运行 CoreMark 程序的次数。这个数值越大,说明 CPU 的综合性能越好。现在计算机业界最新通用的标准是按照处理器每兆赫兹(MHz)能执行的 CoreMark 程序的次数衡量处理器的性能,因此通常看到的是每兆赫兹能执行的次数,再用该次数乘以计算机主频,就得到每秒钟执行 CoreMark 程序的次数了。本表中直接给出了每秒执行的次数,就不用读者二次计算了。

表 2 - 15 从应用角度对 STM32 的分类表

		STM32 F2	STM32 F4	STM32 F7
高性能芯片		398CoreMark 120MHz 150DMIPS	608CoreMark 180MHz 225DMIPS	1082CoreMark 216MHz 462DMIPS
主流芯片	STM32 F0	STM32 F1	STM32 F3	寿命 保证 十年
	106CoreMark 48MHz 38DMIPS	177CoreMark 72MHz 61DMIPS	245CoreMark * 72MHz 90DMIPS *	
低功能芯片	STM32 L0	STM32 L1	STM32 L4	
	75CoreMark 32MHz 26DMIPS	93CoreMark 32MHz 33DMIPS	273CoreMark 80MHz 100DMIPS	
	Cortex M0	Cortex M3	Cortex M4	Cortex M7

表 2 - 15 中的 DMIPS 是用老式测试标准 Dhrystone benchmark 进行测试的,其数值是每秒钟执行 Dhrystone benchmark 程序的次数,单位是百万次每秒钟。计算机业界长期以来通用的标准是,按照处理器每兆赫兹(MHz)能执行 Dhrystone benchmark 程序的次数衡量处理器的性能,因此通常看到的是每兆赫兹能执行 Dhrystone benchmark 程序的次数。本表中直接给出了每秒钟执行的次数。也就不用读者二次计算了。

表 2 - 15 中给出的 CoreMark 和 DMIPS 的数值都是在这些处理器额定主频卜测得的,表中也给出了这些处理器的主频。

表 2 - 15 中给出了高性能、主流和低功耗三类处理器的性能指标。

2. STM32 系列划分下的资源说明

1)通用资源

通用资源即 STM32 系列都支持的资源,具体如下。

通信外设:有通用同步异步串行通信接口 USART、串行通信总线接口 SPI、串行接口 I2C;

定时器:多个通用定时器;

直接内存存取:多个 DMA 通道;

看门狗和实时时钟：2 个看门狗，一个实时时钟 RTC；

PLL 和时钟电路：集成的调节器锁相环 PLL 和时钟电路；

数模转换：多至 3 个 12 位 DA 转换器；

模数转换：多至 4 个 12 位 AD 转换器（转换速度最高可达每秒 5 兆次）；

振荡器：1 个主振荡器和 1 个 32 kHz 的振荡器；

内部振荡器：内部有 1 个低速 RC 振荡器和 1 个高速 RC 振荡器；

工作温度：−40℃～+85℃并且可以高至 125℃的运行温度范围；

低电压：低电压 2.0 V～3.6 V 或者 1.65 V/1.7 V～3.6 V（取决于其产品系列）；

内部温度传感器：1 个内部温度传感器。

2）各类别的区别

①高性能类，高度的集成和丰富的连接。

STM32F7：极高性能的 MCU 类别，支持高级特性；Cortex ©-M7 内核；512KB 到 1MB 的 Flash.。

STM32F4：支持访问高级特性的高性能 DSP 和 FPU 指令；Cortex ©-M4 内核；128KB 到 2MB 的 Flash。

STM32F2：性价比极高的中档 MCU 类别；Cortex ©-M3 内核；128KB 到 1MB 的 Flash。

②主流型类，灵活、扩展的 MCU，支持极为宽泛的产品应用：

STM32F3：升级 F1 系列各级别的先进模拟外设；Cortex ©-M4 内核；16KB 到 512KB 的 Flash。

STM32F1：基础系列，基于 Cortex ©-M3 内核；16KB 到 1MB 的 Flash。

STM32F0：入门级别的 MCU，它扩展了 8 位/16 位处理器；Cortex ©-M0 内核；16KB 到 256KB 的 Flash。

③超低功耗类，极小电源开销的产品应用。

STM32L4：优秀的超低功耗性能，Cortex ©-M4 内核，128KB 到 1MB 的 Flash。

STM32L1：经过市场验证并得出答案的 32 位应用的类别；Cortex ©-M3 内核；32KB 到 512KB 的 Flash。

STM32L0：完美符合 8 位/16 位应用而且超值设计的类别；Cortex ©-M0+内核；16KB 到 192KB 的 Flash。

3）各类别拥有的资源

STM32 系列各类别除了拥有共用的资源，还各自拥有本类别的一些独特资源，具体见图 2-16。

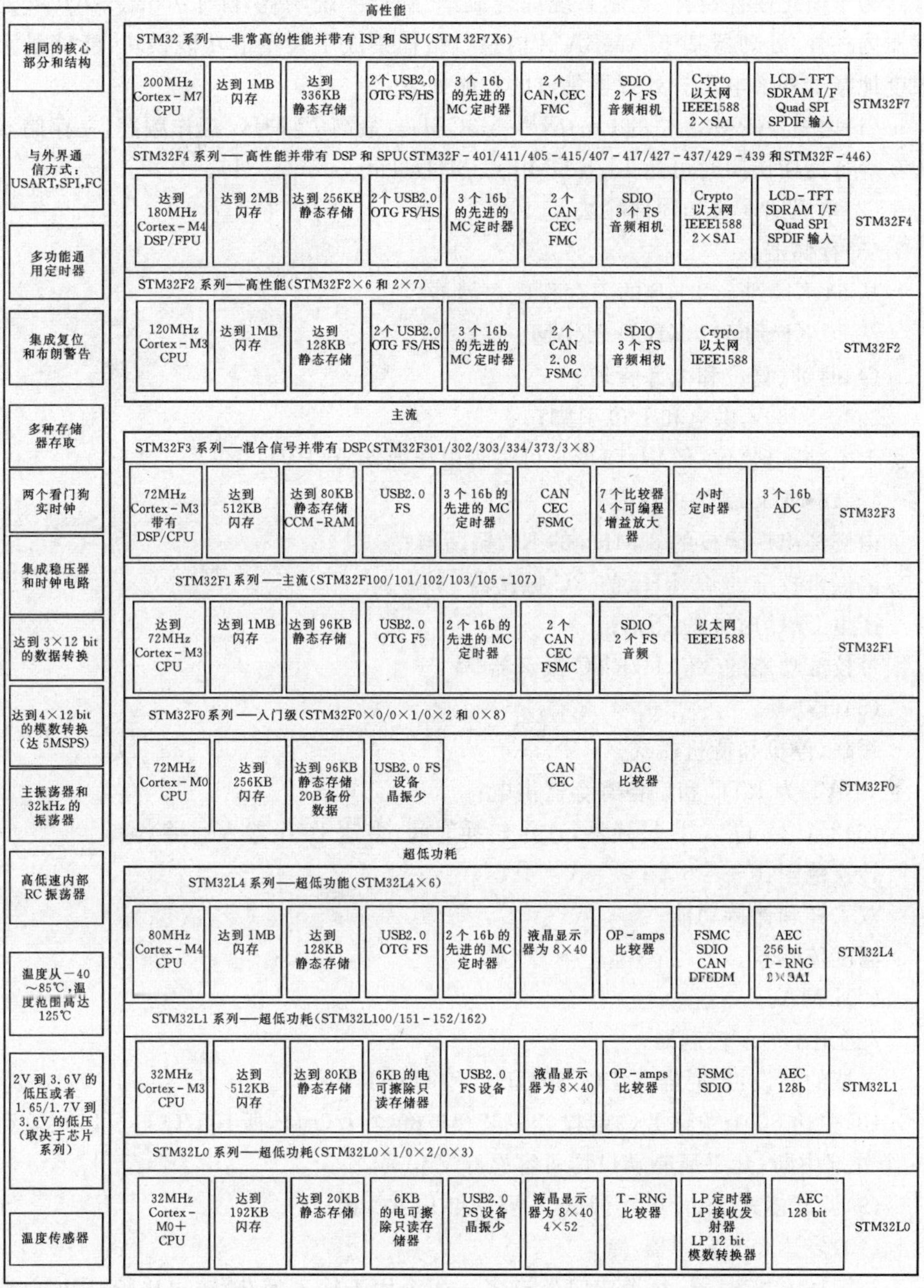

高性能

相同的核心部分和结构

STM32 系列——非常高的性能并带有 ISP 和 SPU(STM32F7X6)

| 200MHz Cortex－M7 CPU | 达到 1MB 闪存 | 达到 336KB 静态存储 | 2个 USB2.0 OTG FS/HS | 3 个 16b 的先进的 MC 定时器 | 2 个 CAN,CEC FMC | SDIO 2 个 FS 音频相机 | Crypto 以太网 IEEE1588 2×SAI | LCD－TFT SDRAM I/F Quad SPI SPDIF 输入 | STM32F7 |

与外界通信方式：USART,SPI,FC

STM32F4 系列——高性能并带有 DSP 和 SPU(STM32F－401/411/405－415/407－417/427－437/429－439 和 STM32F－446)

| 达到 180MHz Cortex－M4 DSP/FPU | 达到 2MB 闪存 | 达到 256KB 静态存储 | 2个 USB2.0 OTG FS/HS | 3 个 16b 的先进的 MC 定时器 | 2 个 CAN CEC FMC | SDIO 3 个 FS 音频相机 | Crypto 以太网 IEEE1588 2×SAI | LCD－TFT SDRAM I/F Quad SPI SPDIF 输入 | STM32F4 |

多功能通用定时器

STM32F2 系列——高性能(STM32F2×6 和 2×7)

| 120MHz Cortex－M3 CPU | 达到 1MB 闪存 | 达到 128KB 静态存储 | 2个 USB2.0 OTG FS/HS | 3 个 16b 的先进的 MC 定时器 | 2 个 CAN 2.08 FSMC | SDIO 3 个 FS 音频相机 | Crypto 以太网 IEEE1588 | | STM32F2 |

集成复位和布朗警告

主流

多种存储器存取

STM32F3 系列——混合信号并带有 DSP(STM32F301/302/303/334/373/3×8)

| 72MHz Cortex－M3 带有 DSP/CPU | 达到 512KB 闪存 | 达到 80KB 静态存储 CCM－RAM | USB2.0 FS | 3 个 16b 的先进的 MC 定时器 | CAN CEC FSMC | 7 个比较器 4 个可编程增益放大器 | 小时定时器 | 3 个 16b ADC | STM32F3 |

两个看门狗实时钟

STM32F1 系列——主流(STM32F100/101/102/103/105－107)

| 达到 72MHz Cortex－M3 CPU | 达到 1MB 闪存 | 达到 96KB 静态存储 | USB2.0 OTG F5 | 2 个 16b 的先进的 MC 定时器 | 2 个 CAN CEC FSMC | SDIO 2 个 FS 音频 | 以太网 IEEE1588 | | STM32F1 |

集成稳压器和时钟电路

达到 3×12 bit 的数据转换

STM32F0 系列——入门级(STM32F0×0/0×1/0×2 和 0×8)

| 72MHz Cortex－M0 CPU | 达到 256KB 闪存 | 达到 96KB 静态存储 20B 备份数据 | USB2.0 FS 设备晶振少 | | CAN CEC | DAC 比较器 | | | STM32F0 |

达到 4×12 bit 的模数转换(达 5MSPS)

超低功耗

主振荡器和 32kHz 的振荡器

STM32L4 系列——超低功能(STM32L4×6)

| 80MHz Cortex－M4 CPU | 达到 1MB 闪存 | 达到 128KB 静态存储 | USB2.0 OTG FS | 2 个 16b 的先进的 MC 定时器 | 液晶显示器为 8×40 | OP－amps 比较器 | FSMC SDIO CAN DFEDM | AEC 256 bit T－RNG 2×3AI | STM32L4 |

高低速内部 RC 振荡器

STM32L1 系列——超低功耗(STM32L100/151－152/162)

| 32MHz Cortex－M3 CPU | 达到 512KB 闪存 | 达到 80KB 静态存储 | 6KB 的电可擦除只读存储器 | USB2.0 FS 设备 | 液晶显示器为 8×40 | OP－amps 比较器 | FSMC SDIO | AEC 128b | STM32L1 |

温度从－40～85℃，温度范围高达 125℃

2V 到 3.6V 的低压或者 1.65/1.7V 到 3.6V 的低压(取决于芯片系列)

STM32L0 系列——超低功耗(STM32L0×1/0×2/0×3)

| 32MHz Cortex－M0＋CPU | 达到 192KB 闪存 | 达到 20KB 静态存储 | 6KB 的电可擦除只读存储器 | USB2.0 FS 设备晶振少 | 液晶显示器为 8×40 4×52 | T－RNG 比较器 | LP 定时器 LP 接收发射 LP 12 bit 模数转换器 | AEC 128 bit | STM32L0 |

温度传感器

图 2-16　各类别拥有资源汇总图

　　为了简化硬件设计、控制系统综合成本、降低系统功耗,除了 Cortex-ARM 处理器内核外,处理器基于 AMBA 片内总线结构集成了大量的功能模块,能够最大限度地减少外部电路。处理器集成的功能如下:

　　(1)内核:ARM32 位的 Cortex™-M3CPU。最高 72 MHz 工作频率,在存储器的 0 等待周期访问时可达 1.25 DMips/ MHz(Dhrystone 2.1)。

　　(2)单周期乘法和硬件除法。

　　(3)存储器:

　　从 64 KB 到 512 KB 的闪存程序存储器;

　　从 20 KB 到 512 KB 的 SRAM。

　　(4)时钟、复位和电源管理。

　　2.0～3.6 V 供电和 I/O 引脚;

　　上电/断电复位(POR/PDR)、可编程电压监测器(PVD);

　　4～16 MHz 晶体振荡器;

　　内嵌经出厂调校的 8 MHz 的 RC 振荡器;

　　内嵌带校准的 40 kHz 的 RC 振荡器;

　　产生 CPU 时钟的 PLL;

　　带校准功能的 32 kHzRTC 振荡器。

　　(5)低功耗。

　　睡眠、停机和待机模式;

　　VBAT 为 RTC 和后备寄存器供电;

　　(6)2 个 12 位 A/D 转换器,1 μs 转换时间(多达 16 个输入通道)。

　　转换范围:0～3.6 V;

　　双采样和保持功能;

　　温度传感器。

　　(7)DMA。

　　7 通道 DMA 控制器;

　　支持的外设:定时器,ADC,SPI,I2C 和 USART。

　　(8)多达 80 个快速 I/O 端口:26/37/51/80 个 I/O 口,所有 I/O 口可以映像到 16 个外部中断;几乎所有端口均可容忍 5 V 信号。

　　(9)调试模式:串行单线调试(SWD)和 JTAG 接口。

　　(10)多达 8 个定时器:

　　3 个 16 位定时器,每个定时器有多达 4 个用于输入捕获/输出比较/PWM 或脉冲计数的通道和增量编码器输入;

　　1 个 16 位带死区控制和紧急刹车、用于电机控制的 PWM 高级控制定时器;

2 个看门狗定时器(独立的和窗口型的);

系统时间定时器:24 位自减型计数器。

(11)多达 9 个通信接口:

多达 2 个 I2C 接口(支持 SMBus/PMBus);

多达 3 个 USART 接口(支持 ISO7816 接口、LIN、IrDA 接口和调制解调控制);

多达 2 个 SPI 接口(18Mb/s);

CAN 接口(2.0B 主动);

USB 2.0 全速接口。

(12)CRC 计算单元,96 位的芯片唯一代码。

以 STM32F10X 系列单片机为例,其功能组成详见图 2-17。

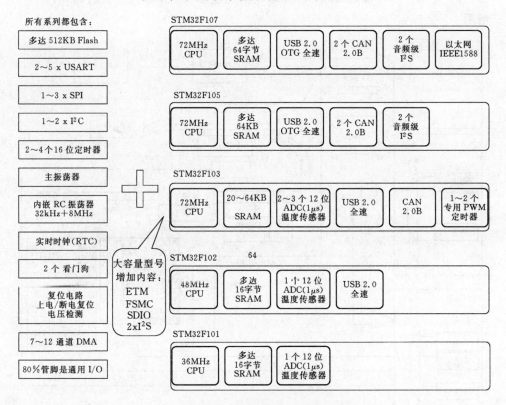

图 2-17　STM32F10X 芯片的功能组成图

　　以如此丰富的功能加上快速的计算能力,STM32 系列单片机足以胜任绝大部分测控系统和智能仪器的需求。

2.4.3　STM32F10X 单片机的系统结构

1. STM32F10X 系列单片机的系统总线

　　STM32F10X 是 STM32 目前应用最多的单片机系列,它有四个驱动单元,分别为 Cortex™-M3 内核、DCode 总线(D-bus)和系统总线(S-bus)、通用 DMA1 控制器和通用 DMA2 控制器。四个被动单元,分别为内部 SRAM、内部闪存存储器、灵活的静态存储器控制器 FSMC、AHB 到 APB 的桥(AHB2APBx),它连接所有的 APB 设备。这些都是通过一个多级的高性能总线构架相互连接的,如图 2-18 所示。

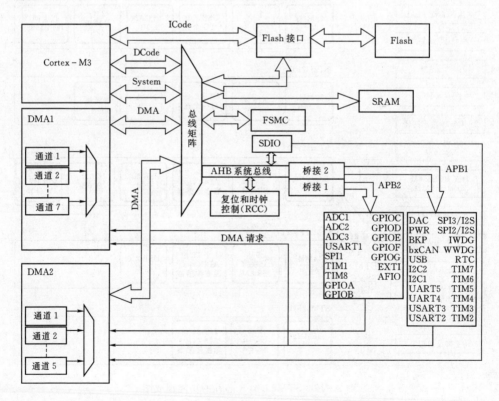

图 2-18　STM32F10X 系列单片机系统结构图

从系统结构图可见,STM32F10X 系列单片机通过 ICode 总线读取程序指令,通过 DCode 总线访问 SRAM 和外部设备,通过系统总线 SystemBus 控制指令和数据的传送。在 SRAM 与外部设备之间进行的数据传送,全部经由两个 DMA 控制器共 12 个 DMA 通道进行传送。所有的数据传送都要经过总线矩阵。内核与外设的数据传送全部经由高速系统总线 AHB system bus,再经过两个桥 Bridge1 和 Bridge2 分别连接到两套应用总线 APB2 和 APB1 上,16 个外设挂接在高速应用总线 APB2 上,另外 22 个外设挂在普通应用总线 APB1 上。

2. STM32F10X 系列单片机的供电系统

单片机的供电系统对其稳定可靠运行非常重要,因此各种单片机对供电都有自己的具体要求。STM32F10X 系列单片机的供电比较灵活,需要一个电压范围必须在 2.0~3.6V 的简单供电。外部电源 VDD 进入单片机后,在其内部分为两路:一路以 VDD 电压供给 A/D 模块、I/O 模块、时钟电路、复位电路等;另一路经过一个内部稳压器降压为 1.8V 供给 CPU 核心电路使用,这些核心电路包括 CPU 核、数字电路和内部存储器。

在 STM32 内部,有一个实时时钟电路和不大的备份关键数据的后备存储区,这些被称为后备电路,它们位于一个单独的电源备份域。STM32 的后备电路有两个可选的电源,主电源 VDD 和后备电池供电电路。在主电路 VDD 有电时,内部供电开关将片内后备电路与 VDD 接通,由 VDD 给后备电路供电;在主电路失电时,内部供电开关将片内后备电路与后备电池接通,由后备电池给后备电路供电。当 STM32 的其余部分被放置在一个 Deep Power Down 状态时,它可以用电池备份保存数据。如果设计不使用电池备份,那么 VBAT 必须连接到 VDD。

STM32F103VE 供电系统结构如图 2-19 所示。

3. STM32F10X 芯片的时钟系统

STM32F103VE 时钟系统比较复杂灵活,有内部时钟源、外部时钟源,有一套完善的时钟控制与保护系统。对不需要高速时钟的设备,可以将时钟分频到一个合适的较低的频率,以减少高频干扰并降低功耗。对于系统暂时不用的设备,可以通过有关寄存器位关掉其时钟以降低功耗。STM32F10X 的时钟结构如图 2-20 所示。

三种不同的时钟源可被用来驱动系统时钟(SYSCLK):

(1)HSI 振荡器时钟,内部 8 MHz 高频时钟源。

(2)HSE 振荡器时钟,外部高频时钟源。

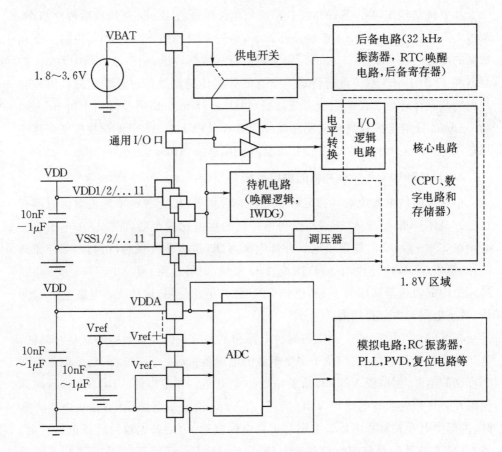

图 2-19　STM32F103VE 芯片的供电系统结构图

(3)PLL 时钟。

这些设备有以下 2 种二级时钟源。

(1)40 kHz 低速内部 RC,可以用于驱动独立看门狗和通过程序选择驱动 RTC。RTC 用于从停机/待机模式下自动唤醒系统。

(2)32.768 kHz 低速外部晶体也可用来通过程序选择驱动 RTC(RTCCLK)。

当不被使用时,任一个时钟源都可被独立地启动或关闭,由此优化系统功耗。

STM32 处理器的时钟频率可以由内部或外部高速振荡器或内部锁相环提供,锁相环可由内部或外部高速振荡器驱动,因此无需外部振荡器也可以运行在 72 MHz 的时钟频率。不足之处是,内部振荡器并不是准确的和稳定的 8 MHz 时钟源。为了使用串行通信外设或做任何精确的计时功能,应使用外部振荡器。无

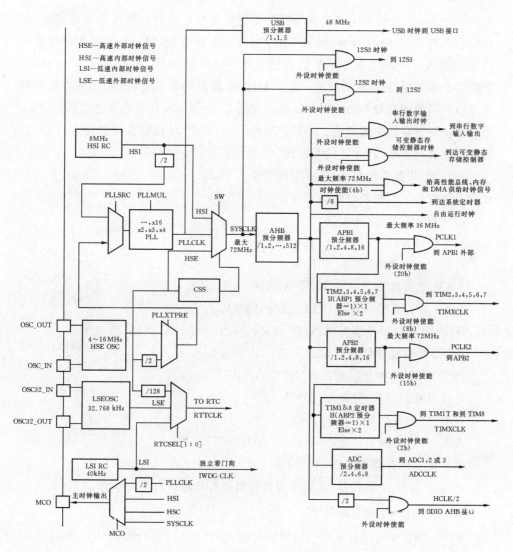

图 2-20　STM32F10×的时钟结构

论哪个振荡器被选择,锁相环(PLL)必须被用来为 Cortex 核心提供全速 72 MHz 的时钟频率。所有的振荡器锁相环(PLL)和总线配置的寄存器位于复位和时钟控制(RCC)组。

　　复位后 STM32 将从 HSI 振荡得到它的 CPU 时钟。在这个时候外部振荡器是关闭的。全速运行 STM32 的第一步是切换到 HSE 振荡器和等待它稳定。复位后 STM32 从内部高速振荡器运行。外部振荡器可以在 RCC 控制寄存器中打开。一个 ready 位可以用来表示外部振荡器是否稳定。当外部振荡器稳定后,硬件会自动将 RCC 中的 ready 位置 1。一旦外部振荡器稳定后,它可以被选择作为 PLL 的输入。PLL 的输出频率是通过选择一个存储在 RCC_PLL_configuration 寄存器的整数乘法值定义。在一个 8 MHz 振荡器的情况下,PLL 必须将输入频率乘以 9 以便产生最大的 72 MHz 的时钟频率。一旦 PLL 乘法器已被选中,PLL 可以在控制寄存器中被启动。一旦它是稳定的,则 PLL 就绪位将被设置,PLL 的输出可以被选择作为 CPU 的时钟源。

一旦 HSE 振荡器打开,它可以用来驱动 PLL。一旦 PLL 是稳定的,它就可以成为系统时钟了。控制时钟的寄存器有以下 12 个:

时钟控制寄存器(RCC_CR);

时钟配置寄存器(RCC_CFGR);

时钟中断寄存器(RCC_CIR);

APB2 外设复位寄存器(RCC_APB2RSTR);

APB1 外设复位寄存器(RCC_APB1RSTR);

AHB 外设时钟使能寄存器(RCC_AHBENR);

APB2 外设时钟使能寄存器(RCC_APB2ENR);

APB1 外设时钟使能寄存器(RCC_APB1ENR);

备份域控制寄存器(RCC_BDCR);

控制/状态寄存器(RCC_CSR);

AHB 外设时钟复位寄存器(RCC_AHBRSTR);

时钟配置寄存器 2(RCC_CFGR2)。

通过以上 12 个寄存器,就能设置和控制所有与时钟有关的事情。

4. STM32F10X 的引脚封装

STM32F10X 有三种不同引脚数的封装,分别为 64P,100P,144P。其 100P 封装的芯片引脚如图 2-21 所示。设计时要根据系统需求的 I/O 端口数目选择合适引脚数的芯片,而且要留有一定的冗余端口,以备开发中增加一些设计之初未曾考虑到的功能对端口的需求,以及产品扩展升级时对端口的需求,使得后续开发比较简捷容易。

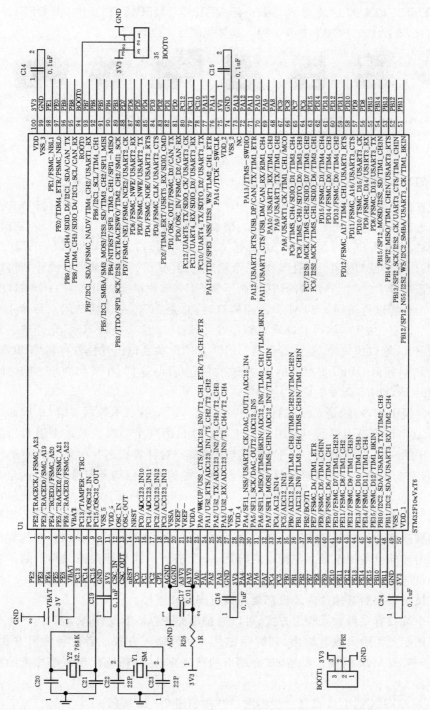

图2021 STM32F103VE100P芯片的引脚图

STM32F10X 的封装形式多样,有 QFN32,LQFP48、LQFP64,LQFP100,LQFP144,BGA100,BGA144 等多种。具体见图 2-22 所示。

QFN36　　　LQFP48　　　　LQFP64　　　　LQFP100　　　　BGA100　　　LQFP144　　　BGA144
(6 mm×6 mm)　(7 mm×7 mm)　(10 mm×10 mm)　(14 mm×14 mm)　(10 mm×10 mm)　(20 mm×20 mm)　(10 mm×10 mm)

图 2-22　STM32F10X 的封装形式

5. STM32F10X 的端口结构与功能

计算机与外界的联系就是其引脚,人们就是通过将计算机芯片的引脚与其他电路或者器件相连接来使用计算机的。在单片机领域,通常说的端口,是指具有相同地址的多位 I/O 口,例如 STM32 有 7 个 I/O 端口,从 PORTA,PORTB 到 PORTG。每个端口有 16 个引脚,对一个端口的访问(访问即读或者写操作),实际上是对该端口上的 16 个引脚的访问;而不像 8051 单片机那样可以对一个端口上的某一个引脚进行访问。STM32 访问端口时,总是 16 位一次性访问。每个 I/O 端口位可以自由编程,然而 I/O 端口寄存器必须按 32 位字被访问(不允许半字或字节访问)。端口位置位/复位寄存器 GPIO_BSRR 和端口位复位寄存器 GPIOx_BRR 允许对任何 GPIO 寄存器的读/更改的独立访问,这样,在读和更改访问之间产生中断 IRQ 时不会发生危险。

通常说引脚,指的是 CPU 的任意一个引脚。但是引脚不等同于端口,例如电源 VCC、GND 等是引脚而不是端口。通用 I/O 口的某个引脚只是这个引脚所在的端口中的一位,而不能说这一位就是这个端口。对计算机芯片的端口要有透彻的了解,才能使用它。与普通计算机相比,单片机的端口结构要复杂得多,这是我们在学习 8051 单片机时就已经熟知的。而与 8051 单片机相比,STM32 系列单片机端口结构更为复杂。其原因主要是 STM32 系列单片机的片内外设太多,往往一个引脚被多个片内外设使用。换言之,就是从一个引脚看进去,其内部往往要与多个片内外部设备相连接。在特定的时刻,一个引脚只能被挂在该引脚上的多个片内外设的某一个外设使用,即与挂在该引脚上的某一个片内外设相连通。而此时挂在该引脚上的其他片内外设都要与该引脚断开连接。

一个端口有多种输入输出方式,可以通过相关寄存器的设置,将端口内的每个引脚分别配置为输入或者输出,同时确定其为何种输入方式或者何种输出方式。因此,了解 STM32 的端口结构,掌握端口的使用方法,是熟练使用该单片机的重要环节。

STM32FXX 的 I/O 口任一位的端口结构如图 2-23 所示。

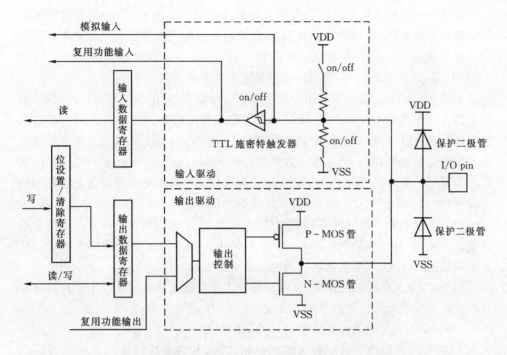

图 2 - 23　STM32FXX 的端口结构

1)STM32FXX 的端口作为输入口的工作方式

从图 2 - 23 可见,STM32FXX 的端口被配置为输入口使用时,其端口内输出驱动的两个推挽 CMOS 管 P-MOS 和 N-MOS 都处于关断状态,这是在将端口设置为输入时自动实行的,也就是说,作为输入口使用时,其输出口是关闭的。其端口内输入口线上有上拉电阻和下拉电阻,这两个电阻的阻值对不同的端口有所不同,上拉电阻为弱上拉,其阻值在 $50\sim100\mathrm{k}\Omega$,下拉电阻也在这个数量上下。通过相关寄存器的设置,可以将上拉电阻接通或者下拉电阻接通或者都不接通,也就是将其设置为上拉输入或者下拉输入或者浮空输入。在输入方式下,通常有以下 4 种方式:

(1)GPIO_Mode_AIN 模拟输入。

(2)GPIO_Mode_IN_FLOATING 浮空输入。

(3)GPIO_Mode_IPD 下拉输入。

(4)GPIO_Mode_IPU 上拉输入。

模拟输入、上拉输入和下拉输入,这几个概念很好理解,从字面便能轻易读懂,也就是来自于外部的模拟电压输入或者来自于外部的逻辑电平经上拉或者下拉输入。

　　通常在端口作为模拟电压信号输入口用于进行 AD 转换时，必须同时断开上拉电阻与下拉电阻，使端口处于高阻态，这样可以避免上拉电阻或下拉电阻对模拟信号电压的影响。模拟信号电压进入端口后，可以不受影响地直接进入片内的 AD 转换器，进行 AD 转换，获得输入信号电压的数值。

　　上拉输入和下拉输入通常用于数字逻辑信号输入，是给信号增加片内驱动的。如果输入逻辑信号本身很强，也可以不用上拉或者下拉驱动。输入逻辑电平信号进入端口后，还要经过一个斯密特触发器 TTL Schmitt trigger 整形，变为更加正规的逻辑电平信号，然后进入输入数据寄存器 input data register 被 CPU 读取，或者作为复用功能 Alternate function input 输入到片内的某个由程序设置选通的外部设备，例如各个定时器的触发输入、计数脉冲信号输入、串行接口数据输入等。

　　对于浮空输入可以这样理解，浮空输入状态下，上拉电阻与下拉电阻都处于断开状态，输入口对外部呈现高阻态。I/O 口的电平状态完全由外部输入决定。在该引脚悬空的情况下，读取该端口的电平是不确定的。

　　STM32FXX 单片机复位后，其端口都处于浮空输入状态。这对于单片机自身和单片机所带的外部设备都是最为安全的。

　　2)STM32FXX 的端口作为输出口的工作方式

　　STM32FXX 的端口被配置为输出口使用时，其内部线的输入部分呈现高阻态，输出纯粹由两个 CMOS 管驱动。

　　从图 2-23 可见，STM32FXX 的输出是逻辑电平信号输出。

　　这些输出的逻辑电平信号来自于 CPU 数据总线的输出寄存器 Output data register 或者片内外部设备经由复用线 Alternate Function Output 的输出。具体选择哪个数据源的数据输出，是通过设置相关寄存器实现的。配置为通用 I/O 时，选择 CPU 数据总线的数据输出；配置为复用功能输出时，选择片内外设的数据输出。由于通过设置相关寄存器就能够选择输出的数据源，因此端口在一个时间段上可能被配置为复用功能输出，在另一个时间段上可能被配置为通用 I/O 输出，这些可以根据端口在不同的时间段上的使用需求决定，然后由程序灵活地更改设置，以选用所需要的输出数据源。

　　不管输出数据源是哪一种，端口都只有两种输出方式，就是开漏输出 OPEN-DRAIN 或者推挽输出 push pull。

　　何为开漏输出？就是输出口两个 MOS 管（推挽管）的上管始终被关闭，只靠其下管通断输出数据的情况。输出数据为 0 时，下管开通，输出口被拉到低电平；输出数据为 1 时，下管被关闭，输出为悬空。因此，开漏输出要求在单片机外面的电路板上要有上拉电阻，才能将高电平输出去，否则输出的数据为 1 时，输出端口上出现不了预想的高电平。

开漏形式的电路有以下几个特点：

（1）利用外部电路的驱动能力，减少 IC 内部的驱动。当 IC 内部 MOS 管下管导通时，驱动电流是从外部的 VCC 流经上拉电阻，再通过下管到地。IC 内部仅需很小的栅极驱动电流。

（2）一般来说，开漏是用来连接不同电平的器件，匹配电平用的。这是因为开漏引脚不连接外部的上拉电阻时，只能输出低电平，如果需要同时具备输出高电平的功能，则需要接上拉电阻，很大的一个优点是通过改变上拉电源的电压，便可以改变传输电平。比如，加了上拉电阻就可以提供 TTL/CMOS 电平输出等。

（3）开漏输出提供了灵活的输出方式，但是也有其弱点，就是带来上升沿的延时。因为上升沿是通过外接上拉无源电阻对负载充电，所以当电阻选择小时延时就小，但功耗大；反之功耗小，但延时大。因此，负载电阻的选择要兼顾功耗和速度。如果对延时有要求，则建议用下降沿输出作为控制信号。

（4）可以将多个开漏输出的 Pin，连接到一条线上。通过一只上拉电阻，在不增加任何器件的情况下，形成"与逻辑"关系。在所有引脚连在一起时，外接一上拉电阻，如果有一个引脚输出为逻辑 0，相当于接地，与之并联的回路"相当于被一根导线短路"，所以外电路逻辑电平便为 0，只有都为高电平时，与的结果才为逻辑 1。这也是 I2C，SMBus、CAN 等总线判断总线占用状态的原理。

推挽输出，就是根据输出数据为 0 还是为 1，使得端口上的两个驱动管互非开通。在输出数据为 0 时，下管开通，上管关闭，输出端口上呈现低电平；在输出数据为 1 时，上管开通，下管关闭，输出端口上呈现高电平。这种推挽方式的数据输出，其驱动能力是比较强的。

考虑到数据源的来源有两种，因此输出口总共可以被配置为如下 4 种输出方式：

（1）开漏输出_OUT_OD—IO 输出 0 时，片内接通 GND，IO 输出 1 悬空，需要外接上拉电阻，才能实现输出高电平。当输出为 1 时，IO 口的状态由上拉电阻拉为高电平，但由于是开漏输出模式，这样 IO 口也就可以由外部电路改变为低电平或不变。

（2）推挽输出_OUT_PP—IO 输出 0 时，片内接通 GND 输出；IO 输出 1 时，片内接通 VCC 输出。

（3）复用功能的开漏输出_AF_OD—片内外设功能（例如 TX1，MOSI，MISO. SCK. SS）。

（4）复用功能的推挽输出_AF_PP—片内外设功能（例如 I2C 的 SCL，SDA）。

2.4.4　STM32 端口设置

1. 端口设置原则

通常有 5 种方式使用某个引脚功能,它们的设置方式如下。

(1)作为普通 GPIO 输入:根据需要配置该引脚为浮空输入、带弱上拉输入或带弱下拉输入,同时不要使能该引脚对应的所有复用功能模块。

(2)作为普通 GPIO 输出:根据需要配置该引脚为推挽输出或开漏输出,同时不要使能该引脚对应的所有复用功能模块。

(3)作为普通模拟输入:配置该引脚为模拟输入模式,同时不要使能该引脚对应的所有复用功能模块。

(4)作为内置外设的输入:根据需要配置该引脚为浮空输入、带弱上拉输入或带弱下拉输入,同时使能该引脚对应的某个复用功能模块。

(5)作为内置外设的输出:根据需要配置该引脚为复用推挽输出或复用开漏输出,同时使能该引脚对应的某个复用功能模块。

注意:如果有多个复用功能模块对应同一个引脚,只能使能其中之一,其他模块保持非使能状态。

为了便于设计师灵活使用端口,STM32 设计了端口重映射功能,将许多内置外设内连到另外的引脚上,如果一个内置外设原来引脚被其他设备占用了,还可以通过重映射功能将该设备与其内连的那个引脚接通,从而使用这个引脚作为该设备的对外连接端口。

例如要使用 STM32F103VET6 的 PB6、PB7 引脚作为 TIM4_CH1 和 TIM4_CH2 使用,则需要配置其为复用推挽输出或复用开漏输出,同时使能 TIM4、TIM4_CH1、TIM4_CH2,并且还要将挂在该端口上的其他内置外设设置为非使能状态,例如 I2C1 设置为非使能状态。

如果在这种请况下还要使用 STM32F103VET6 的 I2C1,则需要对其进行重映射,经过对其进行重映射配置后,I2C1 就被映射到了它所内连的 PB8、PB9 两个引脚上了,然后再按复用功能的方式配置这两个引脚,并将其与外部电路的 I2C 总线相连即可实现 I2C 通信。

STM32 大部分内置外设有重映射设计,每种设备的重映射配置在其技术参考手册上都有详细说明,可以根据需要灵活使用。

2. 端口设置寄存器

每个 GPI/O 端口有两个 32 位设置寄存器(GPIOx_CRL,GPIOx_CRH),两个 32 位数据寄存器(GPIOx_IDR,GPIOx_ODR),一个 32 位置位/复位寄存器

（GPIOx_BSRR），一个 16 位复位寄存器（GPIOx_BRR）和一个 32 位锁定寄存器（GPIOx_LCKR）。STM32 端口工作方式通过对以上寄存器的设置就可以实现，具体说明如下：

（1）端口工作方式设置寄存器（GPIOx_CRL,GPIOx_CRH）

GPIOx_CRL 为每个端口低 8 位设置寄存器,GPIOx_CRH 为每个端口高 8位设置寄存器。GPIOx_CRL 寄存器内容见表 2 - 16,其功能见表 2 - 17。

表 2 - 16　GPIOx_CRL 寄存器内容

31	30	29	28	27	26	25	24	23	22	21	20	19	18	17	16
CNF7[1：0]		MODE7[1：0]		CNF6[1：0]		MODE6[1：0]		CNF5[1：0]		MODE5[1：0]		CNF4[1：0]		MODE4[1：0]	
rw	rw	rw	rw	rw	rw	rw	rw	rw	rw	rw	rw	rw	rw	rw	rw

15	14	13	12	11	10	9	8	7	6	5	4	3	2	1	0
CNF3[1：0]		MODE3[1：0]		CNF2[1：0]		MODE2[1：0]		CNF1[1：0]		MODE1[1：0]		CNF0[1：0]		MODE0[1：0]	
rw	rw	rw	rw	rw	rw	rw	rw	rw	rw	rw	rw	rw	rw	rw	rw

表 2 - 17　GPIOx_CRL 寄存器功能

位 31：30	CNFy[1：0]:端口 x 配置位（y＝7…0）
27：26	软件通过这些位配置相应的 I/O 端口,请参考表 2-18 端口位配置表。
23：22	在输入模式（MODE[1：0]＝00）:
19：18	00:模拟输入模式
15：14	01:浮空输入模式（复位后的状态）　⎫
11：10	10:上拉/下拉输入模式　　　　　　 ⎬ CNF[1：0]的数值
7：6	11:保留　　　　　　　　　　　　　⎭
3：2	在输出模式（MODE[1：0]＞00）:
	00:通用推挽输出模式　　　　⎫
	01:通用开漏输出模式　　　　⎬ CNF[1：0]的数值
	10:复用功能推挽输出模式
	11:复用功能开漏输出模式　　⎭

从表 2-17 可见,端口任一位的工作方式都可以通过这个寄存器相关位的设置来确定。

端口设置寄存器高位 GPIO_CRH,实现对端口高 8 位的设置。其内容与功能和 GPIO_CRH 相似。端口位设置规则见表 2-18。端口模式位 MODE1:MODE0的功能见表 2-19。

表 2 - 18　端口位设置规则

配置模式		CNF1	CNF0	MODE1　MODE0	PxODR 寄存器
通用输出	推挽式(Push-Pull)	0	0	01	0 或 1
	开漏(Open-Drain)		1	10	0 或 1
复用功能输出	推挽式(Push-Pull)	1	0	11	不使用
	开漏(Open-Drain)		1	见表 2 - 19	不使用
输入	模拟输入	0	0	00	不使用
	浮空输入		1		不使用
	下拉输入	1	0		0
	上拉输入				1

表 2 - 19　端口模式位 MODE1:MODE0 的功能

MODE[1:0]	意义
00	保留
01	最大输出速度为 10 MHz
10	最大输出速度为 2 MHz
11	最大输出速度为 50 MHz

（2）端口输入数据寄存器 GPIO_IDR

该寄存器用于实时读取外部引脚上的 16 位数据,不管这些数据是输入数据还是输出数据,都能够被实时读取回来,放在该寄存器内。

（3）端口输出数据寄存器 GPIO_ODR

在端口作为输出口时,输出数据就存放在该寄存器内。在端口作为输入口时,GPIO_ODR 中对应的位为 1 还是为 0,会决定输入是上拉还是下拉。因为 STM32 一个端口有 16 个引脚,所以 GPIO_ODR 的低 16 位数据才是输出给引脚的。虽然在其内部,STM32 是按照 32 位操作的,但是对于端口输出数据的操作,只有低 16 位有效。

（4）端口位置位/复位寄存器 GPIO_BSRR

该寄存器用于端口输出控制,可以将端口位设置为输出为 1 或者 0。该寄存器的高 16 位为 BRy,用于对 GPIO_ODR 数据位的清除,如果 BRy 某一位为 1,则 GPIO_ODR 中对应的数据位被清除为 0。其低 16 位为 BSy,用于对 GPIO_ODR 中对应的数据位的数据置 1,如果 BSy 某一位为 1,则 GPIO_ODR 中对应的数据位被置 1。该寄存器内容见表 2 - 20。其功能见表 2 - 21。

表 2 - 20　GPIO_BSRR 寄存器

31	30	29	28	27	26	25	24	23	22	21	20	19	18	17	16
BR15	BR14	BR13	BR12	BR11	BR10	BR9	BR8	BR7	BR6	BR5	BR4	BR3	BR2	BR1	BR0
w	w	w	w	w	w	w	w	w	w	w	w	w	w	w	w

15	14	13	12	11	10	9	8	7	6	5	4	3	2	1	0
BS15	BS14	BS13	BS12	BS11	BS10	BS9	BS8	BS7	BS6	BS5	BS4	BS3	BS2	BS1	BS0
w	w	w	w	w	w	w	w	w	w	w	w	w	w	w	w

表 2 - 21　GPIO_BSRR 寄存器功能

位 31：16	BRy:清除端口 x 的位 y(y＝0...15) 这些位只能写入并只能以字(16 位)的形式操作。 0:对对应的 ODRy 位不产生影响 1:清除对应的 ODRy 位为 0 注:如果同时设置了 BSy 和 BRy 的对应位,BSy 位起作用。
位 15：0	BSy:设置端口 x 的位 y(y＝0...15) 这些位只能写入并只能以字(16 位)的形式操作。 0:对对应的 ODRy 位不产生影响 1:设置对应的 ODRy 位为 1

(5)端口位复位寄存器 GPIO_BRR

该寄存器用于对端口位的复位操作控制。其高 16 位不用,低 16 位为清除设置控制位。其内容见表 2－22,其功能见表 2－23。

表 2 - 22　GPIO_BRR 寄存器

31	30	29	28	27	26	25	24	23	22	21	20	19	18	17	16
保留															

15	14	13	12	11	10	9	8	7	6	5	4	3	2	1	0
BR15	BR14	BR13	BR12	BR11	BR10	BR9	BR8	BR7	BR6	BR5	BR4	BR3	BR2	BR1	BR0
w	w	w	w	w	w	w	w	w	w	w	w	w	w	w	w

表 2 - 23　GPIO_BRR 寄存器的功能

位 31：16	保留
位 15：0	BRy:清除端口 x 的位 y(y＝0...15) 这些位只能写入并只能以字(16 位)的形式操作。 0:对对应的 ODRy 位不产生影响 1:清除对应的 ODRy 位为 0

从上面的几个寄存器功能可知,端口数据的输出,不但可以通过对输出数据寄存器 GPIO_ODR 对应位写入数据实现,也可以通过对 GPIO_BSRR 和 GPIO_BRR 两个寄存器的设置,实现对输出数据寄存器 GPIO_ODR 的更改,这就为端口位数据输出的更改提供了多种灵活的方法。

(6)端口配置锁定寄存器 GPIO_LCKR

该寄存器用于锁定端口位的数据。当执行正确的写序列设置了位 16 (LCKK)时,该寄存器用来锁定端口位的配置。位[15:0]用于锁定 GPIO 端口的配置。在规定的写入操作期间,不能改变 LCKP[15:0]。当对相应的端口位执行了 LOCK 序列后,在下次系统复位之前将不能再更改端口位的配置。

GPIO_LCKR 寄存器内容见表 2 - 24,其功能见表 2 - 25。

表 2 - 24　GPIO_LCKR 寄存器

31	30	29	28	27	26	25	24	23	22	21	20	19	18	17	16
保留															LCKK
															rw

15	14	13	12	11	10	9	8	7	6	5	4	3	2	1	0
LCK15	LCK14	LCK13	LCK12	LCK11	LCK10	LCK9	LCK8	LCK7	LCK6	LCK5	LCK4	LCK3	LCK2	LCK1	LCK0
rw	rw	rw	rw	rw	rw	rw	rw	rw	rw	rw	rw	rw	rw	rw	rw

表 2 - 25　GPIO_LCKR 寄存器功能

位 31：17	保留。
位 16	LCKK:锁键 该位可随时读出,它只可通过锁键写入序列修改。 0:端口配置锁键位激活 1:端口配置锁键位被激活,下次系统复位前 GPIOX_LCKR 寄存器被锁住。 锁键的写入序列: 写 1 —>写 0 —>写 1 —>读 0 —>读 1 最后一个读可省略,但可以用来确认锁键已被激活。 注:在操作锁键的写入序列时,不能改变 LCK[15:0]的值。 操作锁键写入序列中的任何错误将不能激活锁键。
位 15：0	LCKy:端口 x 的锁位 y(y=0...15) 这些位可读可写但只能在 LCKK 位为 0 时写入。 0:不锁定端口的配置 1:锁定端口的配置

2.4.5　STM32 系列单片机的开发板

目前,因为使用 STM32 系列单片机的人逐渐增多,网上的使用笔记和应用资料丰富,不懂之处在网上搜索学习,很快就可以弄明白,许多应用程序可以在网上找到并下载,经过适当的修改就可以应用于工程,加之网上丰富的硬件电路设计资料,再加上 ST 公司为 STM32 开发的比较成熟的固件库,使得 STM32 开发工作简便易行,因此使得 STM32 系列单片机的应用日益广泛,许多公司推出了他们的开发板,这些开发板给用户开发单片机系统提供了极大的方便,同时对技术人员和学生学习这些单片机也起到了很好的推动作用。利用成熟的开发板进行产品的前期开发,成为单片机系统开发的首选方法,使得一款产品的开发,一开始就有一个硬件平台,就可以直接上手开发试验产品预计的一些基本功能,然后再完善电路和程序。这样可以大大加快开发进度,提高开发效率。

市售的基于 STM32 系列单片机的开发板,比较著名的有硕耀开发板、百为开发板、红牛开发板等。这些都是国产开发板,性能稳定,价格较低。并配送大量资料和程序实例,很适合于开发使用。而且有些开发板设计精良,制作质量良好,用户只需要做一些外围电路与其相连就能组成系统,可以直接用于实际控制工程。这就大大减少了产品开发的工作量,提高了开发效率,而且直接采用人家批量生产的板子,通常要比自己做的数量很少的开发板质量好,稳定性和可靠性有保障。这些开发板被广泛用于各种实用控制系统的开发,方便快捷,使用户不必自己制作开发板,仅以此为核心硬件,只需要设计一些外围接口电路或功率接口电路与其预留的 I/O 插针相连,就可以进行控制系统的开发工作。图 2-24 是硕耀的开发板,其开发板型号为 HY-STM32_100P。图 2-25 是硕耀 STM32F103VE100 开发板功能原理框图。

硕耀的这款开发板比较紧凑,板上资源有:4 只键的键盘,一个 320×240 彩色液晶接口,4 只 LED 指示灯,串行 FLASH 存储器,SD 卡接口,USB 接口,RS232 接口,蜂鸣器,用于连接 JTAG 仿真器的 JLINK 接口,可以通过跳线连接的 2 路模拟电压量输入接口、2 路 PWM 输出接口、CAN 通信的 RX、TX 接口。板上有 40 根引出插针,可以被用户用来连接外部设备。可见,其虽然小巧,但功能却十分丰富,作为学习和实验板非常合适。

百为开发板采用 STM32F103VE144 处理器,在板上扩展了 120 根插针作为电源和 IO 连接口,另外扩展了一个 320×240 彩色液晶显示器接口。板上资源有:串行 FLASH 存储器,SD 卡接口,USB 接口,RS232 接口,用于连接 JTAG 仿真器的 JLINK 接口,CAN 通信的 RX、TX 接口。由于其扩展出来的 IO 口很多,因此作为产品开发板是很合适的,可以给用户很大的选择空间。

图 2-24 硕耀 STM32F103VE100P 开发板实物图

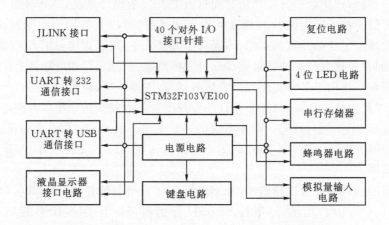

图 2-25 硕耀 STM32F103VE100 开发板功能原理框图

　　这款开发板的功能是十分强大的,在工程中能用到的功能都有了,板上有 120 只引出插针,其中除了电源插针 VCC、GND 和复位信号 RST 等 8 根外,其他 112 根都是 IO 引脚插针,给用户使用提供了丰富的 IO 接口。我们在开发 3D 打印机时就是使用百为的这款板子,省去了设计、制作、调试板子的大量宝贵时间,极大地提高了开发速度和开发效率,也节省了一定的人工和器材费。通过 3D 打印机的开发,我们深切感到,采用开发板进行产品开发最为便捷。开发完成后,再设计实用的电路板投入批量生产。

图 2 - 26 是百为 STM32F103VE144 开发板,图 2 - 27 是该开发板的功能原理框图。

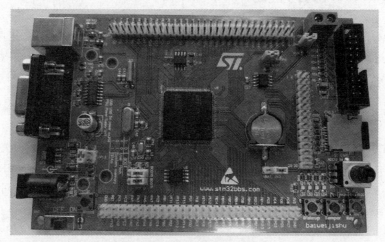

图 2 - 26　百为开发板实物图

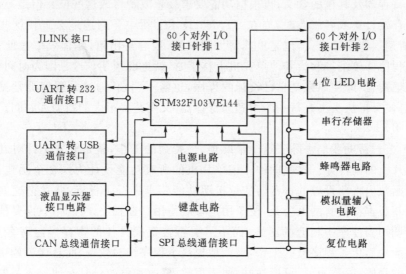

图 2 - 27　百为开发板功能原理框图

从开发板实物照片可见,其元器件的布局和布线是经过精心设计的,完全遵循了器件按信号流向布局以最大程度地减少电磁干扰等原则。我们在使用中感到,该电路板性能优良,稳定可靠。

2.5　STM32 软件开发

STM32 的软件开发在著名的 KEIL 平台上开发。将 KEIL 软件安装在 PC 机上,再通过仿真器将 PC 机与开发板相连,就可以进行软件的开发了。在软件开发中,使用固件库可以大大提高软件的开发效率。

2.5.1　固件库的使用

单片机所有规定的操作都是根据相关寄存器的数值进行的,这些相关寄存器的内容,有些是在程序初始化时由程序员设定的,有些是在程序运行过程中由程序修改的。设置也好,修改也好,都是为了实现某些硬件功能,这就涉及到对这些寄存器中每一位的含义的了解。对于 STM32 系列单片机,每一个单片机内部有上百个这样的寄存器,每个寄存器有 32 位,要记住这些寄存器及其每一位的功能,是很费力的事情,也是不必要的。只需要在设计程序和修改程序时,根据功能去查找相关的寄存器及其位的含义,再根据功能要求设置或者修改这些位。但是,对那么多的寄存器设置或者修改时,要在 STM32 技术手册中一遍遍地去查找这些寄存器,弄清楚这些位的含义,也是极其费力的事情,还容易出错,编程效率很低;而且在后来程序修改维护和给其他单片机上移植时,就更麻烦了。这是因为时间长了,由于记忆覆盖,即使原来是自己设计的程序,也看不明白了,这是程序员常见的情况,这时候又得从头去查每一个用到的寄存器,又要花费很大的精力和时间。怎么办才好呢?

ST 公司帮助我们去除了这个最麻烦、最费劲的工作,就是开发了针对具体每一类单片机的固件库。这些固件库把单片机的所有功能设计为一个个函数,在每个功能函数内将要设置的寄存器的位按照功能要求进行了设置,并且把这些固件库的最新版本在其官网上公开,便于用户下载使用。在程序设计时,只需要根据功能需求调用固件库中相应的函数,而不需要再去查找具体的寄存器与寄存器位。这就极大地简化了程序员的工作,极大地提高了程序编写效率,而且这种调用固件库编写的程序,简洁明了,可读性好,便于理解、修改和移植。具有比较完备的固件库是 STM32 单片机的重要特色,这也是 ST32 系列单片机大受欢迎的原因之一。

如图 2-28 所示,在 KEIL 工作界面内,左边的一栏内是工程菜单树,可以看到工程内所使用的启动文件 startup_STM32F10×_hd.s、用户文件夹 USR、固件库文件夹 FWlib、系统文件夹 CMSYS,启动文件、固件库文件和系统文件均来源于下载的固件库文件 STM32_LIB_Vxx,这里使用的是 STM32_LIB_V3.5。

从图 2-28 可见,用户程序 USR 中包含有中断服务程序 stm32f10x_it.c 和

main. c 两个 C 程序文件。

固件库 FWlib 中包含有通用 I/O 口的 stm32f10x_gpio. c、时钟程序 stm32f10x_rcc. c 和综合程序 misc. c 三个 C 程序文件。

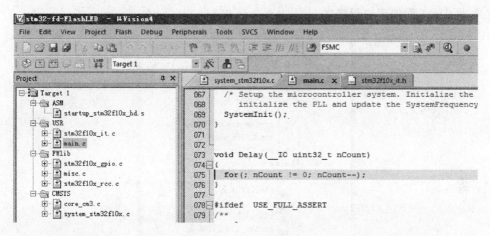

图 2 - 28　工程菜单树

系统程序 CMSYS 中包含有 CM3 内核程序 core_cm3. c 和系统程序 system_stm32f10x. c 两个 C 程序。

鼠标点击工程菜单树中每个. c 程序前边的"＋"号或双击文件名,会出现下拉菜单,显示每个. c 程序所包含的诸多头文件,如图 2 - 29 和图 2 - 30 所示。

图 2 - 29 是用户程序包含的头文件。

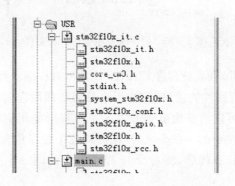

图 2 - 29　用户程序包含的头文件

图 2 - 30 是固件库包含的头文件。

图 2 - 31 是点开系统程序看到的其包含的头文件。图中除了用户程序中的

main. c 以外,其他程序都来自于固件库。用户程序中的中断服务程序 STM32F10
×_it. c 虽然源自于固件库,但因为用户会根据自己的中断服务需求设置中断服务
程序,所以对于一个具体的工程,这个修改过的中断服务程序就隶属于这个工程,
成为了该工程的用户程序之一。

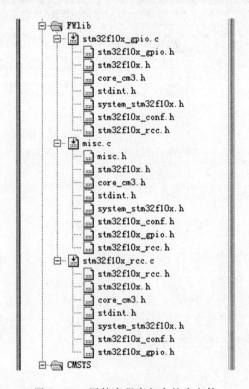

图 2-30　固件库程序包含的头文件

　　固件库程序 FWlib 和系统程序 CMSYS 中的所有程序及其包含的头文件都不要
修改,是单片机的固有硬件的接口函数,用户只需要调用它们即可。通过图 2-29、
图 2-30、图 2-31,可以清楚地看到开发一个工程所要用到的所有头文件。同时
也会发现,这些菜单树中的一些头文件,同时被几个程序包含调用。编译器在编译
连接过程中,会简化目标代码,将各个. c 程序包含的同一个头文件的目标代码只
保留一个。

　　由此可知,固件库的使用极为重要,程序员应该首先掌握固件库使用方法。

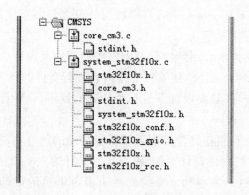

图 2-31 系统程序包含的头文件

2.5.2 程序设计

STM32 程序编写采用 C 语言。调用固件库里的函数,使得凡是与寄存器操作相关的语句,程序的编写变得简便多了。但是,涉及到数据计算和数据处理的程序,需要用户自行编写。尤其是一个工程中需要大量的变量和变量数组,这些都需要程序员仔细分析和设计,确定好变量的属性,尽量多使用局部变量。对全局变量要斟酌使用,以节省内存空间。不过,在程序设计之初,不要太在意这个,那些在两个以上程序模块中使用的变量,就可以设计为全局变量。最后内存不够时,再想办法变通。好在 C 语言的通用性很好,因此,那些复杂的算法,可以直接到网上下载 PC 机或其他计算机使用的成熟的算法程序模块,而不需要自己编写,自己编写还容易出错。这样也能提高程序的编程效率。

STM32 软件开发主要包括以下 7 项内容:

(1)时钟配置:用于确定选用外部时钟还是内部时钟,配置片内外部设备的时钟及其分频系数,使能要使用的片内外部设备的时钟,关闭暂不使用的片内外设的时钟。

(2)I/O 口配置:用于设置所有外部使用的 I/O 口,IO 口的设置需要仔细分析,把每个用到的 IO 口列表,确定每个 I/O 口的具体功能,分析每个口线的使用性质和需求,才能将其正确地配置。

(3)所有使用到的片内外设的配置:包括了程序要用到的片内外设的功能设置及其引脚配置。在设置其引脚时,要与 I/O 口配置结合起来进行。片内外设主要是各个定时器、通信单元 UART/SPI/I2C/CAN/USB、AD 转换器、看门狗等。

通用 IO(GPIO)、复用 IO(AFIO)以及外部中断也属于片内外设,也是挂接在 APB 总线上的,但由于其设置比较复杂,所以将这三项独立出来进行设置。

(4)DMA 使用:采用 DMA 进行存储器与外设之间的直接数据传送,大大提高了数据传输速率和工作效率。

(5)中断配置:要为所有用到的外部中断或内部中断设计中断服务程序。

(6)如果使用 μC-OS 系统,还要对工作内容进行具体的任务划分,将其划分为相对独立的几个任务,并且要设计开发每个任务的程序,设计任务之间数据传送的通信方法。

(7)工作程序设计:包括整个控制系统所要实现的所有功能的程序。

下面以 3D 打印机程序设计为例,说明程序设计的主要方法。

3D 打印机要通过 x 方向和 y 方向的两个步进电机的运动,控制打印头在 xy 平面内的运动,实现一层的打印。在一层打印完后,通过 z 轴步进电机的运动,使基体下移一层的距离,再进行新一层的打印。在打印过程中,打印头的送丝电机按照所控制的速度转动送丝,在空行程,停止送丝。有两个打印头,一个打印粗丝,一个打印细丝,因此 3D 打印机要控制的电机共有 5 个,每个电机都是混合步进电机。每个都经过细分驱动控制器控制其速度和转动方向,以实现所控制对象的受控运动。

对 5 个步进电机的控制,实际上是利用 5 个定时器,将其设置为 PWM 波发生器,将由其指定的引脚输出的 PWM 波送给细分驱动控制器,控制对应电机的转速,再由 I/O 口送出转动方向信号给细分驱动控制器,控制电机的转动方向,实现工件的打印。

我们选用的核心控制板就是图 2 - 26 所示的 STM32F103VE-144P 开发板。设定的各个电机的定时器、所选用的定时器通道、通道所在的单片机引脚、各路的细分数以及各电机转动方向控制引脚如下:

出丝电机有两个:一个出细丝,用于打印整体;一个出粗丝,用于打印底座。出细丝的电机代号为 M1,出粗丝的电机代号为 M2。M1 使用单片机定时器 1 的通道 1(TIM1_CH1)输出控制脉冲,从 PA8 引脚输出。M1 的细分驱动器的细分数定为 16,M1 转动方向由单片机的 PE2 引脚输出控制,PE2 输出高电平时为正转,否则为反转。M2 使用单片机定时器 5 的通道 4(TIM5_CH4)输出控制脉冲,从 PA3 引脚输出。M2 的细分驱动器的细分数定为 16,M2 转动方向由单片机的 PF4 引脚输出控制,PF4 输出高电平时为正转,否则为反转。

Z 轴电机 M_Z 使用单片机定时器 2 的通道 3(TIM2_CH3)输出控制脉冲,从 PA2 引脚输出。M_Z 的细分驱动器的细分数定为 32,M_Z 转动方向由单片机的 PF3 引脚输出控制,PF3 输出高电平时为正转,否则为反转。

X 轴电机 M_X 使用单片机定时器 3 的通道 3(TIM3_CH3)输出控制脉冲,从 PB0 引脚输出。M_X 的细分驱动器的细分数定为 32,M_X 转动方向由单片机的 PF1

引脚输出控制,PF1 输出高电平时为正转,否则为反转。

Y 轴电机 M_Y 使用单片机定时器 4 的通道 3(TIM4_CH3)输出控制脉冲,从 PB8 引脚输出。M_Y 的细分驱动器的细分数定为 32,M_Y 转动方向由单片机的 PF2 引脚输出控制,PF2 输出高电平时为正转,否则为反转。

细分数 n 指的是通过细分驱动控制器使得步进电机每个脉冲步进量为其不细分时的 $1/n$。通过设置细分驱动器上的 DIP 多路开关可以设置细分数,细分驱动控制器一般都可以实现 n 为 8,16,32,64,128 细分。经过细分后,步进电机的步距变小到只有原来的 $1/n$,使得打印的物品表面比较光滑,可以提高尺寸精度。

将我们设计的 3D 打印机控制系统使用 STM32F103 单片机资源进行归纳,见表 2-26。

表 2-26　3D 打印机控制系统使用 STM32F103 的资源

电机	定时器及其通道	单片机脉冲 输出引脚	细分数	转动方向控制 输出引脚
出丝电机 M1	TIM1_CH1	PA8	16	PE2
出丝电机 M2	TIM5_CH4	PA3	16	PF4
Z 轴电机	TIM2_CH3	PA2	32	PF3
X 轴电机	TIM3_CH3	PB0	32	PF1
Y 轴电机	TIM4_CH3	PB8	32	PF2

1. 时钟配置

时钟配置主要是使能外部时钟,使能 PLL 锁相环时钟等。程序如下:

```
void RCC_Configuration(void)
{
    RCC_DeInit();                          //时钟系统复位
    RCC_HSEConfig(RCC_HSE_ON);             //使能外部高速时钟
    HSEStartUpStatus = RCC_WaitForHSEStartUp();   //等待外部高速时
                                                  钟就绪
    if(HSEStartUpStatus==SUCCESS)          //在外部时钟稳定可用后,执行以
                                           下操作
    {
    RCC_HCLKConfig(RCC_SYSCLK_Div1);       //将系统时钟传给高速时钟寄
                                           存器 HCLK
```

```
RCC_ PCLK2Config（RCC _ HCLK _ Div1）；　//将高速时钟 HCLK 给予
                                              PCLK2
RCC_PCLK1Config(RCC_HCLK_Div2)；　//将高速时钟 HCLK2 分频后给
                                          予 PCLK1
FLASH_SetLatency(FLASH_Latency_2)；　　//FLASH 存储区等待
FLASH_PrefetchBufferCmd(FLASH_PrefetchBuffer_Enable)；
                                  //使能 FLASH 区程序预取缓冲
RCC_PLLConfig(RCC_PLLSource_HSE_Div1,RCC_PLLMul_9)；
                                  //PLLCLK＝8 MHz＊9＝72 MHz
RCC_PLLCmd(ENABLE)；　　//使能 PLL(Enable PLL)
while(RCC_GetFlagStatus(RCC_FLAG_PLLRDY)＝＝RESET)
                      //(Wait till PLL is ready 等待 PLL 稳定)
{}
RCC_SYSCLKConfig(RCC_SYSCLKSource_PLLCLK)；
                                  //选择 PLL 作为系统时钟源
while(RCC_GetSYSCLKSource（）！＝0x08)　//(Wait till PLL is used as
                                      system clock source 等待
                                      直到 PLL 作为系统时钟
                                      源)
{   }
}
```

GPIOA and GPIOB clock enable；//使能 GPIOA 和 GPIOB 的时钟

使能其他要用到的片内外设的时钟，可以将系统所有要用的片内外设的时钟在此处进行设置，也可以在各个片内外设的配置程序中设置其时钟。

```
}
```

2. I/O 口配置

I/O 口是计算机与外界联系，实现数据采集、输出控制、通信数传等功能的通道。STM32 单片机也是如此。它的 I/O 口有 8 种工作方式，任何一个引脚当时处于何种工作方式，都必须根据工作需求进行设置。I/O 口的设置，可以统一在 GPIO Configuration（）函数中一次性设置，也可以在该函数中设置部分 I/O 口，而将片内外设要用到的 I/O 口在外设配置程序中设置。

不管以何种方式设置，都得在初始阶段对本控制系统要用到的所有 I/O 口进行列表，根据功能需求对其进行设置。有些 I/O 口在使用过程中的某些时刻，还要求变换为另外的功能，在变换时，也要重新设置以实现新的功能。再要改回原来的功能时,又要进行设置。也就是说,在要使用一个引脚实现某个功能之前,总是先要配置这个引脚,使得其能够实现需要的功能。

例如,3D 打印机有 3 个用于温度采集的模拟电压输入引脚,用于进行 AD 转换。分别设计在 PH1、PH2、PH3 引脚上,有三个需要表达不同含义的指示灯分别设计在 PG11、PG12、PG13 引脚上,各个电机的 PWM 波输出控制各自在其使用的定时器配置程序中进行设置。还有各个电机的转动方向控制信号输出引脚也附带在各定时器配置程序中设置,其实电机转动方向的控制与定时器无关,只是由于一个定时器管一个电机,因此就将电机转动方向控制引脚的设置顺手放在了各个对应的定时器设置程序中了。

配置 AD 转换和三个指示灯所用引脚的程序如下:

```
void GPIO_Configuration(void)
{
GPIO_InitStructure. GPIO_Pin=GPIO_Pin_1|GPIO_Pin_2|GPIO_Pin_3;
                                          //选定 3 个引脚
   GPIO_InitStructure. GPIO_Mode=GPIO_Mode_AIN;   //设置其为模拟
                                                      输入方式
   GPIO_InitStructure. GPIO_Speed=GPIO_Speed_50 MHz;//设置引脚时
                                                      钟速度
   GPIO_Init(GPIOH,&GPIO_InitStructure);   //将上述设置配置到 PH
                                              口的 3 个引脚上
                   //以上语句实现对 AD 转换输入引脚的配置
GPIO_InitStructure. GPIO_Pin =GPIO_Pin_11|GPIO_Pin_12|GPIO_Pin_13;
                   //选定 3 个引脚,用于 LED 指示灯 D1,D2,D3
   GPIO_InitStructure. GPIO_Mode=GPIO_Mode_Out_PP;
                                      //设置其为推挽输出方式
   GPIO_InitStructure. GPIO_Speed=GPIO_Speed_50 MHz;
                                      //设置输出口时钟频率
   GPIO_Init(GPIOG,&GPIO_InitStructure);   //将上述设置配置到 PG 口
                                              的 3 个引脚上
//以上语句实现对 3 个指示灯输出引脚的配置
}
```

3. 片内外设配置与 I/O 口配置

从上一节可知,所设计的 3D 打印机的出丝电机 M1 的 PWM 波所用的定时器为 TIM1,其 PWM 波输出引脚为 PA8,是 TIM1 的通道 1,其转动方向控制引脚是

PE2。对 TIM1 的设置,包括了对其输出引脚的设置程序 TIM1_GPIO_Config()
和对其工作模式的设置程序 TIM1_Mode_Config()。

```
void TIM1_GPIO_Config(void)
{//出丝电机 M1 的 PWM 波输出引脚 PA8 和转动方向控制引脚 PE2 配置
    GPIO_InitTypeDef GPIO_InitStructure;
    RCC_APB2PeriphClockCmd(RCC_APB2Periph_GPIOA | RCC_
APB2Periph_GPIOE,ENABLE);
    //在此处开启 GPIOA 和 GPIOE 的时钟
    GPIO_InitStructure.GPIO_Pin= GPIO_Pin_8;      //送丝电机的 PWM 波
                                                    输出口
    GPIO_InitStructure.GPIO_Mode=GPIO_Mode_AF_PP;
                                                //复用推挽输出
    GPIO_InitStructure.GPIO_Speed=GPIO_Speed_50 MHz;
                                                //输出口时钟频率
    GPIO_Init(GPIOA,&GPIO_InitStructure);    //将上述设置配置到 PA
                                                口上
    GPIO_InitStructure.GPIO_Pin=GPIO_Pin_2;    //决定送丝电机转动方
                                                向的信号输出口
    GPIO_InitStructure.GPIO_Mode=GPIO_Mode_Out_PP;    //通用推挽
                                                        输出
    GPIO_InitStructure.GPIO_Speed=GPIO_Speed_50 MHz;    //输出口时
                                                        钟频率
    GPIO_Init(GPIOE,&GPIO_InitStructure);//将上述设置配置到 PE 口上
    GPIO_ResetBits(GPIOE,GPIO_Pin_2);        //初始送丝方向设置为低
                                                电平
}
void TIM1_Mode_Config(void) //TIM1 工作模式设置
{
    TIM_TimeBaseInitTypeDef    TIM1_TimeBaseStructure;
    TIM_OCInitTypeDef    TIM1_OCInitStructure;
    RCC_APB2PeriphClockCmd(RCC_APB2Periph_TIM1,ENABLE);
    //在此处开启 TIM1 的时钟
    TIM1_TimeBaseStructure.TIM_Period=999;
    TIM1_TimeBaseStructure.TIM_CounterMode=TIM_CounterMode_Up;
```

```
    TIM1_TimeBaseStructure. TIM_Prescaler＝719;
    TIM1_TimeBaseStructure. TIM_ClockDivision＝　0x00;
    TIM1_TimeBaseStructure. TIM_RepetitionCounter＝0x0;
    TIM_TimeBaseInit(TIM1,&TIM1_TimeBaseStructure);
    TIM1_OCInitStructure. TIM_OCMode＝TIM_OCMode_PWM1;
    TIM1_OCInitStructure. TIM_OutputState＝TIM_OutputState_Enable;
    TIM1_OCInitStructure. TIM_OutputNState＝TIM_OutputNState_Enable;
    TIM1_OCInitStructure. TIM_Pulse＝500;
    TIM1_OCInitStructure. TIM_OCPolarity＝TIM_OCPolarity_Low;
    TIM1_OCInitStructure. TIM_OCIdleState＝TIM_OCIdleState_Set;
    TIM_OC1Init(TIM1,&TIM1_OCInitStructure);
    TIM_Cmd(TIM1,ENABLE);
}
```

按以上方法如法炮制,对 TIM2、TIM3、TIM4、TIM5 的 PWM 波输出口和电机转动方向控制输出口分别进行配置,程序与上面列举的相似,此处省略。

从上例可以看出,对 GPIO 的设置可以包含在片内外设的设置程序中,也就是片内外设用到了哪些引脚,就对这些引脚进行设置,不需要另外专门对引脚进行设置了。

篇幅所限,中断配置、通信配置、μC-OS 系统使用、工作程序设计等从略。

2.6　STM8 系列单片机

8 位单片机历经 30 多年的发展,虽然受到 16 位、32 位单片机的冲击,市场占有率不断下降,但产销量仍不断扩大,竞争也更加激烈。诸多半导体公司纷纷推出更具市场竞争力、性价比更高的 8 位单片机。法国 ST 公司推出的 STM8 系列单片机即是典型代表之一。在此首先把 STM8 系列单片机做一简要介绍,并与传统的 Intel80C51 系列单片机进行对比,然后介绍其调试原理与开发工具,最后就其开发应用中的一些问题做一些说明。

STM8 系列单片机又可细分为 3 个子系列:一般用途的 STM8S 系列单片机、汽车用途的 STM8A 系列单片机和低功耗用途的 STM8L 系列单片机。每个系列都还在不断完善和发展中。现以 STM8S 系列单片机与 Intel80C51 系列单片机对比的形式,对 STM8S 系列单片机性能指标做一简要介绍。

STM8S 系列单片机内部资源丰富,其特点及内部资源如图 2-32 所示。

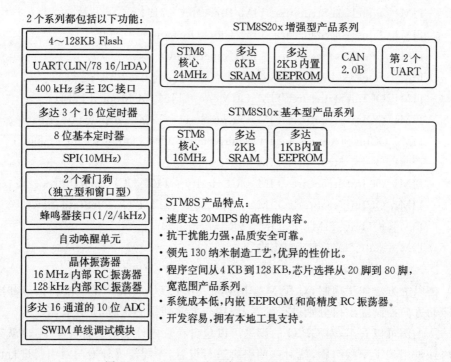

图 2-32 STM8S 系列单片机的特点与内部资源

2.6.1 STM8 系列单片机特点与选型

1. MCU 性能优越

STM8 系列单片机与 80C51 系列单片机都采用 CISC 指令系统。STM8 系列 MCU 核最高运行速度达 20MIPs(在最高 20 MHz 时钟频率下),而 80C51MCU 核最高运行速度只有 1.33MIPs(在最高允许速度 16 MHz 下)。

STM8 系列具有内部 16 MHz RC 振荡器,用于驱动内部看门狗(IWDG)和自动唤醒单元(AWU)的内部低功耗 38 kHz RC 振荡器,以及上电/掉电保护电路,是 80C51 系列所不具备的。这在对时钟精度没有特殊要求的情况下,可降低外接元件数量,从而降低系统总成本。

STM8 系列单片机有 3 种低功耗模式:等待模式、积极暂停(ActiveHalt)模式及暂停(Halt)模式,而 80C51 系列单片机则只有空闲(Idle)模式和掉电(Power-Down)模式。

2. 丰富的外围接口和定时器

Intel80C51 系列单片机仅有 UART 接口、SPI 接口、I2C 接口类型和 2～3 个 16 位定时器(这些接口类型还不能同时在一颗芯片上实现),STM8 系列则有 10 位 ADC、UART、SPI、I2C、CAN、LIN、IR(红外线远程控制)、LCD 驱动接口,1～2 个 8 位定时器,1～2 个一般用途 16 位定时器,1 个 16 位高级定时器,1 个自动唤醒定时器和独立看门狗定时器。

3. 硬件调试接口 SWIM

STM8 系列单片机具有硬件单线接口模块,用于在片编程和无侵入调试。80C51 系列单片机则不具备该功能。

4. 唯一身份(ID)号码

STM8 系列单片机具有 96 位唯一 ID 号码,可用于机器的身份识别。80C51 系列单片机也不具备该功能。

5. STM8 单片机选型

STM8 单片机品种较多,有标准型和超低功耗两大类别,现将其各类型的单片机选型表提供如下,便于读者选用。表 2 - 27 是标准型 STM8S 系列单片机选型表,表 2 - 28 是超低功耗 STM8L 系列单片机选型表。

表 2 - 27　标准型 STM8S 系列单片机选型表

Part Number	FLASH /KB	RAM /KB	E²PROM /B	Serial Interface	I/Os (High Current)	VCC /V min	VCC /V -max
STM8S103F2	4	1	640	1xSPI/1xI2C/1xUART(IrDa/ISO7816)	16(12)	2.95	5.5
STM8S103F3	8	1	640	1xSPI/1xI2C/1xUART(IrDa/ISO7816)	16(12)	2.95	5.5
STM8S103K3	8	1	640	1xSPI/1xI2C/1xUART(IrDa/ISO7816)	28(21)	2.95	5.5
STM8S105K4	16	2	1024	1xSPI/I2c/1xUART(IrDa/ISO7816)	25(12)	2.95	5.5
STM8S105K6	32	2	1024	1xSPI/1xI2C/1xUART(IrDa/ISO7816)	25(12)	2.95	5.5
STM8S105S4	16	2	1024	1xSPI/1xI2C/1xUART(IrDa/ISO7816)	34(15)	2.95	5.5
STM8S105S6	32	2	1024	1xSPI/1xI2C/1xUART(IrDa/ISO7816)	34(15)	2.95	5.5
STM8S105C4	16	2	1024	1xSPI/1xI2C/1xUART(IrDa/ISO7816)	38(16)	2.95	5.5
STM8S105C6	32	2	1024	1xSPI/1xI2C/1xUART(IrDa/ISO7816)	38(16)	2.95	5.5
STM8S207K6	32	2	1024	1xSPI/1xI2C/1xUART(IrDa/ISO7816)	25(12)	2.95	5.5
STM8S207S6	32	2	1024	1xSPI/1xI2C/2xUART(IrDa/ISO7816)	34(15)	2.95	5.5

续表 2 - 27

Part Number	FLASH /KB	RAM /KB	E² PROM /B	Serial Interface	I/Os (High Current)	VCC /V min	VCC /V -max
STM8S207S8	64	4	1536	1xSPI/1xI2C/2xUART(IrDa/ISO7816)	34(15)	2.95	5.5
STM8S207C6	32	2	1024	1xSPI/1xI2C/2xUART(IrDa/ISO7816)	38(16)	2.95	5.5
STM8S207C8	64	4	1536	1xSPI/1xI2C/2xUART(IrDa/ISO7816)	38(16)	2.95	5.5
STM8S207CB	128	6	2048	1xSPI/1xI2C/2xUART(IrDa/ISO7816)	38(16)	2.95	5.5
STM8S207R6	32	2	1024	1xSPI/1xI2C/2xUART(IrDa/ISO7816)	52(16)	2.95	5.5
STM8S207R8	64	4	1536	1xSPI/1xI2C/2xUART(IrDa/ISO7816)	52(16)	2.95	5.5
STM8S207RB	128	6	2048	1xSPI/1xI2C/2xUART(IrDa/ISO7816)	52(16)	2.95	5.5
STM8S207SB	128	6	1536	1xSPI/1xI2C/2xUART(IrDa/ISO7816)	68(20)	2.95	5.5
STM8S207MB	128	6	2048	1xSPI/1xI2C/2xUART(IrDa/ISO7816)	68(18)	2.95	5.5
STM8S208RB	128	6	2048	1xSPI/1xI2C/2xUART(IrDa/ISO7816)/1xCAN	52(16)	2.95	5.5
STM8S208MB	128	6	2048	1xSPI/1xI2C/2xUART(IrDa/ISO7816)/1xCAN	68(18)	2.95	5.5

表 2 - 28　超低功耗型 STM8L 系列单片机选型表

Part Number	FLASH /KB	RAM /KB	E² PROM /B	Serial Interface	I/Os (High Current)	VCC /V min	VCC /V -max
STM8L101F3	8	1.5	—	1xSPI/1xI2C/1xUSART/1xIRTx	18	1.65	3.6
STM8L101G3	8	1.5	—	1xSPI/1xI2C/1xUSART/1xIRTx	26	1.65	3.6
STM8L101K3	8	1.5	—	1xSPI/1xI2C/1xUSART/1xIRTx	30	1.65	3.6
STM8L151K4	16	2	1024	1xSPI/1xI2C/1xUSART(IrDa/ISO7816)	29	1.65	3.6
STM8L152C6	32	2	1024	1xSPI/1xI2C/1xUSART(IrDa/ISO7816)	41	1.65	3.6
STM8L152K6	32	2	1024	1xSPI/1xI2C/1xUSART(IrDa/ISO7816)	29	1.65	3.6

　　超低功耗型 STM8L 单片机品种有十几种,此处仅列出有代表性的几种供读者参考。

2.6.2　STM8 单片机的调试开发工具

1.硬件调试开发工具

STM8 调试系统由单线调试接口(SWIM)和调试模块(DM)构成。SWIM 是基于异步、开漏、双向通信的单线接口。当 CPU 运行时，SWIM 允许以调试为目的对 RAM 和外围寄存器的无侵入式读写访问。而当 CPU 处于暂停状态时，SWIM 除允许对 MCU 存储空间的任何部分（数据 EEPROM 和程序存储器）进行访问，还可以访问 CPU 寄存器（A，X，Y，CC，SP）。这是因为这些寄存器映射在存储器空间，所以可以用与其他寄存器地址相同的方式进行访问。SWIM 还能够执行 MCU 软件复位。SWIM 调试系统的这些功能为 STM8MCU 的调试开发奠定了基础。ST 公司和 Raisonance 公司都在此基础上开发出了 ST-LINK 和 RLink 开发工具，极大地方便了单片机工作者。ST-LINK 价格较 RLink 低，因而更受青睐。STM8 系列单片机的仿真器 ST-LINK 最先由 ST 公司开发完成，现在流行的是其更新版本的 ST-LINK_V2 仿真器（见图 2-33）。ST-LINK_V2 仿真器不但可以仿真 STM8 系列单片机，还可以通过仿真器上的 JTAG 接口仿真 STM32 系列仿真机。其性能稳定可靠，价格低，实用性很好。

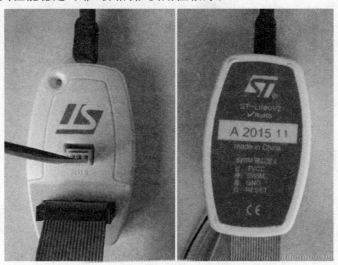

图 2-33　ST-LINK_V2 仿真器

国内也有多家公司开发或仿制了这种仿真器，ST 公司为了更大量地销售自己的单片机，对其仿真器是否被仿制不置可否。因为他们知道，仿真器不值钱，而开发成功的使用 STM 单片机的电子产品大量的市场销售，才会带来丰厚利润，所以公开了自己仿真器的所有硬件和软件设计资料。这些在其官网上都可下载。

2. 软件开发工具

在编译器方面，Cosmic 软件公司和 Raisonance 软件公司均提供 16KB 代码限制的免费 C 编译器，并且可以申请一年有效的 32K 代码限制的免费 C 编译器许可证。ST 公司提供 STToolset 集成开发平台,支持 Cosmic 和 Raisonance 两种编译器,支持 ST-LINK;Raisonance 公司则提供 Ride7 集成开发环境,使用 RaisonanceC 编译器和 RLink。这两种开发环境均为免费系统。

STToolset 集成开发平台分为编程编译仿真工具 STVD 和程序下载工具 STVP 两个应用程序。STVD 的工作界面与 KEIL 的相似,如图 2-34 所示。

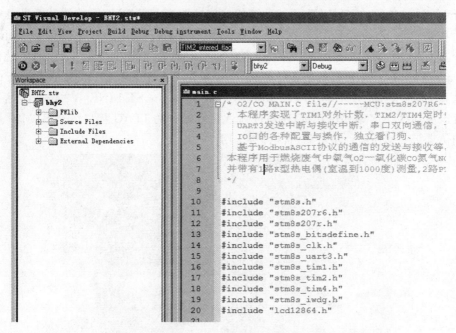

图 2-34　STVD 的工作界面

在其工作界面中可以看到与 KEIL 相同的布局,左边一栏为菜单树,表明了工程 bhy2 中使用的所有程序。右边为程序编辑区。

菜单树显示,名为 bhy2 的工程共有 4 个文件夹,分别为:

FWlib—本工程中使用的外设的驱动程序 C 程序;

Source Files—用户设计的本工程 C 语言源程序;

Include Files—所有本工程中 C 文件中使用的包含头文件;

External Dependenceies—所有本单片机的外设的头文件清单,哪个 C 程序中有本清单中的头文件,就会调用其参加编译。

需要说明,以上菜单树中的任一个文件夹都是用户在菜单树中添加到工程中的,其名称也都是用户随手命名的,只是其中的内容,却是不可随便乱写的,否则程序无法正确编译。

鼠标点击工程菜单树中每个文件夹前边的"+"号或者双击文件夹名称,会出现下拉菜单,显示每个文件夹中的程序,如图 2-35 所示。

从图 2-35 可见,本工程的固件库内有多个外设的.c 程序。

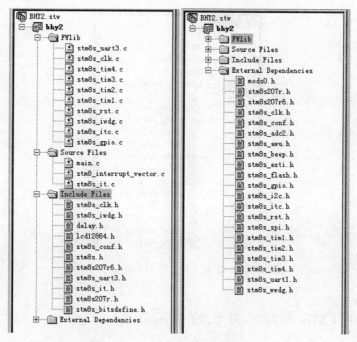

图 2-35 Stm8s 单片机菜单树详图

源程序有 3 个:main.c,stm8_interrupt_vector.c 和 stm8s_it.c,其中,主程序 main.c 由用户设计,中断向量程序 stm8_interrupt_vector.c 和中断定义程序 stm8_it.c 源自于 STM8S 系列单片机的固件库,也是 ST 公司开发公布的。STM8S 单片机的固件库名为 STM8S_StdPeriph_Lib_VX,目前使用的是 V2.1.0 版本。中断定义程序不能更改。中断向量程序 stm8_interrupt_vector.c 中的内容要根据工程使用的那些中断更改。

从图 2-35 可以看出,STVD 与 KEIL 相比,其包含文件的放置更加科学,它把所有.c 程序内包含的头文件统一集中起来,放在包含文件夹 Include Files 中,使得菜单树简洁清晰。

菜单树中的外部依赖性设备 External Dependencies 的头文件夹内,放置了该单片机几乎所有的外设头文件,有些在工程中并没有用到,也在此列出。虽然列出了很多的头文件,但是编译器在编译时,只编译那些在应用程序中包含过的头文件,并将其目标代码加入总目标代码中。那些没有被包含的头文件不参加编译,因此也不会增大目标程序代码。外部依赖性设备 External Dependencies 的头文件夹内的包含文件也是可以由用户添加或者删除的。图2-36为某个工程开发时的外设头文件。

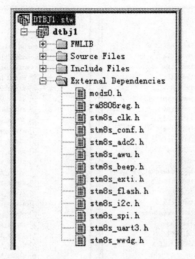

图2-36　某个工程开发时的外设头文件

2.6.3　STM8系列单片机的应用开发

1. 适用场合

STM8系列单片机内置16位先进的控制定时器模块,也有具有捕捉输入/比较输出功能的一般用途16位定时器,可广泛用于PWM控制算法的电机控制和工业仪器仪表应用;STM8A系列是针对汽车电子和严酷环境而开发的单片机;STM8L系列单片机则以低功耗应用见长,尤其适合电池供电的手持设备应用,如井下人员有源射频识别卡。也有STM8系列单片机不擅长的领域。除高级定时器外,其他定时器不具备对外部脉冲的计数功能,因此不能直接用于需要多路脉冲计数的仪表应用场合;需要外扩计数器和存储器等并行接口芯片,则不如8051系列单片机来得方便。

2. 软件开发

要搞好软件开发,必须认真阅读数据手册。与以前单片机的单一数据手册不同,STM8单片机资料包括数据手册、用户手册、编程手册、技术手册、应用笔记等多个文件,内容十分详实,开发者必须潜心阅读,才能全面掌握其要义。

ST公司提供的一系列开发例程,大都采用了函数调用。通过这些函数源代码,可以加快学习与开发的速度。开发中需要特别注意以下几个方面。

(1)内/外部时钟切换。要严格按编程手册要求的顺序进行,一定要等待切换时钟稳定后才能进行切换。使用外部晶振,当外部时钟失效时,单片机自动切换到内部时钟,因此必须编写相应的时钟切换中断服务程序,以免由于时钟频率或精度的变化影响系统正常工作。

(2)寄存器读写顺序。对 16 位定时器读操作时要先读高位字节,再读低位字节,顺序不能搞错;对 ARR 寄存器写操作时也要求先写高位字节 ARRH,再写低位字节 ARRL,只能按字节写,而不能对 ARR 直接进行 16 位字赋值,因为 CosmicC 编译器对字的写操作采用 LDW 指令,而 LDW 指令是先写低位字节再写高位字节,次序正好相反。

3. IAP 应用

STM8 系列单片机支持最终产品交付后现场固件更新的在应用编程功能(IAP),其优点是不用打开装有 CPU 板的机箱,就可以快速更新程序。这在产品新固件上市时是个很有用的特性,它使开发商在产品上市后可以轻易地修改固件错误或添加新的功能。STM8 单片机使用用户引导加载程序固件把 IAP 功能整合到用户程序中。引导加载程序功能由外部引脚(PCB 板的跳线端子)激活,通过可执行的 ROM 代码管理程序编程闪存程序块,支持多种通信接口(SPI,I2C 和 UART)。需要注意的是,应用程序固件和用户引导加载程序固件必须作为两个不同项目开发。用户引导加载程序固件占据存储空间的 UBC(用户启动代码)部分,为正确编程引导加载程序的应用程序固件,必须转移用户应用程序的起始地址和向量表地址,以避免在留作用户引导加载程序区域内的任何闪存进行的写操作。具体设置步骤如下:

(1)在集成开发环境下,单击"Project"->"Set-tings",单击"Linker",然后在"Category"(类别)选择"Input",就可以根据用户需求引导加载程序,移动向量表和"代码、常数"部分了。

(2)修改定义用户引导加载程序项目 main. h 中定义变量 MAIN_USER_RESET_ADDR,使其与新向量表地址一致。用下面一行代码实现:♯defineMAIN_USER_RESET_ADDR 0x⋯.(新向量表地址)。

STM8 系列单片机功能强大,价格较低,综合性价比高,正在得到广泛应用。充分利用 STM8 单片机的强大功能来设计控制系统,将会在产品市场上获得较大的竞争优势。近年来我们应用 STM8 系列单片机,成功开发了转子流量计、转子试验台、锅炉燃烧控制器、铁路 LED 信号灯点灯控制器、铁路信号灯故障测试盘等诸多产品,技术先进,性能可靠稳定,受到用户欢迎。

思考题与习题

1. 如何简捷地判断 8051 是否在运行工作？

2. 试述 8051 程序存储器和数据存储器的空间分布情况,其内部和外部程序存储器如何使用？

3. 开机复位后,CPU 使用的是哪组工作寄存器？它们的地址是什么？

4. 单片机中 CPU 是如何确定和改变当前工作寄存器组的？

5. 在程序设计时,有时为什么要对堆栈指针 SP 重新赋值？如果 CPU 在操作中要使用 3 组工作寄存器,你认为 SP 的初值应为多大？

6. 8051 的时钟周期、机器周期、指令周期是如何分配的？当振荡频率为 12 MHz时,一个机器周期为多少微秒？

7. 当一台 8051 单片机运行出错或程序进入死循环,如何重新启动？

8. 有几种方法使单片机复位？复位后各寄存器、RAM 中的状态如何？

9. 当单片机在关机后又立刻开机,有时就不能正常启动,试分析原因,并提出解决办法。

10. 试述 51 单片机的 PC 寄存器在执行中断服务程序前后整个时间段的内容变化情况。

11. 8051 端口 P0-P3 作通用 I/O 口时,在输入引脚数据时应注意什么？

12. 在 8051 扩展系统中,片外程序存储器和片外数据存储器使用相同的地址编址,是否会在数据总线上出现争总线现象？为什么？

13. 8051 端口 P0 作通用 I/O 口时,外部器件连接应注意什么？为什么？

14. 8051 的$\overline{EA}$端有何功用？应如何处理？为什么？

15. 简述自动冲床电路的工作原理。

16. STM32F103 单片机内部 RAM 多大？内部程序区有多少？

17. STM32F103 单片机的 I/O 口怎么配置？

18. STM8S 单片机的开发环境怎么配置？

19. 单片机的固件库在单片机开发中起什么作用？

第3章 计算机通信技术

数字通信是计算机的重要功能,计算机与其他设备的通信主要是为了进行数据交换,有些是为了将下位机所采集到的数据传给具有大型数据库管理能力的上位计算机,有些是为了进行分布式测量与控制。现在计算机通信已经进入到人类生产与生活的各个领域,成为人们进行信息交流最常用的工具,尤其是网络技术的发展和普及,使计算机通信更加迅速和便捷。人们坐在计算机前,就可以和整个世界进行交流,获得所需的各种信息,或者将自己的信息和文件快速地传递给远方。

在分布式计算机控制系统中,广泛使用计算机通信来进行数据传送。使用最多的是通过计算机串行接口进行通信,通过将 PC 机上串行接口的 RS-232C 电平转换为 RS-485 电平组网进行多机通信(1200 m 以内),或者将其转换为 CAN 总线电平组网,也可以实现较远距离多机通信。另外在近距离内,计算机与许多外设的通信也采用串行总线 USB 进行通信。有些设备与计算机还通过并行接口进行通信。这里介绍最常用的 RS-232C、RS-485 总线、CAN 总线的通信技术和多机通信的组网技术。

因为并行通信速度太慢,且需要多根电线作为传输线,通信距离太短,现在已经淘汰,所以本书不再介绍并行通信技术及其端口。

3.1 RS-232C 接口

通信接口 RS-232C 标准的全称是 EIA-RS-232C 标准(Electronic Industrial Associate-Recommended Standard—232C),是美国 EIA(电子工业联合会)与 BELL 等公司一起开发的于 1969 年公布的通信协议。它是一种用来连接计算机数据终端设备 DTE(Data Terminal Equipment)和数据通信设备 DCE(Data Communication Equipment)的外部总线标准。DCE 的任务是数据信号的变换和控制,在发送端,把信号转换为模拟信号(调制);在接收端,把模拟信号转换为数字信号(解调)。这个标准对串行通信接口的有关问题,如信号线功能、电气特性都作了明确规定。由于通信设备厂商都生产与 RS-232C 制式兼容的通信设备,因此,它作为一种标准,在微机串行通信接口中广泛采用。在加装了调制解调器(Modem)的情况下,这种通信可以通过电话线传输数据,并且可以传送很远的距离(数千公里,理论上电话线能到达的任何地方)。但是如果没有 Modem,就只能传递十几米远。这种通信方式在远距离(≥1000 m,使用 modem)和近距离通信(≤15 m,不用 Modem)中被广泛使用。在需要近距离或远距离通信的智能仪器中,这种通信方式是较常采用的方式之一。关于 Modem 通信技术,详见其他专业书籍。

在讨论 RS-232C 接口标准的内容之前,先说明两点:首先,RS-232C 标准最初是为远程通信连接数据终端设备 DTE 与数据通信设备 DCE 而制定的。因此这个标准的制订,并未考虑到计算机系统的要求。但后来它又广泛地被借来用于计算机(更准确的说,是计算机接口)与终端外设之间的近端连接标准。很显然,这个标准的有些规定及定义和计算机系统是不一致的,甚至是矛盾的。有了这种背景的了解,我们对 RS-232C 标准与计算机不兼容的地方就不难理解了。其次,RS-232C 标准中所提到的"发送"和"接收",都是站在 DTE 的立场上,而不是站在 DCE 的立场来定义。由于在计算机系统中,往往是 CPU 和 I/O 设备之间传送信息,两者都是 DTE,因此双方都能发送和接收。

3.1.1　RS-232C 传递信息的格式标准

RS-232C 按串行方式传送数据,其数据格式见图 3-1。该标准对所传递的信息规定如下:信息的开始为起始位;信息的结尾为停止位,它可以是一位,一位半或两位。信息的本身可以是 8 位再加一位奇偶校验位。如果两个信息间无信息,则应写"1",表示空。

图 3-1　EIA-RS-232C 串行数据格式

RS-232C 传送的波特率(b/s)规定为 19200,9600,4800,2400,1200,600,300,150,75,50。RS-232C 的传送距离一般都不超过 15m。

3.1.2　RS-232C 标准的信号线定义

EIA-RS-232C 标准规定了在串行通信中,数据终端设备 DTE 和数据通信设备 DCE 之间的接口信号。表 3-1 给出了 RS-232C 信号的名称、引脚号及功能。表中的数据终端为计算机,数据通信设备为 Modem。

　　由表中可以看出，RS-232C 标准为主信道和辅信道共分配了 25 根线，其中辅信道的信号线，几乎没有使用，而主信道的信号线有 9 根(表中打 * 号者)，它们才是远距离串行通信接口标准中的基本信号线。

表 3 - 1　RS-232C 接口信号线

引脚号	信号名	缩写名	方向与功能说明
1	保护地	PG	无方向设备地
2	发送数据 *	TxD	计算机→Modem　计算机给 Modem 发送串行数据
3	接收数据 *	RxD	计算机←Modem　计算机接收 Modem 传来的串行数据
4	请求发送 *	RTS	计算机→Modem　计算机请求通信设备切换到发送方向，高电平有效
5	清除发送 *	CTS	计算机←Modem　　Modem 给计算机的允许发送信号，高电平有效
6	数传机就绪 *	DSR	计算机←Modem　　Modem 准备就绪，给计算机发出的设备可用信号，高电平有效
7	信号地 *	SG	无方向信号地，所有信号公共地
8	数据载体检出	DCD	计算机←Modem　　通信链路的载波信号已经建立，可以发送数据，高电平有效，在通信线接好期间一直有效
	(接收信号检出) *	(RLSD)	
9	未定义		
10	未定义		
11	未定义		
12	辅信道接收线信号检测		
13	辅信道的清除发送		
14	辅信道的发送数据		

引脚号	信号名	缩写名	方向与功能说明
15	发送器定时时钟（DCE 源）		
16	辅信道的接收数据		
17	接收器定时时钟		
18	未定义		
19	辅信道的请求发送		
20	数据终端就绪 *	DTR	DTE→DCE　终端设备就绪,设备可用
21	信号质量测定器		
22	振铃指示器 *	RI	DTE←DCE　通信设备通知终端,通信链路有振铃
23	数据信号速率选择器 DTE 源/DCE 源		
24	发送器定时时钟（DTE 源）		
25	未定义		

2 号线　发送数据（Transmitted data—TxD）,通过 TxD 线将串行数据发送给Modem。

3 号线　接收数据（Received data—RxD）,通过 RxD 线接收从 Modem 发来的串行数据。

4 号线　请求发送（Request to send—RTS）,高电平有效,用来表示 DTE 请求 DCE 发送数据,即当终端要发送数据时,使该信号有效,向 Modem 请求发送。它用来控制 Modem 是否进入发送状态。

5 号线　清除发送（Clear to send—CTS）,高电平有效,用来表示 DCE 准备好接收 DTE 发来的数据,是对请求发送信号 RTS 的响应信号。当 Modem 已准备好接收终端传来的数据,并准备向外发送时,使该信号有效,通知终端开始沿发送数据线 TxD 发送数据。

RTS/CTS 请求应答联络信号,用于半双工采用 Modem 的系统中作发送方式和接收方式之间的切换。在全双工系统中,因配置双向通道,故不需 RTS/CTS 联络信号。

　　6 号线　数传机就绪(Data set ready—DSR)，高电平有效，表明 Modem 处于可以使用的状态。

　　7 号线　信号地线(Signal Groud—SG)，无方向。

　　8 号线　数据载体检出(Data Carrier detection—DCD)，高电平有效，用来表示 DCE 已接通通信链路，告知 DTE 准备接收数据。

　　20 号线　数据终端就绪(Data Terminal Ready—DTR)，高电平表明数据终端可以使用。

　　DTR 和 DSR 这两个信号有时连到电源上，一上电就立即有效。目前有些 RS-232C 接口甚至省去了用以指示设备是否准备好的这类信号，认为设备是始终都准备好的。可见这两个设备状态信号有效，只表示设备本身可用，并不说明通信链路可以开始进行通信了。

　　22 号线　振铃指示(Ringing. Indicator—RI)，高电平有效，当 Modem 收到交换台送来的振铃呼叫信号时，使该信号有效，通知终端，已被呼叫。

　　上述控制信号线何时有效，何时无效的顺序表示了接口信号的传送过程。例如，只有当 DSR 和 DTR 都处于有效(ON)状态时，才能在 DTE 和 DCE 之间进行传送操作。若 DTE 要发送数据，则预先将 RTS 线置成有效状态，等 CTS 线上收到有效状态的回答后，才能在 TxD 线上发送串行数据。这种顺序的规定对半双工的通信线路特别有用，因为半双工的通信线路进行双向传送时，有一个换向问题，只有当收到 DCE 的 CTS 线为有效状态后，才能确定 DCE 已由接收方向改为发送方向了，这时线路才能开始发送。远距离与近距离通信时，所使用的信号线是不同的。所谓近距离是指传输距离少于 15m 的通信，在 15m 以上的远距离通信时，一般要加调制解调器 Modem，故所使用的信号线较多。

3.1.3　信号线的连接和使用

　　使用串行口的远距离通信一般要加调制解调器 Modem，此时，若在通信双方的 Modem 之间采用专用电话线进行通信，则只要使用 2～8 号信号线进行联络与控制，如图 3-2 所示。若在双方 Modem 之间采用普通电话交换线进行通信，则还要增加 RI(22 号线)和 DTR(20 号线)两个信号线进行联络，如图 3-3 所示。

　　近距离通信时，不采用调制解调器 Modem(称零 Modem 方式)，通信双方可以直接连接。这种情况下只需使用少数几根信号线。最简单的情况，在通信中根本不要 RS-232C 的控制联络信号，只需使用 3 根线(发送线 TxD、接收线 RxD、信号地线 SG)便可实现全双工异步通信，如图 3-4 所示。

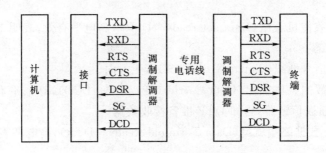

图 3-2　采用 MOMDEM 和专用线通信时信号线的连接

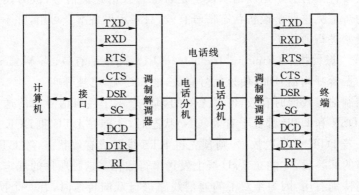

图 3-3　采用 Modem 和电话网通信时信号线的连接

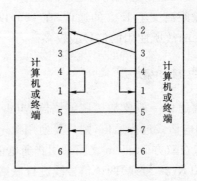

图 3-4　直连方式

　　图中 2 号线和 3 号线交叉连接是因为在直连方式时,把通信双方都看作数据终端,双方都可发也可收。在这种方式下,通信双方的任何一方,只要请求发送 RTS 有效和数据终端准备好,DTR 有效就能开始发送和接收。如果想在直连时,而又考虑 RS-232 的联络控制信号,则采用零 Modem 方式的标准连接方法,其通信双方信号线的安排如图 3-5 所示。

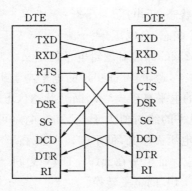

图 3-5　零 Modem 方式

从图中可以看出,RS-232C 接口的标准定义的所有信号线都用到了,并且是按照 DTE 和 DCE 之间信息交换协议的要求进行连接的,只不过是把 DTE 本身的信号线回送过来进行自连,当作对方 DCE 发来的信号,因此,又把这种连接称为双交叉回环接口。

双方握手信号关系如下(注:甲方、乙方并未在图中标出):

(1)甲方的数据终端就绪(DTR)和乙方的数传机就绪(DSR)及振铃信号(R1)两个信号互连。这时,一旦甲方的 DTR 有效,乙方的 RI 就立即有效,产生呼叫,并应答响应,同时又使乙方的 DSR 有效。这意味着,只要一方的 DTE 准备好,便同时为对方的 DCE 准备好,尽管实际上对方 DCE 并不存在。

(2)甲方的请求发送(RTS)及清除。

发送(CTS)自连,并与乙方的数据载体检出(DCD)互连,这时,一旦甲方请求发送(RTS 有效),便立即得到发送允许(RTS 有效),同时使乙方的 DCD 有效,即检测到载波信号,表明数据通信链路已接通。这意味着只在一方 DTE 请求发送,同时也为对方的 DCE 准备好接收(即允许发送),尽管实际上对方 DCE 并不存在。

(3)双方的发送数据(TxD)和接收数据(RxD)互连,这意味着双方都是数据终端设备(DTE),只要上述的握手关系一经建立,双方即可进行全双工传输或半双工传输。

3.1.4　RS-232C 电气特性

RS-232C 对电气特性、逻辑电平都作了规定。具体如下:

(1)在 TxD 和 RxD 数据线上。

逻辑 1(MARK)＝－3～－15 V;逻辑 0(SPACE)＝＋3～＋15 V

(2)在 RTS、CTS、DSR、DTR、DCD 等控制线上。

信号有效(接通,ON 状态,正电压)＝＋3～＋15 V

信号无效(断开,OFF 状态,负电压)＝－3～－15 V

以上规定说明了 RS-232C 标准对逻辑电平的定义。对于数据(信息码):逻辑"1"(传号)的电平低于－3 V,逻辑"0"(空号)的电平高于＋3 V;对于控制信号:接通状态(ON)即信号有效的电平高于＋3 V,断开状态(OFF)即信号无效的电平低于－3 V,也就是当传输电平的绝对值大于 3 V 时,电路可以有效地检查出来,介于－3 V 和＋3 V 之间的电压无意义,低于－15 V 或高于＋15 V 的电压也认为无意义,因此,实际工作时,应保证电平在±(3～15)V 之间。

(3)EIA-RS-232C 与 TTL 的电平转换。

EIA-RS-232C 用正负电压表示逻辑状态,与 TTL 以高低电平表示逻辑状态的规定不同。因此,为了能够同计算机接口或终端的 TTL 器件连接,必须在 EIA-RS-232C 与 TTL 电路之间进行电平和逻辑关系的变换。实现这种变换的方法可用分立元件,也可用集成电路芯片。现在计算机中有些已经将这些电路集成到电路板的芯片组中了。在以前制造的计算机主板中,广泛的使用集成电路转换器件,如 MC1488、SN75150 等芯片,完成 TTL 电平到 EIA 电平的转换,而 MC1489、SN75154 芯片可实现 EIA 电平到 TTL 电平的转换。有些主板上使用 ICL232、MAX232 等芯片,可完成 TTL←→EIA 双向电平转换,图 3－6 给出了 MCl488 和 MCl489 的内部结构和引脚。

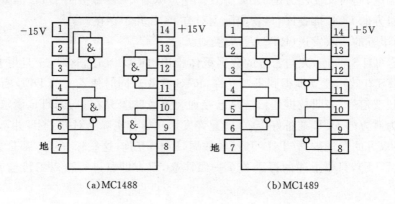

(a)MC1488　　　　　　(b)MC1489

图 3－6　MC1488 与 MC1489 结构与引脚图

MCl488 的引脚 2、4、5、9、10、12、13 脚接 TTL 输入。引脚 3、6、8、11 为输出端,接 EIA-RS-232C。MCl489 的 1、4、10、13 脚接 EIA 输入,而 3、6、8、11 脚为输

出端,接 TTL 电路。具体连接方法如图 3-7 所示。

　　图中左边是微机串行接口电路中的主芯片 UART,它是 TTL 器件,右边是 EIA-RS-232C 连接器,要求 EIA 电压。因此,RS-232C 所有的输出、输入信号线都要分别经过 MCl488 和 MCl489 转换器,进行电平转换后才能送到连接器上去或从连接器上送进来。

　　由于 MCl488 要求使用±15 V 高压电源,不太方便,现在有一种新型电平转换芯片 ICL232、MAX232 等,可以实现 TTL 电平与 RS-232 电平双向转换。

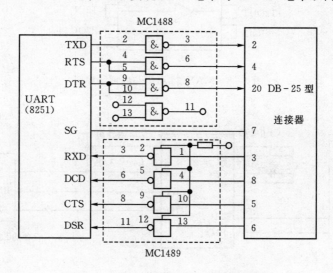

图 3-7　RS-232C 电平转换器连接图

　　ICL232、MAX232 内部有泵电源和转换电路,仅需外加+5 V 电源,数据为 0 输出+15 V,数据为 1 输出-15 V,使用十分方便。图 3-8 是 MAX232 的引脚与内部结构图。

　　MAX232 在与计算机连接时可以采用最简方式连接,以其与 8051 单片机的接口电路为例,见图 3-9。

　　图 3-9 中 232 芯片的口线名称比图 3-8 中有所简化,232 的 T1I 与 8051 的串行输出口线 TX 相连,R1O 与 8051 的 RX 相连,MAX232 的 T1O、R1I 分别与另一系统的 RX、TX 相连,两个系统的地线直接相连。MAX232 泵电源引脚必须接 0.1 μF 电容,如图中 C1、C2、C3、C4(104 即 0.1 μF)。

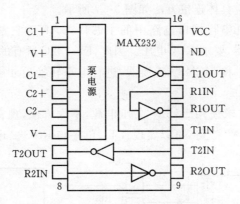

图 3 - 8　MAX232 引脚与内部结构图

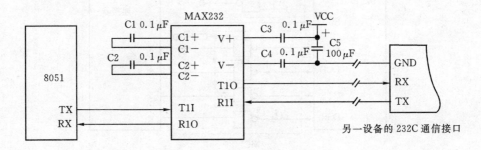

图 3 - 9　MAX232 芯片与 8051 的连接

3.1.5　机械特性

（1）连接器

由于 RS-232 并未定义连接器的物理特性，因此，转换器出现了 DB-25 和 DB-9 型两种类型的连接器，其引脚的定义也各不相同，使用时要注意。下面介绍两种连接器。

①DB-25 型连接器。虽然 RS-232 标准定义了 25 根信号线，但实际进行异步通信时，只需 9 个信号：2 个数据信号、6 个控制信号、1 个信号地线。

由于早期 PC 微机除了支持 EIA 电压接口外还支持 20mA 电流环接口，另需 4 个电流信号，故它们采用 DB-25 型连接器，作为 DTE 与 DCE 之间通信电缆连接。DB25 型连接器的外型及信号分配如图 3 - 10 所示。

②DB-9 型连接器。由于 286 以上微机串行口取消了电流环接口，故采用 DB-

9 型连接器,作为多功能 I/O 卡或主板上 COM1 和 COM2 两个串行口的连接器,其引脚及信号分配如图 3-11 所示。

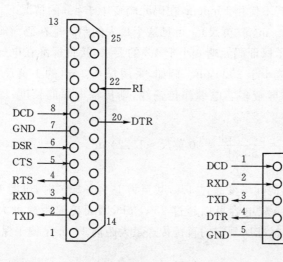

图 3-10　DB-25 型连接器　　　　　图 3-11　DB-9 型连接器

从图 3-10 和图 3-11 可知,DB-9 型连接器的引脚信号分配与 DB-25 型引脚信号完全不同。因此,若与配接 DB-25 型连接器的 DCE 设备连接,必须使用专门的电缆,其对应关系如图 3-12 所示。

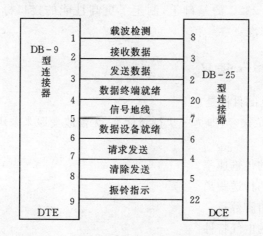

图 3-12　DB-9 型(DTE)与 DB-25 型(DCE)之间的连接

(2)电缆长度

在通信速率低于 20kb/s 时,RS-232C 所能直接连接的最大物理距离为 15m

(50 英尺)。

（3）最大直接传输距离的说明

RS-232C 标准规定,若不使用 Modem,在码元畸变小于 4％的情况下,DTE 和
DCE 之间最大传输距离 15 m(50 英尺)。可见这个最大的距离是在码元畸变小于
4％的前提下给出的。为了保证码元畸变小于 4％的要求,接口标准在电气特性中
规定,驱动器的负载电容应小于 2500 pF。例如,采用每 0.3 m(约 1 英尺)的电容
值为 40～50 pF 的普通非屏蔽多芯电缆作传输线,则传输电缆的长度,即传输距
离为

$$L=\frac{2500\ pF}{\dfrac{50\ pF}{英尺}}=50\ 英尺\approx15.24\ m$$

然而,在实际应用中,码元畸变超过 4％,甚至为 10％～20％时,也能正常传递
信息,这意味着驱动器的负载电容可以超过 2500 pF,因而传输距离可大大超过
15 m,这说明了 RS-232C 标准所规定的直接传送最大距离 15 m 是偏于保守的。

3.2　RS-423A/422A/485 接口

由于 RS-232C 接口标准是单端收发,抗共模干扰能力差,所以传输速率低(≤
20 kb/s),传输距离短(≤15～20 m)。为了实现在更远的距离和更高的速率上直
接传输,EIA 在 RS-232C 的基础上,制定了更高性能的接口标准如 RS-423、RS-
422、RS-485 接口标准。

3.2.1　RS-423A 接口

RS-423 标准总的目标是:

（1）与 RS-232C 兼容,即为了执行新标准,无需改变原来采用的 RS-232C 标准
的设备。

（2）支持更高的传输速率。

（3）支持更远的传送距离。

（4）增加信号引脚数目。

（5）改善接口的电气特性。

为了克服 RS-232C 的缺点,提高传送速率,增加通信距离,又考虑到与 RS-
232C 的兼容性,EIA(美国电子工业协会)在 1987 年提出了 RS-423A 总线标准。
RS-423A 标准是"非平衡电压数字接口电路的电气标准"。该标准是一个单端的
双极性电源电路标准,与 RS-232C 兼容,但对上述共地传输做了改进,采用差分接

收器,该差分接收器的反相端接信号线,同相端与发送端的信号地线相连,其连接
电路如图 3-13 所示。

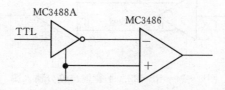

图 3-13 RS-423A 接口电路

在有电磁干扰的场合,干扰信号将同时混入两条通信线路中,产生共模干扰,
而差分输入对共模干扰信号有较高的抑制作用,这样就提高了通信的可靠性。
RS-423A 输出-6 V 表示逻辑"1",输出+6V 表示逻辑"0",RS-423A 的接收器仅
对差动信号敏感,当信号线与信号地线之间的电压低于-0.2 V 时表示"1",高于
+0.2V 时表示"0"。接收芯片可以承受±25 V 的电压,而 RS-232C 的发送电压是
≤-15V 或≥+15V,接收电压范围是≤-3 V 或≥+3 V,因此 RS-423A 接口器
件可以直接与 RS-232C 器件相接。根据使用经验,采用普通双绞线,RS-423A 线
路可以在 130 m 用 100 kb/s 的波特率可靠通信。在 1200 m 内,可用 1200 b/s 的
波特率进行通信。后来越来越多的计算机采用了 RS-423A 标准以获得比 RS-
232C 更佳的通信效果。

3.2.2 RS-422A 接口

RS-422A 是"平衡电压数字接口电路的电气特性"。RS-422A 标准是一种平
衡方式传输。所谓平衡方式,是指传送信号要用两条线 AA′和 BB′,发送端和接收
端分别采用平衡发送器(驱动器)和差分接收器如图 3-14 所示。这个标准的电气
特性对逻辑电平的定义是根据两条传输线之间的电位差值来决定,当 AA′线的电
平比 BB′线的电平高 200 mV 时表示逻辑"1";当 AA′线的电平比 BB′线的电平低
200mV 时表示逻辑"0"。很明显,这种方式和 RS-232C 采用单端接收器和单端发
送器,只用一条信号线传送信息,并且根据该信号线上电平相对于公共的信号地电
平的大小来决定逻辑的"1"和"0"是不同的。

RS-422A 接口标准的电路由发送器、平衡连接电缆、电缆终端负载和接收器
组成。它通过平衡发送器把逻辑电平变换成电位差,完成始端的信息传送;通过差
动接收器,把电位差变成逻辑电平,实现终端的信息接收。

RS-422A 规定了双端电气接口形式,其标准是双端传送信号。发送器有两根
输出线,当一条线向高电平跳变的同时,另一条输出线向低电平跳变,线之间的电

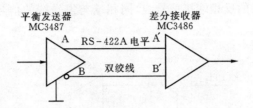

图 3-14　RS-422A 平衡输出差分输入图

压极性因此翻转过来。在 RS-422A 线路中,发送信号要用两条线,接收信号也要两条线,对于双工通信,至少要有 4 根线。由于 RS-422A 线路是完全平衡的,它比 RS-423A 有更高的可靠性,传送更快更远。一般情况下,RS-422A 线路不使用公共地线,这使得通信双方由于地电位不同而对通信线路产生的干扰减至最小。双方地电位不同产生的信号成为共模干扰会被差分接收器滤波掉,而这种干扰却能使 RS-232C 的线路产生错误。但是必须注意,由于接收器所允许的共模干扰范围是有限的,要求小于 ±25 V。因此,若双方地电位的差超过这一数值,也会使信号传送错误,或导致芯片损坏。

当采用普通双绞线时,RS-422A 可在 1200 m 范围内以 38400 b/s 的速率进行通信。在短距离(≤200 m),RS-422A 的线路可以轻易地达到 200 kb/s 以上的速率,因此这种接口电路被广泛地用在计算机本地网络上。RS-422A 的输出信号线间的电压为 ±2 V,接收器的识别电压为 ±0.2 V,共模范围 ±25 V。在高速传送信号时,应该考虑到通信线路的阻抗匹配,否则会产生强烈的反射,使传送的信息发生畸变,导致通信错误。一般在接收端加终端电阻以吸收掉反射波。电阻网络也应该是平衡的,如图 3-15 所示。

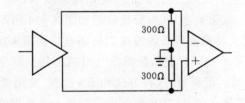

图 3-15　在接收端加终端电阻

为了实现 RS-422A 标准的连接,许多公司推出了平衡驱动器/接收器集成芯片,如 MC3487/3486、MAX488～MAX491、SN75176 等。

例如,在一个远距离水位自动监测仪器中,采用 MC3487 和 MC3486 分别作为平衡发送器和差分接收器,传输线采用普通的双绞线,在零 MODE 方式下传输速率为 9600 b/s 时,传送距离达到了 1.5 km。MC3486 和 MC3487 的连接,如图 3-16 所示。

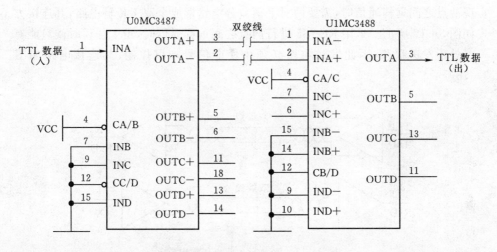

图 3-16　RS-422A 平衡式接口电路

3.2.3　RS-485 接口

　　RS-485 接口标准与 RS-422A 标准一样,也是一种平衡传输、差分接收方式的串行接口标准,它和 RS-422A 兼容,并且扩展了 RS-422A 的功能。两者主要差别是,RS-422A 标准只许电路中有一个发送器,而 RS-485 标准允许在电路中可有多个发送器。

　　RS-485 是一种多发送器的电路标准,它扩展了 RS-422A 的性能,允许双绞线上一个发送器驱动 32 个负载设备。负载设备可以是被动发送器、接收器或收发器(发送器和接收器的组合)。RS-485 电路允许共用电话线通信。电路结构是在平衡连接的电缆两端有终端电阻,在平衡电缆上挂发送器、接收器或组合收发器。RS-485 没有规定在何时控制发送器发送或接收器接收数据的规则。电缆选择比 RS-422A 更严格。以给出失真度(%)为纵轴,电压的上升时间(T)或时间与电位 (U.T)为横轴,给接收机不同信号电压 U_o,画出不同直线,根据直线选择电缆。

　　RS-485 由两条信号电缆组成。每条连接电路必须有接大地参考点,电缆能支持 32 个发送/接收器对。为了避免地电流,每个设备一定要接地。电缆应包括连至每个设备电缆地的第三信号参考线。若用屏蔽电路,屏蔽应接到电缆设备的机壳。

　　RS-485 和 RS-422A 一样采用平衡差分电路进行信息传输,区别在于 RS-485

采用半双工方式,因而可采用一对平衡差分信号线来连接。在某一时刻,一个发送另一个接收,当用于多站互连时,可节省信号线,便于远距离传送。采用 RS-422A 实现两点之间远程通信时,需要两对平衡差分电路形成全双工传输电路,其连接方式如图 3-17 所示。采用 RS-485 进行两点之间远程通信时,由于任何时候只能有一点处于发送状态,因此发送电路必须由使能信号加以控制,其连接电路如图 3-18 所示。

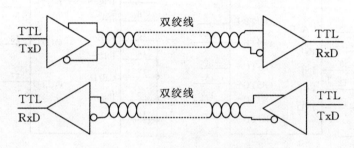

图 3-17　RS-422A 两点传输电路

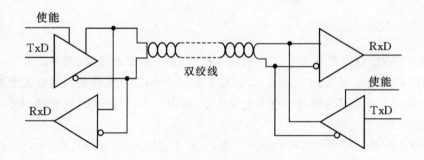

图 3-18　RS-485 两点传输电路

　　RS-485 接口允许在多处理器之间用双绞线相互通信。有时将 RS-485 称做部件线(party line)或多点(multi-drop)接口,如图 3-19 所示。RS-485 接口常用差分线性驱动器/接收器芯片有 SN75176A 差分总线收发器、MAX481、MAX483、MAX485、MAX487 等,其通信采用半双工通信模式,只需要一根双绞线。在 RS-485 接口上的每个通信元件称为一个节点,它的通信方式一般遵循主/从协议(但不一定必须如此)。一个节点称为"主设备",而其他节点称为"从设备"。在主/从布置中,所有的通信都在主设备与从设备之间进行,从设备之间不产生通信。RS-485 中的每一个节点都有一个唯一的节点 ID 编号,节点♯0 通常分配给主设备。主设备在任意指定时刻与其中一个从设备通信。为防止线路终端反射干扰通信,

须按图 3-19 中所示,给双绞线两端部接 120 Ω 电阻 R。双绞线上总共可以挂接
32 个 485 通信设备,在采用高输入阻抗的 485 器件时,双绞线上可挂接 128 个 485
通信设备,例如 MAX487、SN75LBC184 等器件。这些设备必须顺次挂接。双绞
线两端不能相接形成回环。

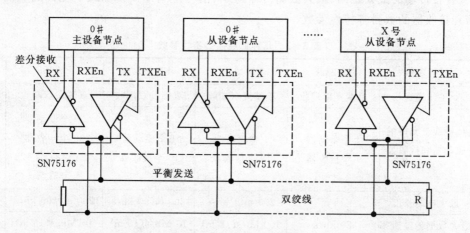

图 3-19　485 接口电路

标准的 RS-485 接收器的输入阻抗为 12 kΩ,其总线上最多可接 32 个收发器,
这类收发器主要有 SN75176、MAX481、MAX483、MAX485 等。MAXIM 公司现
在生产一种新的 485 接口芯片 MAX487,输入阻抗更高,为 48 kΩ,其总线上最多
可挂接 128 个 MAX487 收发器。

这种连接实际上就组成了一个完整的局域网,这条双绞线在通信波特率为
9600 b/s 时,能够可靠通信的长度可达 1200 m。降低波特率,还可更长。如果距
离比较近,波特率可以提高很多,在近距离的局域网上使用该协议通信,其抗干扰
能力、数据传输速率可以满足各种测控系统的要求,并且该通信方式的硬件成本很
低,是目前中等距离(≤1200 m)通信方式中造价最低的一种。因此这种通信方式
广泛使用于各种中距离通信,也是智能仪器中距离通信的首选方式。

RS-485 接口有以下特征:

(1)不受噪声影响;

(2)电缆的最大长度可达 1200 m;

(3)数据信号传输率可达到 10 Mb/s;

(4)支持高达 32 个节点。MAX487 芯片,可支持 128 个节点;

(5)为单主总线,但通过软件设置可以支持多主总线。

3.2.4　RS-423A/422A/485 接口性能比较

表 3-2 列出了 RS-232C、RS-423A、RS-422A 和 RS-485 几种标准的工作方式、直接传输的最大距离、最大数据传输速率、信号电平以及传输线上允许的驱动器和接收器的数目等特性参数。

表 3-2　几种标准接口特性参数

特性参数	RS-232C	RS-423A	RS-422A	RS-485
工作模式	单端发单端收	单端发双端收	双端发双端收	双端发双端收
传输线上允许的驱动器和接收器数目	1 个驱动器 1 个接收器	1 个驱动器 10 个接收器	1 个驱动器 10 个接收器	32 个驱动器 32 个接收器 MAX487 为 128 个节点
最大电缆长度	15 m	1200 m(1 kb/s)	1200 m(90 kb/s)	1200 m(100 kb/s)
最大数据传输速率	20 kb/s	100 kb/s(12 m)	10 Mb/s(12 m)	10 Mb/s(15 m)
驱动器输出（最大电压值）	±25 V	±6 V	±6 V	−7 V～+12 V
驱动器输出（信号电平）	±5 V(带负载) ±15 V(未带负载)	±3.6 V(带负载) ±6 V(未带负载)	±2 V(带负载) ±6 V(未带负载)	±1.5 V(带负载) ±5 V(未带负载)
驱动器负载阻抗	3～7 kΩ	450 Ω	100 Ω	54 Ω
驱动器电源开路电流(高阻抗态)	V/300 Ω（开路）	±100 μA（开路）	±100 μA（开路）	±100 μA（开路）
接收器输入电压范围	±15 V	±10 V	±12 V	−7 V～+1 V
接收器输入灵敏度	±3 V	±200 mV	±200 mV	±200 mV
接收器输入阻抗	2～7 kΩ	4 kΩ(最小值)	4 kΩ(最小值)	12 kΩ(最小值)

3.3　CAN 总线接口

随着监测和控制功能的广泛应用,必然要求系统连接或分布更多的传感器和控制信号。简化物理布线有许多方案,CAN 总线(controller area network)是其中一种。CAN 总线基于串行通信 ISO11898 标准,其初始协议是为车载数据传输而定义的。如今,CAN 总线已经广泛应用于移动设备、工业自动化以及汽车领域。CAN 总线标准包括物理层、数据链路层,其中链路层定义了不同的信息类型、总线访问的仲裁规则及故障检测与故障处理的方式。CAN 总线与 USB 总线相比,其最大优点是其总线是多主机结构,而 USB 总线上只能有一个主机,另外 CAN 总线比 USB 总线的传输距离大的多。

3.3.1　CAN 总线特点

CAN 是一种共享的广播总线(即所有的节点都能够接收传输信息),支持数据速率高达 1Mb/s。由于所有的节点接收全部发送信息,因此,信息不能够送达某个指定节点。但是,在 CAN 总线的硬件部分提供了本地地址过滤,允许各个节点仅对所关心的信息进行相应的处理。CAN 总线传输数据长度可变(0~8B)的信息(帧),每帧都有一个唯一的标识(总线上任何节点发送的信息帧,都具有不同的标识)。CAN 总线和 CPU 之间的接口电路通常包括 CAN 控制器和收发器。由此构成的 CAN 网络具有以下特性:

(1)2 线差分传输;

(2)多主机;

(3)单工或半双工;

(4)速率可达 1Mb/s;

(5)120 Ω 终端匹配电阻;

(6)标准化的硬件协议。

在 1 Mb/s 速率下,CAN 总线距离接近 30 m,而在 10 kb/s 时,距离可达 6 km。由于所有的错误检测、纠错、传输和接收等都是通过 CAN 控制器的硬件完成的,所以用户组建这样的 2 线网络,仅需要极少的软件开销。

3.3.2　标准 CAN 总线和扩展 CAN 总线

目前有两种 CAN 总线协议:CAN 1.0 和 CAN 2.0,其中 CAN 2.0 有两种形式:A 和 B。CAN 1.0 和 CAN 2.0A 规定了 11 位标识,CAN 2.0B 除了支持 11 位标识外,还能够接受扩展的 18 位标识。为了符合 CAN 2.0B,CAN 控制器必须支持被动 2.0B 或主动 2.0B。被动 2.0B 控制器忽略扩展的 18 位标识信息(CAN 2.0A 控制器在接收扩展的 18 位标识时,将产生帧错误),主动 CAN 2.0B 控制器能够接收和发送扩展信息帧。

发送和接收两类信息帧的兼容性准则归纳如表 3 - 3 所示。主动 CAN 2.0B 控制器能够收发标准和扩展的信息帧;CAN 2.0B 被动控制器能够收发标准帧,而忽略扩展帧,不引起帧格式错误;CAN 1.0 和 CAN 2.0A 在接收扩展帧时,将产生错误信息。

表 3 - 3　11 位和 29 位标识的信息所适用的 CAN 协议

CAN 信息格式	CAN 器件		
	2.0A	被动 2.0B	主动 2.0B
11 位标识	OK	OK	OK
29 位标识	出错	容错	OK

CAN2.0A 允许多达 2032 个标识,而 CAN2.0B 允许超过 5.32 亿个标识。由于需要传输 29 位标识,因而这种方式降低了有效的数据传输速率。扩展标识由已有的 11 位标识(基本 ID)和 18 位扩展部分(标识扩展)组成。这样,CAN 协议允许两种信息格式,如图 3 - 20 所示,为标准 CAN(2.0A)和扩展 CAN(2.0B)。

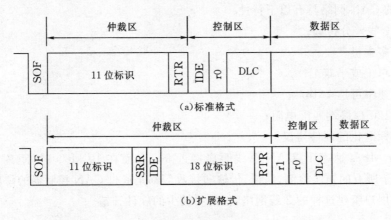

图 3 - 20　标准 CAN(2.0A)和扩展 CAN(2.0B)

由于两种格式必须能够共存于同一条总线上,协议规定,当出现相同的基本标识,但格式不同的信息所引起的总线接入冲突时,标准格式信息总是优先于扩展格式信息(支持扩展格式信息的 CAN 控制器也能够收发标准格式的信息)。如图 3 - 21所示。

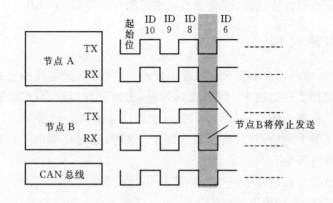

图 3-21　总线对标准与扩展信息的处理

3.3.3　总线仲裁

　　CAN 总线采用非归零(NRZ)编码,所有节点以"线与"方式连接至总线。如果存在一个节点向总线传输逻辑 0,则总线呈现逻辑 0 状态,而不管有多少个节点在发送逻辑 1。CAN 网络的所有节点可能试图同时发送,但其简单的仲裁规则确保仅有一个节点控制总线、并发送信息。收发器如同一个漏极开路结构,能够监听自身的输出。逻辑高状态由上拉电阻驱动,因而低有效输出状态(0)起决定性作用。

　　为了近似于实时处理,必须快速传输数据,这种要求不仅需要高达 1 Mb/s 的数据传输物理通道,而且需要快速的总线分配能力,以满足多个节点试图同时传输信息的情况。

　　通过网络交换信息而采取实时处理的紧急状况是有差别的:快速变化的变量,如引擎负载,与那些变化相对缓慢的变量,如引擎温度相比要求频繁、快速地发送数据。信息标识叮以规定优先级,更为紧急的信息可以优先传输。在系统设计期间,设定信息的优先级以二进制数表示,但不允许动态更改。二进制数较小的标识具有较高的优先级,使信息近似于实时传输。

　　解决总线访问冲突是通过仲裁每个标识位,即每个节点都逐位监测总线电平。按照"线与"机制,即显性状态(逻辑 0)能够改写隐性状态(逻辑 1),当某个节点失去总线分配竞争时,则表现为隐性发送和显性观测状态。所有退出竞争的节点成为那些最高优先级信息的接收器,并且不再试图发送自己的信息,直至总线再次空闲。

　　CAN 总线采用 2 线差分结构,提供了一个抗 EMC 干扰和 EMC 辐射的可靠系统。辐射干扰可以通过 NRZ 编码和限斜率输出总线信号来降低。当然,限斜率输出也降低了数据传输速率,通常标准速率限制在 125 kb/s 以内。

3.3.4　出错处理

CAN 控制器内置 TX 和 RX 出错计数器,根据出错是本地的还是全局的,计数器以此决定加 1 还是加 8。每当收到信息,出错计数器就会增加或减少。如果每次收到的信息是正确的,则计数器减 1;如果信息出现本地错误,则计数器加 8;如果信息出现整个网络错误,则计数器加 1。这样,通过查询出错计数器值,就可以知道通信网络质量。

这种计数器方式确保了单个故障节点不会阻塞整个 CAN 网络。如果某个节点出现本地错误,其计数值将很快达到 96、127 或 255。当计数器达到 96 时,它将向节点微控制器发出中断,提示当前通信质量较差。当计数值达到 127 时,该节点假定其处于"被动出错状态",即继续接收信息,且停止要求对方重发信息。当计数达到 255 时,该节点脱离总线,不再工作,且只有在硬件复位后,才能恢复工作状态。

3.3.5　CAN 控制器与收发器

CAN 总线规范采用了 ISO-OSI 的三层网络结构,就有三种不同的器件与之相对应,对应物理层的是收发器,对应数据链路层的是 CAN 控制器,在应用层上主要是用户特殊的应用,对应的器件是微控制器。CAN 芯片有系列化的产品,主要可分为:

集成 CAN 控制器的微处理器:Philips 的 80C591/592/598、XAC37;Motorola 的 Pow2、PC555;Intel 的 196CA/CB;Silicon Lab 的 C8051F040~047 等。

独立的 CAN 控制器:Philips 的 SJA1000、82C200、8XC592、8XCE598;Intel 的 82526、82527 等。

CAN 总线收发器:PCA82C250/251/252;TJA1040/1041 等。

在设计中,可以采用微处理器加 CAN 控制器的两片组合方案,也可以采用单片 IC,如 DS80C590,它是一款双路 CAN 总线的高速微处理器,能够管理更多设备,并允许它们透明地相互传输信息。由于内部集成了两个 CAN 控制器,DS80C590 能够很好地满足嵌入式系统中日益增长的许多要求,如简化布线,可靠的数据传输等。

CAN 信息的增强过滤措施(两个独立的 8 位介质屏蔽和介质仲裁区)允许 DS80C590 实现设备之间更高效率的数据通信,无须增加微处理器的负担。除了支持标准的 11 位标识外,它还支持扩展的 18 位标识 CAN 协议,如 DeviceNet 和

SDS。因此,它能够高效地处理更多的 CAN 节点之间的高速数据通信。DS80C590 采用通用的 8051 内核,具备 4MB 的寻址能力。较大的地址空间允许采用高级语言开发程序代码(支持更大、更复杂的数据结构,具有更多的编程方式),以便网络能够管理更多的设备。

该处理器内核提供更高的效率,并且去掉了无用的时钟周期,达到了三倍于标准 8051 的处理能力。在最大 40 MHz 的晶体振荡器频率下,其执行速度(120 MHz)将产生 10 倍于原始架构的性能。处理器内置可选的倍频器,允许在较低晶体频率下达到全速工作,且电磁噪声更低;DS80C590 还包括一个 40 位累加器的算术协处理器,通过专门的硬件完成 16 位和 32 位运算,包括乘法、除法、移位、归一化以及累加功能。

高集成度减少了元件的数目,降低了系统成本。除了具有标准 8051 的资源(3 个定时器/计数器,串行口和 4 个 8 位 I/O 口)以外,DS80C590 还集成了一个 8 位 I/O 口,第二个串行口,7 个附加的中断,一个可编程“看门狗”定时器,一个电源跌落监测器/中断,电源失效复位,一个可编程 IrDA 时钟以及内部 4KB 的 SRAM。DS80C590 应用包括众多的嵌入式控制网络,如汽车制造、农业设备、专用医疗设备、工厂过程控制、工业设备等。

3.4　计算机网络与 TCP/IP 协议

计算机网络是现代通信技术与计算机技术相结合的产物。所谓计算机网络,就是把分布在不同地理区域的计算机用通信线路互联成一个规模大、功能强的网络系统,从而使众多的计算机可以方便地互相传递信息,共享硬件、软件、数据信息等资源。

按计算机连网的区域大小,可以把网络分为局域网(LAN,Local Area Network)和广域网(WAN,Wide Area Network)。局域网是指在一个较小地理范围内的各种计算机网络设备互联在一起的通信网络,可以包含一个或多个子网,通常局限在几千米的范围之内,如在一个房间、一座大楼,或是在一个校园内的网络就称为局域网。广域网连接地理范围较大,常常是一个国家或是一个州。其目的是为了让分布较远的各局域网互联。Internet 就是最大最典型的广域网。

网络上的计算机之间根据网络协议交换信息。同一个局域网内不同的计算机必须使用相同的网络协议才能通信。网络协议有很多种,具体选择哪一种协议要看情况而定。连接到 Internet 上的计算机使用的是 TCP/IP 协议。

3.4.1　Internet

Internet 是遍布全球的联络各个计算机平台的总网络，是成千上万信息资源的总称；从本质上讲，Internet 是一个使世界上不同类型的计算机能交换各类数据的通信媒介。从 Internet 提供的资源及对人类的作用这方面来理解，Internet 是建立在高灵活性的通信技术之上的一个已硕果累累、正迅猛发展的全球数字化数据库。

Internet 目前已经联系着超过 160 多个国家和地区、二十多万个子网、上亿台电脑主机，直接的用户有数千万，成为世界上信息资源最丰富的电脑公共网络。

连接到网络上的计算机与计算机之间通信，首先要规定通信协议，然后还得知道计算机彼此的地址，通过协议和地址，计算机与计算机之间才能交流信息。

1. TCP/IP 协议

TCP/IP 协议（Transfer Control Protocol/Internet Protocol）叫做传输控制/网际协议，又叫网络通信协议，这个协议是 Internet 国际互联网络的基础。

TCP/IP 是网络中使用的基本通信协议。虽然从名字上看 TCP/IP 包括两个协议，传输控制协议（TCP）和网际协议（IP），但 TCP/IP 实际上是一组协议，它是 20 世纪 70 年代中期美国国防部为其 ARPANET 广域网开发的网络体系结构和协议标准，Internet 就是基于 TCP/IP 协议族而组建的。TCP/IP 包括许多各种功能的协议，如：远程登录、文件传输和电子邮件等，而 TCP 协议和 IP 协议是保证数据完整传输的两个基本的重要协议。通常说 TCP/IP 是 Internet 协议族，而不单单是 TCP 和 IP。

之所以说 TCP/IP 是一个协议族，是因为 TCP/IP 协议包括 TCP、IP、UDP、ICMP、RIP、TELNETFTP、SMTP、ARP、TFTP 等许多协议，这些协议一起称为 TCP/IP 协议。以下我们对协议族中一些常用协议英文名称和用途作一说明。

TCP(Transport Control Protocol)传输控制协议；

IP(Internetworking Protocol)网间网协议；

UDP(User Datagram Protocol)用户数据报协议；

ICMP(Internet Control Message Protocol)互联网控制信息协议；

SMTP(Simple Mail Transfer Protocol)简单邮件传输协议；

SNMP(Simple Network manage Protocol)简单网络管理协议；

FTP(File Transfer Protocol)文件传输协议；

ARP(Address Resolution Protocol)地址解析协议；

Telnet:提供远程登录（终端仿真）服务的协议；

TFTP:提供小而简单的文件传输服务,实际上从某个角度上来说是对 FTP 的一种替换(在文件特别小并且仅有传输需求的时候);

DNS:域名解析服务,也就是如何将域名映射成 IP 地址的协议;

HTTP:超文本传输协议,用于图片、动画、音频等超文本文件的传输。

从协议分层模型方面来讲,TCP/IP 由多个层次组成:网络接口层、网络层、传输层、应用层等。各层的协议见表 3-4。

表 3-4　网络分层协议

OSI 中的层	功能	TCP/IP 协议族
应用层	文件传输,电子邮件,文件服务,虚拟终端	TFTP,HTTP,SNMP,FTP,SMTP,DNS,Telnet
表示层	数据格式化,代码转换,数据加密	没有协议
会话层	解除或建立与别的接点的联系	没有协议
传输层	提供端对端的接口	TCP,UDP
网络层	为数据包选择路由	IP,ICMP,RIP,OSPF,BGP,IGMP
数据链路层	传输有地址的帧以及错误检测功能	SLIP,CSLIP,PPP,ARP,RARP,MTU
物理层	以二进制数据形式在物理媒体上传输数据	ISO2110,IEEE802。IEEE802.2

数据链路层包括了硬件接口和协议 ARP、RARP,这两个协议主要是用来建立送到物理层上的信息和接收从物理层上传来的信息。

网络层中的协议主要有 IP、ICMP、IGMP 等,由于它包含了 IP 协议模块,所以它是所有基于 TCP/IP 协议网络的核心。在网络层中,IP 模块完成大部分功能。ICMP 和 IGMP 以及其他支持 IP 的协议帮助 IP 完成特定的任务,如传输差错控制信息以及主机/路由器之间的控制电文等。网络层掌管着网络中主机间的信息传输。

传输层上的主要协议是 TCP 和 UDP。正如网络层控制着主机之间的数据传递,传输层控制着那些将要进入网络层的数据。两个协议就是它管理这些数据的两种方式:TCP 是一个基于连接的协议,UDP 则是面向无连接服务的管理方式的协议。使用不同协议的两个网络之间的连接是通过 TCP/IP 协议进行的,如图 3-22 所示。

应用层位于协议栈的顶端,它的主要任务就是应用。当然上面的协议也是为了这些应用而设计的。

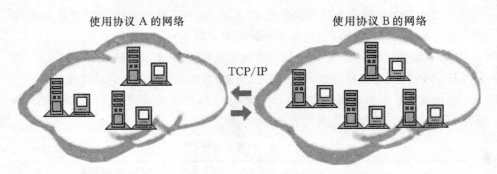

图 3-22　TCP/IP 协议连接两个不同协议的网络

2. IP 地址

(1)IP 地址

运行 TCP/IP 的每个计算机都需要唯一的 IP 地址。用网际协议地址(即 IP 地址)可解决这个问题。它是为标识 Internet 上主机位置而设置的。Internet 上的每一台计算机都被赋予一个世界上唯一的 32 位 Internet 地址(Internet Protocol Address,简称 IP Address),这一地址可用于与该计算机有关的全部通信。

为了方便起见,在应用上以 8 位为一组,组成四组十进制数字来表示每一台主机的位置。一般的 IP 地址由 4 组数字组成,每组数字介于 0～255 之间,如某一台电脑的 IP 地址可为:202.206.65.115,但不能为 202.206.259.3。

Intenet 委员会定义了五种地址类型以适应不同尺寸的网络。地址类型定义网络 ID 使用哪些位,它也定义了网络的可能数目和每个网络可能的宿主机数目。

(2)子网掩码(Subnet Mask)

使用子网可以把单个大网分成多个物理网络,并用路由器把它们连接起来。子网掩码用于屏蔽 IP 地址的一部分,使得 TCP/IP 能够区别网络 ID 和宿主机 ID。当 TCP/IP 宿主机要通信时,子网掩码用于判断一个宿主机是在本地网络还是在远程网络。

缺省的子网掩码用于分成子网的 TCP/IP 网络,对应于网络 ID 的所有位都置为 1,每个 8 位一组的十进制数是 255,对应于宿主机 ID 的所有位都置为 0。用于子网掩码的位数决定可能的子网数目和每个子网的宿主机数目,子网掩码的位数越多,则子网越多,但是宿主机就较少。

(3)路由和网关

TCP/IP 网络是由网关(Gateways)或路由器(Routers)连接的。当 IP 准备发送一个包的时候,它把本地(源)IP 地址和包的目的地址插入 IP 头,并且检查目的地网络 ID 是否和源主机的网络 ID 一致,如果一致,包就被直接发送到本地网的目的计算机,如果不一致,就检查路由表中的静态路由,如果没有发现路由信息,包就被转送到缺省网关。

缺省网关连接到本地子网和其他网络的计算机,它知道网际上其他网络的网络 ID,也知道如何到达那里,因此它能把包转发到别的网关,直到最终转发到直接或限定的目的地相连的网关,这一过程称为路由。

3. 域名地址

尽管 IP 地址能够唯一地标识网络上的计算机,但 IP 地址是数字型的,用户记忆这类数字十分不方便,于是人们又发明了另一套字符型的地址方案即所谓的域名地址。IP 地址和域名是一一对应的,我们来看一个 IP 地址对应域名地址的例子,譬如:西安交通大学的 IP 地址是 202.117.1.13,对应域名地址为 www. xjtu. edu. cn,这份域名地址的信息存放在一个叫域名服务器(DNS,Domain Name Server)的主机内,使用者只需了解易记的域名地址,其对应转换工作就留给了域名服务器 DNS。DNS 就是提供 IP 地址和域名之间的转换服务的服务器。

域名地址的含义。域名地址是从右至左来表述其意义的,最右边的部分为顶层域,最左边的则是这台主机的机器名称。一般域名地址可表示为:主机机器名. 单位名. 网络名. 顶层域名。如:www. xjtu. edu. cn,这里的 www 是万维网的一个主机的机器名,xjtu 代表西安交通大学,edu 代表中国教育科研网,cn 代表中国,顶层域一般是网络机构或所在国家地区的名称缩写。

域名由两种基本类型组成:以机构性质命名的域和以国家地区代码命名的域。常见的以机构性质命名的域,一般由三个字符组成,如表示商业机构的"com",表示教育机构的"edu"等。以机构性质或类别命名的域如表 3-5 所示。以国家或地区代码命名的域,一般用两个字符表示,是为世界上每个国家和一些特殊的地区设置的,如中国为"cn"、中国香港为"hk"、日本为"jp"、美国为"us"等。但是,美国国内很少用"us"作为顶级域名,而一般都使用以机构性质或类别命名的域名。表 3-6介绍了一些常见的国家或地区代码命名的域。

表 3-5　常见域名及其含义

域名	含义	域名	含义
com	商业机构	net	网络组织
edu	教育机构	int	国际机构(主要指北约)
gov	政府部门	org	其他非盈利组织
mil	军事机构		

表 3-6　一些常见的国家或地区代码命名的域

域名	国家或地区	域名	国家或地区	域名	国家或地区	域名	国家或地区
cn	中国	nl	荷兰	fr	法国	ru	俄罗斯
au	澳大利亚	nz	新西兰	de	德国	sa	沙特阿拉伯
at	奥地利	ni	尼加拉瓜	gr	希腊	sg	新加坡
br	巴西	no	挪威	gl	格陵兰	za	南非
ca	加拿大	pk	巴基斯坦	hk	中国香港	es	西班牙
co	哥伦比亚	pa	巴拿马	is	冰岛	se	瑞典
cr	哥斯达黎加	pe	秘鲁	in	印度	ch	瑞士
cu	古巴	ph	菲律宾	ie	爱尔兰	th	泰国
dk	丹麦	pl	波兰	il	以色列	tr	土耳其
eg	埃及	pt	葡萄牙	it	意大利	gb	英国
fi	芬兰	pr	波多黎各	jm	牙买加	us	美国
jp	日本	vn	越南	mx	墨西哥	tw	中国台湾
ar	阿根廷						

4.统一资源定位器

统一资源定位器,又叫 URL(Uniform Resource Locator),是专为标识 Internet 网上资源位置而设的一种编址方式,我们平时所说的网页地址指的即是 URL,它一般由 3 部分组成:传输协议://主机 IP 地址或域名地址/资源所在路径和文件名,如今日上海联线的 URL 为:http://china-window. com/shanghai/news/wnw. html,这里 http 指超文本传输协议,china-window. com 是其 Web 服务器域名地址,shanghai/news 是网页所在路径,wnw. html 才是相应的网页文件。

标识 Internet 网上资源位置的三种方式如下:

(1)IP 地址:202. 206. 64. 33;

(2)域名地址:dns. hebust. edu. cn;

(3)URL:http://china-window. com/shanghai/news/wnw. html。

下面列表是常见的 URL 中定位和标识的服务或文件:

(1)http:文件在 WEB 服务器上;

(2)file:文件在自己的局部系统或匿名服务器上;

(3)ftp:文件在 FTP 服务器上;

（4）gopher：文件在 gopher 服务器上；

（5）wais：文件在 wais 服务器上；

（6）news：文件在 Usenet 服务器上；

（7）telnet：连接到一个支持 Telnet 远程登录的服务器上。

3.4.2　Internet 的传输原理与服务功能

1.传输原理

有了 TCP/IP 协议和 IP 地址的概念，就很好理解 Internet 的工作原理了。当一个用户想给其他用户发送一个文件时，TCP 先把该文件分成一个个小数据包，并加上一些特定的信息（可以看成是装箱单），以便接收方的机器确认传输是正确无误的，然后 IP 再在数据包上标上地址信息，形成可在 Internet 上传输的 TCP/IP 数据包。

当 TCP/IP 数据包到达目的地后，计算机首先去掉地址标志，利用 TCP 的装箱单检查数据在传输中是否有损失，如果接收方发现有损坏的数据包，就要求发送端重新发送被损坏的数据包，确认无误后再将各个数据包重新组合成原文件。

就这样，Internet 通过 TCP/IP 协议这一网上的"世界语"和 IP 地址实现了它的全球通信功能。

2.功能

Internet 是一个包罗万象的信息库，其基本功能如下：

（1）信息传播

人们可以把各种信息任意输入到网络中，进行交流传播。Internet 上传播的信息形式多种多样，世界各地用它传播信息的机构和个人越来越多，网上的信息资料内容也越来越广泛和复杂。目前，Internet 已成为世界上最大的广告系统、信息网络和新闻媒体。现在，Internet 除商用外，许多国家的政府、政党、团体还用它进行政治宣传。

（2）通信联络

Internet 有电子函件通信系统，人们可以利用电子函件取代邮政信件和传真进行联络。可以在网上通电话，召开电话会议。

（3）专题讨论

Internet 中设有专题论坛组，一些相同专业、行业或兴趣相投的人可以在网上提出专题展开讨论，论文可长期存储在网上，供人调阅或补充。

（4）资料检索

由于很多人不停地向网上输入各种资料，特别是美国等许多国家的著名数据库和信息系统纷纷上网,Internet 已成为目前世界上资料最多、门类最全、规模最大的资料库,你可以自由在网上检索所需资料。

目前,Internet 已成为世界许多研究和情报机构的重要信息来源。

学生也可以通过 Internet 开阔眼界,学习到更多的有益知识。

3. 服务

Internet 提供的服务包括 WWW 服务,电子邮件(E-mail),文件传输(FTP),远程登录(Telnet),新闻论坛(Usenet),新闻组(News Group),电子布告栏(BBS),Gopher 搜索,文件搜寻(Archie)等等,全球用户可以通过 Internet 提供的这些服务,获取 Internet 上提供的信息和功能。这里简单介绍以下最常用的服务。

(1)收发 E-mail(E-mail 服务)

电子邮件(E-mail)服务是 Internet 所有信息服务中用户最多和接触面最广泛的一类服务。电子邮件不仅可以到达那些直接与 Internet 连接的用户以及通过电话拨号可以进入 Internet 节点的用户,还可以用来同一些商业网(如 CompuServe,America Online)以及世界范围的其他计算机网络(如 BNET)上的用户通信联系。电子邮件的收发过程和普通信件的工作原理是非常相似的。

(2)共享远程的资源(远程登录服务 TELNET)

远程登录是指允许一个地点的用户与另一个地点的计算机上运行的应用程序进行交互对话。

远程登录使用支持 Telnet 协议的 Telnet 软件。Telnet 协议是 TCP/IP 通信协议中的终端机协议。它使得本地计算机用户可以通过 Internet 很方便地使用外地巨型机的资源。

Telnet 使你能够从与 Internet 连接的一台主机进入 Internet 上的任何计算机系统,只要你是该系统的注册用户。

(3)FTP 服务

FTP 是文件传输的最主要工具。它可以传输任何格式的数据。用 FTP 可以访问 Internet 的各种 FTP 服务器。访问 FTP 服务器有两种方式:一种访问是注册用户登录到服务器系统,另一种访问是用"隐名"(anonymous)进入服务器。

Internet 网上有许多公用的免费软件,允许用户无偿转让、复制、使用和修改。这些公用的免费软件种类繁多,从多媒体文件到普通的文本文件,从大型的 Internet 软件包到小型的应用软件和游戏软件,应有尽有。充分利用这些软件资源,能大大节省我们的软件编制时间,提高效率。用户要获取 Internet 上的免费软件,可以利用文件传输服务(FTP)这个工具。FTP 是一种实时的联机服务功能,它支持将一台计算机上的文件传到另一台计算机上。工作时用户必须先登录到 FTP 服务器上。使用 FTP 几乎可以传送任何类型的文件,如文本文件、二进制可执行文件、图形文件、图像文件、声音文件、数据压缩文件等。

　　由于现在越来越多的政府机构、公司、大学、科研机构将大量的信息以公开的文件形式存放在 Internet 中,因此,使用 FTP 几乎可以获取任何领域的信息。

　　(4)高级浏览 WWW

　　WWW(World Wide Web),是一张附着在 Internet 上的覆盖全球的信息"蜘蛛网",镶嵌着无数以超文本形式存在的信息,其中有璀璨的明珠,当然也有腐臭的垃圾。全国科学技术名词审定委员会建议,WWW 的中文译名为"万维网"。WWW 是当前 Internet 上最受欢迎、最为流行、最新的信息检索服务系统。它把 Internet 上现有资源统统连接起来,使用户能在已经建立了 WWW 服务器的所有站点提取超文本媒体资源文档。这是因为,WWW 能把各种类型的信息(静止图像、文本声音和音像)集成起来。WWW 不仅提供了图形界面的快速信息查找,还可以通过同样的图形界面(GUI)与 Internet 的其他服务器对接。

　　由于 WWW 为全世界的人们提供查找和共享信息的手段,所以也可以把它看作是世界上各种组织机构、科研机关、大学、公司厂商热衷于研究开发的信息集合。它基于 Internet 的查询。信息分布和管理系统,是人们进行交互的多媒体通信动态格式。它的正式提法是:"一种广域超媒体信息检索原始规约,目的是访问巨量的文档"。WWW 已经实现的部分是,给计算机网络上的用户提供一种兼容的手段,以简单的方式去访问各种媒体。它是第一个真正的全球性超媒体网络,改变了人们观察和创建信息的方法。因而,整个世界迅速掀起了研究开发使用 WWW 的巨大热潮。

　　WWW 诞生于 Internet 之中,后来成为 Internet 的一部分,现在 WWW 几乎成了 Internet 的代名词。通过它,加入其中的每个人能够在瞬间抵达世界的各个角落,获得所需的各种信息。WWW 并不是实际存在于世界的哪一个地方,事实上,WWW 的使用者每天都赋予它新的含义。Internet 社会的公民们(包括机构和个人),把他们需要公之于众的各类信息以主页(Homepage)的形式嵌入 WWW,主页中除了文本外还包括图形、声音和其他媒体形式;而内容则从各类招聘广告到电子版圣经,可以说包罗万象,无所不有。主页是在 Web 上出版的主要形式是一些 HTML 文本(HTML 即 Hyper Text Markup Language,超文本标识语言)。

　　(5)其他服务

　　较早的一些信息查询服务例如 Gopher、广域信息服务器 WAIS 等,在它们的流行期,对信息查询起了重要的作用。现在由于 WWW 提供了完全相同的功能,且更为完善,界面更为友好,因此,Gopher、WAIS 服务将逐渐淡出网络服务领域。

　　网络文件搜索系统 Archie 曾经是一个非常有用的网络功能,在 Internet 中寻找文件常常犹如"大海捞针"。Archie 能够帮助人们从 Internet 分布在世界各地计算机上浩如烟海的文件中找到所需文件,或者至少可以提供这种文件的信息。人们要作的只是选择一个 Archie 服务器,并告诉它想找的文件在文件名中包含什么关键词汇。Archie 的输出是存放结果文件的服务器地址、文件目录以及文件名及其属性,然后,从中可以进一步选出满足需求的文件。

但由于在 Internet 发展过程中信息量巨大,而没有更多的人员投入 Archie 信息服务器的建立,因此基于 WWW 的搜索引擎已逐步取代了它的功能,随着 Internet 网信息技术的日渐完善,Archie 的地位将被逐渐削弱。

3.4.3　Internet 在中国

我国已在 Internet 网络基础设施进行了大规模投入,例如建成了中国公用分组交换数据网 CHINAPAC 和中国公用数字数据网 CHINADDN。覆盖全国范围的数据通信网络已初具规模,为 Internet 在我国的普及打下了良好的基础。

已建成中国公用计算机互联网(ChinaNET)、中国教育科研网(CERNET)、中国科学技术网(CSTNET)和中国金桥信息网(ChinaGBN)等诸多网络,并与 Internet 建立了各种连接。

1. 中国公用计算机互联网 ChinaNET

ChinaNET 是原邮电部组织建设和管理的。原邮电部与美国 Sprint Link 公司在 1994 年签署 Internet 互连协议,开始在北京、上海两个电信局进行 Internet 网络互联工程。目前,ChinaNET 在北京和上海分别有两条专线,作为国际出口。

ChinaNET 由骨干网和接入网组成。骨干网是 ChinaNET 的主要信息通路,连接各直辖市和省会网络接点,骨干网已覆盖全国各省市、自治区,包括 8 个地区网络中心和 31 个省市网络分中心。接入网是由各省内建设的网络节点形成的网络。

2. 中国教育科研网 CERNET

中国教育科研网 CERNET 是由国家教委主持建设和管理的全国性教育和科研计算机互联网络。该项目的目标是建设一个全国性的教育科研基础设施,把全国大部分高校连接起来,实现资源公享。它是全国最大的公益性互联网络。

CERNET 已建成由全国主干网、地区网和校园网在内的三级层次结构网络。CERNET 分四级管理,分别是全国网络中心,地区网络中心和地区主节点,省教育科研网,校园网。CERNET 全国网络中心设在清华大学,负责全国主干网的运行管理。地区网络中心和地区主节点分别设在清华大学、北京大学、北京邮电大学、上海交通大学、西安交通大学、华中科技大学、华南理工大学、电子科技大学、东南大学、东北大学等 10 所高校,负责地区网的运行管理和规划建设。

CERNET 主干网的传输速率已达到 2.5Gb/s。CERNET 已经有 28 条国际和地区性信道,与美国、加拿大、英国、德国、日本等国家及中国香港联网,总带宽在 100Mb/s 以上。CERNET 地区网的传输速率达到 155Mb/s,已经通达中国大陆的 160 个城市,联网的大学、中小学等教育和科研单位很多(其中高等学校就有 800 所以上),联网主机 100 万台以上,网络用户不计其数。

CERNET 还是中国开展下一代互联网研究的试验网络,它以现有的网络设施和技术力量为依托,建立了全国规模的 IPV6 试验床。1998 年 CERNET 正式参加下一代 IP 协议(IPv6)试验网 6BONE,同年 11 月成为其骨干网成员。CERNET 在全国第一个实现了与国际下一代高速网 INTERNET2 的互联,目前国内仅有 CERNET 的用户可以顺利地直接访问 INTERNET2。

CERNET 还支持和保障了一批国家重要的网络应用项目。例如,全国网上招生录取系统在近年来普通高等学校招生和录取工作中发挥了相当好的作用。

CERNET 的建设,加强了我国信息基础建设,缩小了与国外先进国家在信息领域的差距,也为我国计算机信息网络建设,起到了积极的示范作用。

3. 中国科学技术网(China Science and Technology Network,CSTNet)

中国科学技术网(简称 China STINET)是国家科学技术委员会联合全国各省、市的科技信息机构,采用先进信息技术建立起来的信息服务网络,旨在促进全社会广泛的信息共享、信息交流。中国科技信息网络的建成对于加快中国国内信息资源的开发和利用,促进国际间的交流与合作起到了积极的作用,以其丰富的信息资源和多样化的服务方式为国内外科技界和高技术产业界的广大用户提供服务。

4. 国家公用经济信息通信网络(金桥网)(CHINAGBN)

金桥网是建立在金桥工程的业务网,支持金关、金税、金卡等"金"字头工程的应用。它是覆盖全国,实行国际联网,为用户提供专用信道、网络服务和信息服务的基干网,金桥网由吉通公司牵头建设并接入 Internet。

3.5 计算机通信小结

以上介绍了多种通信方式,在串行通信中,除了 RS232 以外,RS485、USB、CAN、网络接口等全部采用的是平衡发送、差分接收的方法,这可以大大提高通信的速率。

在设计通信硬件和软件的过程中,只要抓住以下几方面就行了。

(1)连接在同一通信总线上的设备的通信接口的电气规范必须相同,例如挂在同一总线上的设备,不能有些采用 RS232 接口,有些采用 RS485 接口,而必须采用同一种接口。

(2)两个互相通信的设备的通信波特率和其他数据传输规约必须相同。

(3)发送器和接收器对所发送和接收的字节的位(b)的先后次序必须相同,即发送一个字节按从 D0 到 D7 的次序,则接收器中对收到的数据也必须按同一次序处理。

(4)数据传输协议必须约定好:①是直接数据传输还是用 ASCII 码传输,即所传输的字节是一个 0~255 的数字还是一个 ASCII 码,双方要确认一致;②数据内容要约定好,在所传输的数组中,那些数据代表什么物理量,通信双方要清楚,才能对接收到的数据进行正确处理。

思考题与习题

1. 简述 UART 的主要功能。

2. 异步串行通信和同步串行通信的主要区别是什么?

3. 试述 UART 在异步串行通信方式下接收数据的字符同步过程。

4. 简述 8051 串行口的外部特征及内部主要组成。

5. 用查询方式编写一段 8051 的数据块发送程序。数据块首址为内部 RAM 的 30H 单元,其长度为 20 个字节,设串行口工作于方式 1,传送的波特率为 9600 b/s(主频为 11.0592 MHz),不进行奇偶校验处理。

6. 用查询方式编写一段 8051 的程序:从串行口接收 10H 个字符,放入以 2000H 为首址的外部 RAM 区,串行口工作于方式 1,波特率设定为 2400 b/s(不采用子程序调用方式编写此程序)。

7. 用中断方式编写一段 8051 的数据接收程序:接收区首址为内部 RAM 的 20H 单元,接收的数据为 ASCII 码,串行口工作于方式 1,波特率设定为 1200 b/s。

8. RS-232C 与 TTL 怎样进行电平转换?

9. RS-232C 和 RS-485 的传输特性的主要区别是什么?

10. 简述 CAN 总线通信的主要特点,说明 CAN 2.0B 和 CAN 2.0A 的主要区别在哪里?

11. 互相通信的两个计算机,必须满足哪些条件才能正确通信?

第4章 计算机数据采集技术

计算机的一个重要功能,是能用来采集各种数据。要对被控或被测对象的位置、速度、压力、温度、声音、图像、质量、流量、振动、应力、应变等物理量进行准确测量,离开计算机是很难实现的。现在全世界智能测量系统或高级测量仪器,全部是以计算机为核心组成的。在各种自动控制系统中,对控制对象的准确测量是可靠控制的前提。对闭环控制系统,尤其是高速运动系统的控制,对控制对象的快速准确测量更为重要。而对物理量进行测量,首先要通过传感器将物理量转换为电信号,再对这些电信号进行阻抗变换、滤波、放大、分压等处理,将反映物理量特征的信号分离出来,这一过程称为信号调理。然后对这些信号进行采样。所谓采样,就是按特定的频率获取信号在不同时间点上的量值,并将这些量值(通常为模拟量)转换为数字量。将模拟量转换为数字量的过程称为模数转换。然后将转换所得到的数据进行数字滤波后,用来进行计算分析。对于单纯的测量系统或仪器,将计算分析的结果存入数据库中。对于控制系统,要根据计算分析结果,确定控制输出的方式和控制量的大小。

计算机数据采集的主要技术包括信号调理与采样技术、A/D 转换技术等,本章就此展开讨论。并在介绍 A/D 转换技术之前,对 A/D 转换原理中要用到的 D/A转换原理及其技术也专门列出一节(4.7 节)进行介绍。

4.1 集成运算放大器与信号调理

通常传感器送出的信号是微弱的电压信号(毫伏级信号)或微弱的电流信号(mA 级、μA 级或 nA 级信号),这些信号通常存在以下问题。

(1)抗干扰问题:由于信号微弱,很容易受外界电磁波的干扰,再加上从传感器到数据采集器往往还有一些距离,在信号传输中也会受到干扰,因此必须进行模拟信号的滤波处理。有些数据采集器与传感器合在一起,直接输出数字量,这种情况干扰较小。在模数转换后还要进行数字滤波。

(2)信号幅度问题:由于信号幅度很小,一般也不能满足模数转换器的输入要求,因此必须对信号进行放大、滤波、分压等处理,以便进行满刻度处理。

（3）驱动能力问题：由于信号微弱，驱动能力差，必须经过放大或阻抗变换才能保证信号的正确传输。

通常信号的放大和滤波处理都是利用各种运算放大器来进行的，其原因是运算放大器输入阻抗高，线性好，温度稳定性好，还可以做成各种有源滤波器，包括高通、低通、带通滤波器，兼有滤波与放大的双重功能，因此运算放大器成为信号处理最理想的器件。要了解并熟悉运算放大器的性能和使用方法，才能设计出高质量的电路，解决信号问题。工作现场情况比较复杂，放大器的工作环境各有不同，因而需要各种各样性能的放大器。

以下所讨论的运算放大器，指的都是集成运算放大器。与分立元件的运算放大器相比，集成运算放大器体积小巧，性能稳定，价格低廉。现在现场使用的运算放大器都是集成运算放大器。运算放大器品种繁多，全世界有几十家公司生产各种类型的运算放大器。目前常用的运算放大器就有数百种。运算放大器也因为接法的不同和外部元件的配置不同而有各种不同的功能。

4.1.1 运算放大器主要参数

运算放大器的性能可以用一些参数来表示。要合理选用和正确使用运算放大器，必须了解各主要参数的意义。

（1）输入失调电压 V_{IO}（或称输入补偿电压）

理想的运算放大器，当输入为零时（指同相和反相输入端同时接地，即 $V_{IN+} = V_{IN-} = 0$），输出电压应为零，即 $V_O = 0$。由于制作中元件参数的不对称，造成了实际的运算放大器，当两个输入端电压为零时，输出电压 V_O 不等于 0。为了反映这种不对称程度，通常用输入失调电压这一指标表示。如果要使 $V_O = 0$，必须在输入端加上很小的补偿电压，这个补偿电压就是输入失调电压，一般在几个毫伏，显然它愈小愈好。

（2）输入失调电流 I_{IO}（或称输入补偿电流）

输入失调电流是指输入信号为零时，两个输入端静态基极电流之差。失调电流也是由于差动放大电路（输入级）的特性不一致等原因引起的，同样希望愈小愈好，一般在几十个纳安（$1nA = 10^{-3}\mu A$）。

（3）输入偏置电流 I_{IB}

输入偏置电流是指输入信号为零时，两个输入端静态电流的平均值。希望偏置电流愈小愈好，因为偏置电流愈小，由信号源内阻变化所引起的信号源输出电压的变化也愈小，所以它也是一项重要的技术指标，一般在几十 nA 级。

（4）开环电压放大倍数 A_{VO}

开环电压放大倍数是指运算放大器在没有外接反馈电阻时所测得的差模电压

放大倍数。A_{VO}越高,所构成的运算电路越稳定,运算精度也越高。A_{VO}一般为10^4～10^7,或80～140dB(放大倍数也可用对数形式表示,单位为分贝(dB),即$20\lg\dfrac{V_o}{V_I}$(dB))。

(5)最大输出电压V_{OPP},(又称为输出峰-峰电压)

最大输出电压是指输出电压和输入电压在保持不失真的前提下的最大输出电压。

(6)最大共模输入电压V_{ICM}

一般情况下,差动式运算放大器是允许加入共模输入电压的,由于差动放大器对共模信号有很强的抑制能力,因此,共模信号基本上不影响输出。但是这只在一定的共模电压范围内如此,如超出此电压范围,运算放大器将处于不正常的工作状态,共模抑制性能显著下降,甚至造成器件损坏。最常用的普通运算放大器CF741的最大共模输入电压V_{ICM}约为±12V。

以上是集成运算放大器的几个主要技术参数的意义,其他参数如差模输入电阻、输出电阻、温度漂移、共模抑制比、静态功耗等的意义易于理解,不再赘述。

4.1.2　虚地概念

图4-1是一个反相端输入的线性放大电路。对于运算放大器来说,其输入电流I_{B1}、I_{B2}通常很小,为10^{-9}A级(nA级),在讨论运算放大器时,通常可假设I_{B1}、I_{B2}为0,即所谓理想运算放大器,亦即在线性范围内正常工作的运算放大器,可以认为其$I_{B1}=I_{B2}=0$。共模抑制比$K_{CMR}=\infty$,差模输入电阻$R_{ID}=\infty$,输出电阻$R_{OD}=0$,差模增益$A_{VD}=\infty$。因为$V_O=A_{VD}(V_{B2}-V_{B1})$,$V_O$为有限值,$A_{VD}=\infty$,所以$V_{B2}-V_{B1}=0$。也就是说,在具有负反馈的放大器中,一个处于正常工作状态(未饱和)的理想运算放大器,其两个输入端同电位,如果运算放大器的同相输入端是地

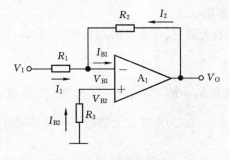

图4-1　反相输入放大器电路

电位($V_{B2}=0$)，那么其反相端也是地电位($V_{B1}=0$)。但是反相输入端不是真正接地，只是其电位与地电位相等，因此称为虚地。这种虚地概念，在推导由运算放大器组成的各种线路的近似计算公式时非常有用。

利用虚地概念推导出图 4-1 的近似计算公式如下：

$$V_O = -\frac{R_2}{R_1}V_i$$

虚地是以集成运算放大器工作于线性范围为前提，如果运算放大器进入饱和区或阻塞，虚地就不存在。另外，如果差模输入电压或共模输入电压过大，也会使放大器脱离线性区，虚地也就不存在，有些运算放大器还会由此而永久性损坏。因此，在应用中往往在输入端加保护电路，例如用二极管保护，当然有些运算放大器内部已经制作了保护电路，外部就不必再增加保护电路了。对于允许最大差模输入电压较小的运算放大器，必须加输入保护，如 OP-27 等。

4.1.3　集成运算放大器的典型应用线路

运算放大器电路有多种接法，既可接成不同应用方式的放大器，也可接成微分、积分、有源滤波器，分述如下。

1. 典型放大器应用电路

图 4-2 是一些常用典型集成运算放大器应用电路。假设运算放大器接近理想运算放大器，即差模增益 A_{VD} 很大，差模输入电阻 R_{ID} 很大，输出电阻 R_{OD} 很小，共模抑制比很大，输入偏置电流很小，可以忽略。据此下面列出各典型线路的主要参数的计算公式的近似表达式。各表达式中采用以下符号：

G——放大器的差模增益（电压放大倍数）；

R_O——放大器的差模输出电阻；

R_{IN}——放大器的差模输入电阻；

V_O——放大器的输出电压。

（1）反相输入比例放大器（反相放大器），见图 4-2(a)，计算公式如下：

$$G = \frac{V_o}{V_i} = -\frac{R_2}{R_1} \quad 即 \quad V_O = -\frac{R_2}{R_1}V_i$$

电路中的 R_3 取值为 $R_1 /\!/ R_2$，（$R_1 /\!/ R_2$ 指 R_1 与 R_2 并联）。

$$R_{IN} = R_1 + \frac{R_2}{A_{VD}} \qquad A_{VD} 为运算放大器的开环差模增益。$$

$$R_O = \frac{R_{OD}}{A_{VD}}\left(1 + \frac{R_2}{R_1}\right) \qquad R_{OD} 为运算放大器的输出电阻。$$

（2）同相输入比例放大器（同相放大器），见图 4-2(b)，计算公式如下：

$$G = \frac{V_O}{V_i} = 1 + \frac{R_2}{R_3} \quad 即 \ V_O = \left(1 + \frac{R_2}{R_3}\right)V_i$$

电路中的 R_1 取值为 $\quad R_1 = R_2 /\!/ R_3$。

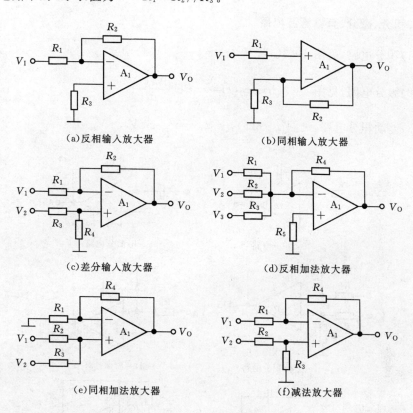

(a)反相输入放大器　　　　　　　　　(b)同相输入放大器

(c)差分输入放大器　　　　　　　　　(d)反相加法放大器

(e)同相加法放大器　　　　　　　　　(f)减法放大器

图 4 - 2　运算放大器典型应用电路

(3)差分输入放大器,见图 4 - 2(c),计算公式如下:

$$Vo = -\frac{R_1 + R_2}{R_1}\left(\frac{R_2}{R_1 + R_2}V_1 - \frac{R_4}{R_3 + R_4}V_2\right)$$

(4)反相加法放大器,见图 4 - 2(d),计算公式如下:

$$Vo = -\left(\frac{V_1}{R_1} + \frac{V_2}{R_2} + \frac{V_3}{R_3}\right)R_4, \qquad R5 = R_1 /\!/ R_2 /\!/ R_3 /\!/ R_4$$

(5)同相加法放大器,见图 4 - 2(e),计算公式如下:

$$Vo = \left(1 + \frac{R_4}{R_1}\right)\left(\frac{R_3}{R_2 + R_3}V_1 + \frac{R_2}{R_2 + R_3}V_2\right)$$

当 $R_1 = R_2 = R_3 = R_4$ 时, $\qquad Vo = V_1 + V_2$

为了使两个输入端的电阻平衡,应使 $R_1 /\!/ R_4 = R_2 /\!/ R_3$。

(6)减法放大器,见图 4 - 2(f),计算公式如下:

$$V_O = (1 + \frac{R_4}{R_1})\frac{R_3}{R_2 + R_3}V_2 - \frac{R_4}{R_1}V_1$$

2. 积分、微分、有源滤波电路

(1)积分电路,见图 4 - 3(a),$V_O(t) = -\frac{1}{RC}\int Vi(t)\,\mathrm{d}t$

(2)微分电路,见图 4 - 3(b),$V_O(t) = -RC\frac{\mathrm{d}Vi(t)}{\mathrm{d}t}$

(3)差动积分电路,见图 4 - 3(c),$V_O(t) = \frac{1}{RC}\int (V_2 - V_1)\,\mathrm{d}t$

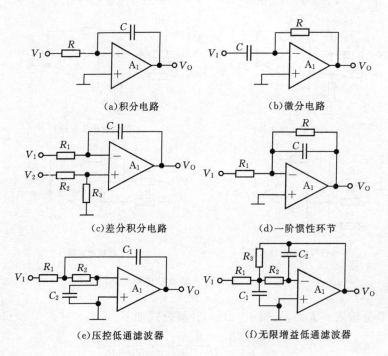

(a)积分电路　　　　　　　　(b)微分电路

(c)差分积分电路　　　　　　　(d)一阶惯性环节

(e)压控低通滤波器　　　　　(f)无限增益低通滤波器

图 4 - 3　微分、积分、滤波电路

(4)一阶惯性环节,见图 4 - 3(d),$V_O(t) + \frac{1}{RC}\int V_O(t)\,\mathrm{d}t = -\frac{1}{R_1 C}\int Vi(t)\,\mathrm{d}t$

(5)压控有源低通滤波器,见图 4 - 3(e),截止频率 f_o 为

$$f_o = \frac{1}{2\pi}\Big(\frac{1}{R_1 R_2 C_1 C_2}\Big)^{1/2}$$

(6)无限增益有源低通滤波器,见图 4 - 3(f),截止频率 f_o 为

$$f_o = \frac{1}{2\pi} \left(\frac{1}{R_2 R_3 C_1 C_2} \right)^{1/2}$$

3. 常用集成运算放大器的种类

集成运算放大器按级别分为三级,其中 3XX 的是商业级产品,使用温度一般为 0℃～70℃,价格最低。2XX 的是工业级产品,使用温度一般为 -40℃～85℃,价格较高。1XX 的是军品级产品,使用温度一般为 -55℃～125℃,价格昂贵,是商业级产品价格的 5～10 倍。同类型不同级别的运算放大器,除了适应环境温度不同外,其他性能指标也有少许差异,一般级别高的运算放大器,其他指标也要稍高一些。为了叙述简便,在表 4-1 中将同一类型不同级别的运算放大器放在一起,其指标是商业级产品指标,其工业级与军品级产品指标还要稍高一些。

集成运算放大器按性能分大致有以下几类:

(1)通用运算放大器。这一类运算放大器性能适中,价格低廉,是用量最大的运算放大器,对于一般工程设计已足够用。其中的双电源单运算放大器如国产的 CF741、F007 和国外的 LM741,单电源双运算放大器如国产的 CF158/CF258/CF358 和国外的 LM158/LM258/LM358,单电源四运算放大器如国产的 CF124/CF224/CF324 和国外的 LM124/LM224/LM324 等性能相当好,应用最为广泛。国产运算放大器性能与国外同类运算放大器性能相同。

(2)高输入阻抗运算放大器。其输入阻抗很高,用于特别微弱信号的放大,价格较高。其中应用比较多的是国产的 CF355/CF356/CF357 和国外的 LF355/LF356/LF357 等。若环境温度变化大,最低温度在 -40～0℃,需选用工业级产品如 CF255/CF256/CF257 或国外的 LF255/LF256/LF257。产品使用温度有低于 -40℃情况时,需选用军品级产品如 LF155/LF156/LF157。

(3)低失调低漂移运算放大器。其输入失调电压小,温度稳定性好,精度高,如 OP-07,μA714 等。其中 OP-07 使用更多一些。

(4)斩波稳零运算放大器。这种运算放大器内部有一个振荡器,振荡频率 200Hz 左右,在这个振荡器控制下运算放大器分节拍工作,每个振荡周期分两个节拍,第一节拍将输入失调采集并存入一个电容器中,第二节拍采样和放大信号,并将此刻的失调相抵消。因此,其特点是超低失调,超低漂移,高增益,高输入阻抗,性能优越,如国产的 5G7650,F7650,国外的 ICL7650 等。其价格高,但性价比也很高,用于极微弱信号的放大电路中。

4. 常用集成运算放大器参数

常用集成运算放大器参数见表 4-1。

表 4-1　集成运算放大器参数

参数 名称	符号	单位	CF741 μA741	CF124/ 224/324	LM158/ 258/358	CF355/ 356/357	OP-07	OP-15/ 16/17	OP-27	5G7650 ICL7650
双电源 电压	$V+$, $V-$	V	±(9~18)			±18	±22	±22	±(4~22)	±(3~8)
单电源 电压	V_{cc}	V		5~30	5~30					
输入失 调电压	V_{IOS}	mV	1	±2	1	3	0.8	0.7	0.8	0.7
失调电 压温漂	αV_{IOS}	mV/℃	15				0.7	4	0.2	0.01
输入失 调电流	I_{IOS}	nA	20	3.0	2	3pA	0.8	0.15	12	0.5pA
输入偏 置电流	I_{IB}	nA	80	45	20	30pA	2	±0.25	15	1.5pA
差模电 压增益	A_{VD}	dB	106	100	100	106	104	91	125	120
共模 抑制比	$KCMR$	dB	84	70~85	85	100	110	94	118	130
差模输 入电阻	R_{ID}	MΩ	1	2	2	1	31	1	4	1
电源 电流	I_S	mA	1.7	0.7		2~5		2.7~ 4.8		2
差模输 入电压 范围	V_{IDM}	V	±30	±32	±30	±30	±30	±30	±0.7	±7
共模输 入电压 范围	V_{ICM}	V	±15	±15	±15	±16	±22	±16	±22	V_+ +0.32 V_- -0.32

备注：1.以上运算放大器的输出电阻在 60~75Ω。

　　　2.一般都有内部温度补偿电路。

5. 测量放大器

在自动控制和测量仪器中,常用测量放大器将变化缓慢,信号极微弱(一般只有几毫伏到几十毫伏)的输入量加以放大,然后输出到系统或通过仪表显示。测量放大器又称数据放大器、仪表放大器、桥路放大器,它的输入阻抗高,输入失调电压和输入失调电流小,输入偏置电流小,漂移小,共模抑制比大,稳定性好,适于在大的共模电压背景下对微小信号的放大,是一种高性能的放大器。测量放大器由三个运算放大器构成,一般都是高性能运算放大器如 OP-07。其原理电路见图 4-4。

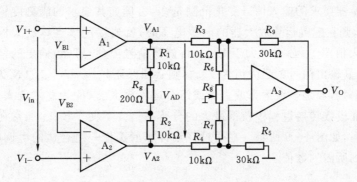

图 4-4　测量放大器电路原理图

运算放大器 A1 和 A2 组成第一级放大器,它们都是同相输入方式,电路结构又对称,因此输入阻抗很高,抑制零点漂移的能力很强。第二级是由 A3 组成的差动放大电路。为便于讨论,假设图中的三个运算放大器都是理想运算放大器。则有

$$V_{i+} = V_{B1}, V_{i-} = V_{B2}, V_{AD} = V_{A1} - V_{A2}, V_{in} = V_{i+} - V_{i-} = V_{B1} - V_{B2},$$

因为 R_g、R_1、R_2 构成分压电路,所以

$$V_{in} = \frac{R_g}{R_g + R_1 + R_2} V_{AD} \quad 即 \quad V_{i+} - V_{i-} = \frac{R_g}{R_g + R_1 + R_2}(V_{A1} - V_{A2})$$

因此第一级放大倍数

$$K_1 = \frac{V_{A1} - V_{A2}}{V_{i+} - V_{i-}} = \frac{V_{AD}}{V_{in}} = \frac{R_g + R_1 + R_2}{R_g} = 1 + \frac{R_1 + R_2}{R_g}$$

设可调电阻 R_8 活动触头以上的电阻值为 R_8,则

第二级放大器的放大倍数为 $\quad K_2 = -\dfrac{V_o}{V_{AD}} = -\dfrac{R_9}{R_6 + R_8}$

总放大倍数为 $K = K_1 K_2 = -\dfrac{R_9}{R_6 + R_8}\left(1 + \dfrac{R_1 + R_2}{R_g}\right)$

R_8 是调零电位器,R_g 是调节放大倍数的。

　　测量放大器在精密仪器仪表中有广泛应用,因此,有些公司就将测量放大器集成在一片电路内,成为单片测量放大器,由于制造工艺的一致性,其性能更加稳定。如美国 AD 公司的 AD521、AD522、AD620、AD623 都是单片测量放大器。

6.运算放大器输出信号幅度校正

　　经过运算放大器处理的信号幅度和驱动能力大大增加,能适应一般采样保持器或者模数转换器的输入要求。但是否完全适应幅度要求则要靠合理的配置电路参数,仔细校正才能实现。以线性电路为例,校正的原则是,先弄清楚采样保持器或模数转换器要求的输入信号变化范围是多大,例如其要求的满刻度输入信号幅值为 V_{imax},则在配置运算放大器的电源电压时,就要保证该运算放大器输出的线性区的最大值 V_{omax} 必须略大于 V_{imax},再确认信号源(传感器)输出的信号幅度是多大,例如其输出信号的最大值为 V_{smax},则必须保证 $V_{imax}=KV_{smax}$(K 为运算放大器的放大倍数,若是多级运算放大器或组合运算放大器,K 为总的放大倍数)。这样才能保证模数转换过程中获得最大的分辨率。为了便于校正,通常在电路中加有可调电阻,如图 4-5 所示。在通过仔细计算后选择一个合适的可调电阻,可容易地调节到所需的数值。

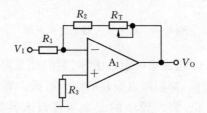

图 4-5　可调节的放大器

　　实用中一级放大往往不能达到所需的信号要求,因此常常采用多级放大或组合放大,图 4-6 就是两级放大的例子,信号经过反相放大器 A_1 放大后被反相,再经过反相放大器 A_2 放大后又反相一次,最后的输出信号 $V_o=K_1K_2V_i$,且 V_o 与 V_i 同相。K_1、K_2 分别为两级放大器的放大倍数。

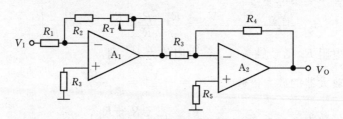

图 4-6　两级放大电路

7. 增益可编程放大器

由于电路品种和功能的快速发展,数字电位器技术日益成熟,可以通过软件设置调节电阻值。将这一技术应用于运算放大器,将决定放大倍数的输入电阻和反馈电阻制作为数字电位器,再将其与运算放大器集成在一起,通过编程可以改变其电阻值,从而改变运算放大器的放大倍数,这样就产生了增益可编程放大器。由于数字电位器目前还不能做到阻值连续调节,因此,增益可编程运算放大器的放大倍数也不能通过程序连续改变,但是其增益可以是 0.5、1、1.5、2、5、10、20 等各种等级,其对信号的幅度要求也比较简单,输入信号只需要进行简单的调节即可,有些甚至于不需要调节,就靠编程确定增益即可满足要求。

8. 可编程滤波器

信号调理是数据采集中最重要也是难度最大的设计工作,尤其是在采集交流信号时,信号通常由多种频率组成,互相叠加。有些信号有一个主频率,此外还叠加有其他高频谐波。为了对采集信号进行分析,必须按不同的频率进行滤波后再采样,这样就需要对滤波频率进行多次选择,要用手工拨动开关逐一拨动选择,就很麻烦。现在 MAXIM 公司开发的可编程滤波器件,可以由计算机控制,通过软件编程很方便地选择滤波频率,从而让不同频率的信号通过滤波器进入模数转换器,就可以很快地确定出输入信号的主要特征。

运算放大器还有其他许多应用,例如作为峰值检波器、限幅器、斯密特触发器、振荡器,电压跟随器等。还有组合型放大器,例如测量放大器、变压器耦合隔离放大器、V/F 变换器、采样保持器等。有些运算放大器专用于作为电压比较器,带通或带阻滤波器等。新的高精度高性能的运算放大器还在不断地研制出来。总之运算放大器在电路设计中有着极其重要而广泛的应用,必须很好地掌握有关运算放大器的知识。

4.2　采样保持电路

在生产过程中,计算机所要采集的信号,许多是不断变化的信号,对于不断变化的信号,人们只能在不同的时间点对信号进行采集,称之为采样。完成一次采样需要的时间 t_s 称为采样时间,采样时间一般很短,可以忽略。两次采样之间的时间间隔 T 称为采样周期。完成模拟量采样的器件称为采样器。将采样到的模拟信号转换为数字量的过程称为模数转换,或称为 A/D 转换。A/D 转换器输出的数字量应该与采样时刻的模拟量值相当,否则就产生误差。但是 A/D 转换需要一定的时间,由于模拟量在变化,A/D 转换结束时的模拟量值已不等于采样时刻的模拟量值，A/D 转换所得的数字量也就不等于采样时刻的模拟量之值，为了解决这一问题，人们设计了采样保持器，使得在 A/D 转换期间采样所得到的模拟信号（即输入给 A/D 转换器的信号）保持不变，一直为采样时刻之值。完成采样保持功能的器件称为采样保持器。采样保持器的工作原理如图 4-7 所示。

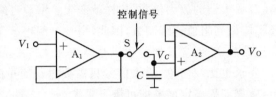

图 4-7　采样保持器原理图

图中 S 是电子开关，由控制信号控制其开关状态，当 S 闭合时，电路处于采样阶段，S 闭合的时间也称为采样时间或捕捉时间。输入信号 V_i 经电压跟随器 A_1（电压跟随器的输入阻抗高，输出阻抗小，在电路中主要用于阻抗变换）对存储电容 C 充电，电容 C 上的电压 V_c 又经过电压跟随器 A_2 输出，因此输出电压 $V_o = V_c = V_i$，输出电压跟着输入电压而变化。当 S 断开时，电路处于保持期，因为电容 C 没有放电回路，所以 $V_o = V_c$。电路将输入电压完好地保持下来，供给 A/D 转换器进行转换。实际上，市售的采样保持器中运算放大器输入端的偏置电流非常小，几乎为零，因此保持电容 C 上的电压 V_c 可以很好地保持，在 A/D 转换的时间段内几乎不变，可以使 A/D 转换获得准确的数值。当然，保持电容的质量也很重要，要选用漏电流小的电容如聚苯乙烯电容（环境温度 85℃ 以下），云母电容、聚四氟乙烯电容（各种温度下）等，其容量可根据采样速度高低，分别选用小至 100 pF，大至 1 μF 的电容。

采样保持器主要性能参数如下：

(1)捕捉时间 t_{AC}（Acguistion time），又称为采集时间，是指采样保持器内电子开关接通外部输入信号的时间。

(2)输出电压变化率 dV_o/dt，输出电压变化率是采样保持器工作于保持方式时输出电压 V_o 的变化速度，$|dV_o/dt|$ 越小性能越好。

(3)下降电流 I，指与保持电容相连的运算放大器的输入端的输入电流和保持电容的漏电流之和，但因保持电容的漏电流与运算放大器的输入电流相比非常小，可忽略不计，因此下降电流 I 实际上指与保持电容相连的运算放大器的输入端的输入电流，该电流是导致保持电容上电压下降的主要原因。该电流很小，为 nA 级。

现在市售的采样保持器，有多种型号可供选用，其性能见表 4-2。

表 4 - 2　采样保持器芯片(组件)性能简表

参数名称	AD 公司的 AD582 通用芯片	AD 公司的 AD582S 通用芯片	NSC 公司的 LF198/298/398 通用芯片
输入电压 范围	单端 30V,差动 V_s	±30V	±5V～±18V
输入电流	3 μA	0.2 μA	5 nA
输入电阻	30 MΩ	10^{10} Ω	10^{10} Ω
输出电压	±10 V	±10 V	±5 V～±18 V
输出电流	±5 mA	±10 mA	5 mA
输出阻抗	12 Ω	5 Ω	0.5 Ω
电源电压 V_s	±9 V～±18 V	±9 V～±22 V	±18 V
采集(捕捉) 时间	C＝100 pF,6 μs, ±0.1%; C＝100 pF,25 μs, ±0.01%	C＝100 pF,4 μs, ±0.1%	C＝100 pF,4 μs, C＝0.01 μF,20 μs, 0.01%
下降电流 I	1 nA	1 nA	1 nA
保持电压 下降速率 dV_o/dt	3 V/μs	3 V/μs	0.5 mV/μs
线性度	±0.01%	±0.01%	±0.01%
使用温度 范围	－25～+85℃	－55～+125℃	25～+85℃

　　对直流信号进行采样或将交流信号转换为直流信号后进行采样称为直流采样。直流采样主要用于变化比较缓慢的信号的采样,如工件的尺寸、温度、液面高度、蓄电池电压等的采样。这种采样除过温度漂移引起的信号偏差以外,数值比较准确。直流采样所用的模数转换器速度要求不高,一般也不需要采样保持电路,软件编制也比较简单。直流采样还有一种应用,就是将交流信号经过整流滤波变化为直流信号,然后再对该信号进行采样。但这种采样滞后较大,不能用于快速加工、电力速断保护等场合,只能用于实时性要求不高的场合。对交流信号直接进行采样称为交流采样。这种采样的实时性好,要求所用模数转换器的速度快。交流

采样电路都要配置采样保持电路。其软件也比直流采样的软件复杂,涉及对信号的特征分析,计算工作量也大。交流采样适用于快速加工中的数据采集、机械振动信号采集、语音采集、视频信号采集、继电保护中交流电的电压采集等。

4.3　采样过程与采样定理

计算机采样系统本质上是一个离散时间系统。这种系统,必须把一部分信息数字化,这就要把一些物理量在离散的瞬时上进行采样,或在离散的瞬时上从 A/D 转换器中读出,存储到计算机中,以供计算分析之用。本节仅讨论采样瞬时是等间隔的离散系统。

采样系统的特点是,在其输入端的输入信号是一个连续变化的电压信号,在系统的某一处或几处,信号是以脉冲或数字序列的方式传递的。把连续信号变成脉冲或数字序列的过程叫采样;实现采样的装置叫采样器或采样开关。

如图 4-8 所示,采样开关每隔 T 秒短暂闭合一次,可以认为采样器的输出函数 $f*(t)$ 只是连续函数 $f(t)$ 在开关闭合时的瞬时值,即脉冲序列 $f(T)$,$f(2T)$,$f(3T)$,$\cdots$,$f(nT)$,其中 T 为采样间隔。$T,2T,3T,\cdots,nT$ 为采样时刻。被采样的函数为 $f(t)$,采样所得的函数为 $f*(t)$,$*$ 号表示离散型函数,如图 4-9 所示。

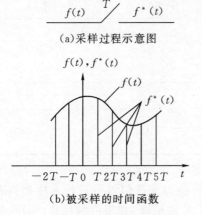

(a)采样过程示意图

(b)被采样的时间函数

图 4-8　采样保持器原理图

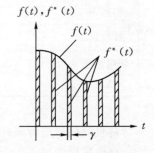

图 4-9　实际采样脉冲

在实际应用中,脉冲持续时间 γ 常远小于采样周期 T,也远小于采样器后面的低通滤波器的时间常数,所以可以认为 γ 趋近于零,现用 δ 函数来描述采样过程

$$\delta(t) = \begin{cases} \infty \\ 0 \end{cases} \Bigg\} \text{MBED Visio} \qquad (4.3-1)$$

$$\int_{-\infty}^{+\infty} \delta(t) = 1$$

δ 函数表示理想脉冲,其宽度为无限小,幅度为无限大,而面积为 1。对理想脉冲,只有讲它的面积才是有意义的。

理想采样器的作用是产生一连串理想脉冲,其数学表达式为

$$\delta_T(T) = \sum_{n=-\infty}^{+\infty} \delta(t-nT) \qquad (4.3-2)$$

式中,$\delta(t\text{-}nT)$ 表示发生在 $t=nT$ 时刻的脉冲;$\delta(t)$ 表示以 T 为周期的一系列单位面积理想脉冲。如图 4-10 所示,脉冲高度为 1,表示单位面积的意思。

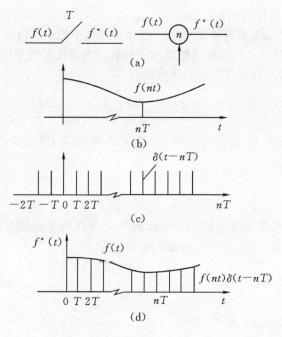

图 4-10　采样的脉冲调制过程

采样可看做脉冲调制过程。采样开关的输入为 $f(t)$,输出为 $f*(t)$:

$$f*(t) = f(t)\delta_T(T) = f(t)\sum_{n=-\infty}^{+\infty} \delta(t-nT) \qquad (4.3-3)$$

因为假设为理想脉冲,$f(t)$ 只在脉冲出现瞬间的值 $f(nT)$ 才是被采样的有效值,在 nT 时刻以外没有脉冲,故上式又可改写为

$$f * (t) = \sum_{n=-\infty}^{+\infty} f(nT)\delta(t-nT) \qquad (4.3-4)$$

由于实际的、物理可实现的时间函数 $f(t)$ 在时间为负时函数值为零,故下限取零而写成

$$f * (t) = \sum_{n=0}^{+\infty} f(nT)\delta(t-nT) \qquad (4.3-5)$$

(4.3-5)式中,$\delta(t-nT)$ 只表示脉冲存在的时刻 nT,采样脉冲的幅度由采样时刻的函数值 $f(nT)$ 确定。

在数字控制系统中,函数 $f(t)$ 用模拟量表示,但经过采样以后的 $f * (t)$ 所表示的脉冲序列可以是模拟的,也可以是数字的。常把上式表示的函数 $f * (t)$ 称为脉冲序列或采样序列,而数字序列可看做用数字表示的脉冲序列。

采样定理(又称 Shannon 定理)指出,如果对一个具有有限频谱($-\omega_{max}<\omega<\omega_{max}$)的连续信号进行采样,当采样频率 $\omega_s \geqslant 2\omega_{max}$ 时,采样函数能无失真地恢复到原来的连续信号。ω_{max} 是连续信号 $f(t)$ 的频谱特性中的最高角频率。

采样定理由(4.3-1)式的理想脉冲序列展开为傅氏级数推得。因为 $\delta_T(T)$ 为周期函数,故可展开为复数形式的傅氏级数:

$$\delta_T(t) = \sum_{n=-\infty}^{+\infty} C_n \theta^{jn\omega st} \qquad (4.3-6)$$

式中,$\omega_s = \dfrac{2\pi}{T} = 2\pi f_s$;$T$ 为采样周期;f_s 为采样频率;ω_s 是按弧度/秒计算的圆频率;C_n 为傅氏系数。

$$C_n = \frac{1}{T} \int_{-T/2}^{T/2} \delta_T(t)\theta^{jn\omega st}\,\mathrm{d}t \qquad (4.3-7)$$

见图 4-11,在原点处脉冲 $\delta(t)$ 的面积为 1,而在积分区间的其余时间为 0,故积分所得为 1,因此无论 n 为何值,傅氏系数恒为

$$C_n = \frac{1}{T} \qquad (4.3-8)$$

将 C_n 值代入(4.3-6)式,得

$$\delta_T(t) = \frac{1}{T} \sum_{n=-\infty}^{+\infty} \theta^{jn\omega st} \qquad (4.3-9)$$

将此式代入(4.3-3)式,得

$$f * (t) = \frac{1}{T} \sum_{n=-\infty}^{+\infty} f(t)\theta^{jn\omega st} \qquad (4.3-10)$$

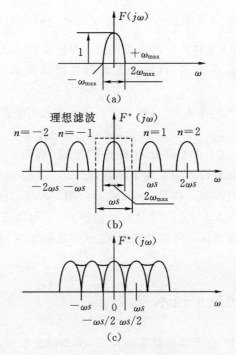

图 4 - 11 $F(j\omega)$ 和 $F*(J\omega)$

对上式进行拉氏变换,得

$$F*(s) = \frac{1}{T}\sum_{n=-\infty}^{+\infty} L\{f(t)\theta^{jn\omega st}\}$$

再由位移定理,得

$$F*(s) = \frac{1}{T}\sum_{n=-\infty}^{+\infty} F(s - jn\omega_s) \qquad (4.3-11)$$

式中,$F(S)$ 为采样开关输入连续函数 $f(t)$ 的拉氏变换;$F*(s)$ 为采样开关的脉冲调制函数 $f*(t)$ 的拉氏变换。通常 $F*(s)$ 的全部极点都在 s 平面的左半部,故可用 $j\omega$ 代替上式中的 s,直接求得采样函数 $f*(t)$ 的傅氏变换

$$F*(j\omega) = \frac{1}{T}\sum_{n=-\infty}^{+\infty} F[j(\omega - n\omega_s)] \qquad (4.3-12)$$

式中,$F(j\omega)$ 为原函数 $f(t)$ 的频谱,$F*(j\omega)$ 为采样函数 $f*(t)$ 的频谱,一般连续函数频带宽度是有限的,为一孤立但是连续的频谱 $F(j\omega)$,所含最高频率为 ω_{max},见图 4 - 11(a)所示。采样函数 $f*(t)$ 则具有以采样频率 ω_s 为周期的无限多个频谱,如图 4 - 11(b)所示。离散频谱 $F*(j\omega)$ 是根据(4.3-2)式绘出的,右端第一

项（$n=0$）为采样前原始信号的频谱，只是幅度变化为原来的$\frac{1}{T}$，除此以外的各项频谱（$|n| \geqslant 1$），都是由于采样产生的高频频谱。为使 $n=0$ 项的原信号频谱不发生畸变，须使采样频率 ω_s 足够高，以拉开各频谱之间的距离，使彼此之间不相互重叠。

设 $f(t)$ 所含最高圆频率为 ω_{max}，则相邻两频谱不相重叠的条件是

$$\omega_s \geqslant 2\omega_{max} \tag{4.3-13}$$

这就是采样定理，这个式子说明，采样频率应大于或等于信号所含最高频率的两倍。这样才有可能通过理想的低通滤波器，把 $\omega > \omega_{max}$ 的高频分量全部滤除，从而把原信号完整地恢复出来。如果 $\omega_s < 2\omega_{max}$ 时，则 $F*(j\omega)$ 频谱中各个波形将重叠而相互干扰，如图 4-11(c) 所示。但实际上 $F(j\omega)$ 不可能有很窄而明显的频带，而采样通过的低通滤波器也不可能是理想的，所以实际的采样频率 ω_s 往往比 ω_{max} 大得多（4~10 倍）。

4.4　采样偏差的校正技术

在实际采样过程中，由于系统是实际系统，不是理想系统，各个环节都存在着不同程度的偏差，有些偏差很大，这就使得采样所得的结果大大偏离实际值，就会极大地影响控制的精度。为了使采样结果与实际值能够吻合，必须进行校正，有些通过硬件校正即可，而有些还需要通过软件校正。校正的主要内容有两方面：一是线性度校正；二是零点校正。

1.线性度校正

如图 4-12 所示，给采样系统输入一个线性信号，图中的信号 $f(t)$ 是理想采样系统对线性输入信号处理的结果，该电压模拟了一个理想化的采样系统处理过的某个传感器的输出电压。$f*(t)$ 是实际采样系统对信号不同点进行采样所得到的离散

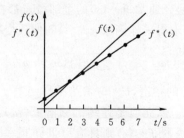

图 4-12　采样的线性偏差

点,这些点的回归线与 $f(t)$ 之间有偏差,这些偏差中的一种偏差是回归线 $f*(t)$ 的斜率 β 与 $f(t)$ 的斜率 α 有偏差,这个偏差就是该采样系统的线性误差。

调节线性误差的方法很简单,就是调节采样系统中放大器的放大倍数。具体方法是,以被测量的物理量为例,例如测量热处理炉的温升曲线,在加热过程中用标准电测温度计进行测量,在每个时间点上同时也用研制的采样系统采集数据,最后可以获得标准温升曲线和采样器采集的温升曲线,如果在温度上升的线性区间,采样器采集的温升曲线的斜率 β 与标准温升曲线的斜率 α 不相等,如图 4 – 13 所示。就要调节放大倍数。其原因是采样温升曲线的斜率与采样器的放大倍数成正比。如图中所示,$\beta<\alpha$,说明采样器的放大倍数偏小,根据 β 与 α 的比值 $\xi=\beta/\alpha$ 的大小,可以准确的计算出采样器放大倍数的调节量,从而将线性偏差调到最小。如果 $\beta>\alpha$,说明采样器的放大倍数偏大,经过计算后将其调小即可。

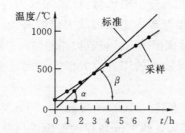

图 4 – 13　热处理炉温度采样的线性偏差

2. 采样器零点校正

有些物理量的变化是一个从 $-\infty$ 到 $+\infty$ 连续的函数,这些连续函数的零点通常都是人为设定的。有些物理量则有确定的零点,例如电压为零的情况,车床在由正转切换到反转转速为零的情况等。在设定的物理量的零点上,采样器的输出往往不是零,这一般有以下原因。

1)传感器误差

该误差是传感器制造出厂时就存在的,例如工程上常用的 ±600 A/5 V 的一种霍尔电流传感器,其指标为:输出电压误差为 1%。则在每一点上其允许的偏差为 ±50 mV。在电流为零时,其输出信号也在 ±50 mV 以内,往往并不为零。在工程中应用的这种传感器,大多数零点偏差在 ±10 mV~±20 mV 之间。在某电厂的直流监测系统中,用到的两只 ±600 A/5 V 的霍尔电流传感器,其零点偏差 1 号为 $+15$ mV,2 号为 -14 mV。可以算出其对应的电流偏差为

$$\Delta I_1=(15\text{mV}/5\text{V})\cdot 600 \text{ A}=600 \text{ A}(15 \text{ mV}/5000\text{mV})=1.8 \text{ A}$$

$$\Delta I_2=(-14\text{mV}/5\text{V})\cdot 600 \text{ A}=-600 \text{ A}(14 \text{ mV}/5000\text{mV})=-1.68 \text{ A}$$

也就是说,1 号电流传感器在电流为零时,其输出信号相当于有正向 1.8A 电流,2 号电流传感器在电流为零时,其输出信号相当于有反向 1.68 A 电流。

2)采样器中的放大器的零点漂移和零点偏移

放大器的零点漂移主要由器件本身特性和温度变化所引起。一般指在放大器调零调好后,在其输入端输入电压为零的情况下,其输出电压在零点附近缓慢的漂移,而不是完全的输出为零的情况。而且环境温度越高,这种漂移越大。

解决这种漂移的办法是在放大电路中加温度补偿元件,而且现在市售的运算放大器,许多内部已经加有补偿电路,温度稳定性已经大为提高,这种由温度引起的输出漂移已经得到很强的抑制,零点漂移已经很小。

运算放大器都有一个输入失调电压,指的是要保持运算放大器的输出为零,在其输入端要加一个微小的电压即所谓输入失调电压。那么,在不加输入失调电压即输入为零的时候,其输出就有一个电压值,称之为放大器的零点偏移,其偏移电压既与输入失调电压有关,也与放大电路的放大倍数有关,这种输出偏移电压 ΔV 正比于输入失调电压 V_{IO} 和放大倍数 K。设放大器的输入失调电压 $V_{IO}=0.2$ mV,放大倍数 $K=100$(采样器多级放大的综合放大倍数),则该采样器在输入信号电压为零时的输出偏移电压为

$$\Delta V = KV_{IO} = 100 \times 0.2 \text{ mV} = 20 \text{ mV}$$

如果该采样器是对一个从 0 到 1 m 高程的液面进行监测,采样器的最大线性输出电压为 10 V,在输出 10 V 时对应的液面高度为 2m,则采样器的零点偏移所对应的液面高度 h 为

$$h = (20 \text{ mV/10 V}) \times 2 \text{ m} = (0.02 \text{ V/10 V}) \times 2 \text{ m} = 0.004 \text{ m}$$

也就是说,在液面高度为零时,采样器的输出值为 0.004 m。

采样器误差是普遍存在的,是由多方面的原因决定的。通过在电路设计上进行补偿和校正以外,通过软件进行校正是一个重要的方法。根据经验,软件校正比硬件校正效果更好。尤其是在现场进行硬件校正,有时候因条件限制,很难校正。而用软件校正则很方便。软件校正又称为软调节。软调节的方法如下:

以热处理炉温度控制中的温度采样检测为例,在软件设计时,设置一个校正变量 A_{DJ},可以通过键盘方便的改变 A_{DJ} 的数值。设每次采样完成后 A/D 转换所得的温度值为 T_d,通过标准温度表测得的温度值为 T_c,则输出显示与存入数据库的温度值 T_{dat} 必须等于 T_c,在软件中规定:

$$T_{dat} = T_c = T_d + A_{DJ} \qquad (4.4-1)$$

由于传感器和采样器的零点偏移造成的综合偏移,在没有调节之前,当热处理炉初始处于室温(例如 20℃)时,采样器所得到的温度值 T_d 不一定是 20℃,在初始设置时先将 A_{DJ} 设置为零,再看屏幕上 T_d 的数值是多少,例如若此时的 $T_d = 21$℃,

而实际炉温为 20℃，说明采样器初始偏差为 1℃。这就是该系统总的初始偏移或零点偏移。纠正这个偏移的方法很简单，就是通过键盘将 A_{DJ} 设置为 -1℃，这样设置后，程序按式（4.4－1）计算后，得到的系统总输出值 T_{dat} 就必然为 20℃。从而与实际值相吻合。

　　由于在现场参数整定的时候，系统已经在线运行，实际的温度值不可能为室温，此时校正的方法是，先将校正变量 A_{DJ} 设置为零，用标准温度表测定实际的温度值 T_c，并记下该数值，同时记下同一时刻采样器输出的温度值 T_d（由于此时 $A_{DJ}=0$，因此该 T_d 值就是屏幕上显示的 T_{dat}），例如测定的几个点的对应温度值见表 4－3。

表 4－3　实际温度与测得数值及其偏差

$T_c/℃$	850	1200	1220	1360	1540	1600
$T_{dat}(T_d)/℃$	980	1330	1350	1480	1660	1720
$T_c-T_{dat}/℃$	-120	-130	-130	-120	-120	-120

　　现场一般认为 T_c 值就是实际温度值，要求输出显示与存入数据库的数值 T_{dat} 要等于 T_c 值。变量 A_{DJ} 与 T_d 和 T_c 的关系仍然是式（4.4－1）。

　　当 A_{DJ} 等于 T_d 和 T_c 的偏差平均值时，可保证 $T_{dat}=T_c$，A_{DJ} 应按下式计算

$$A_{DJ} = \frac{1}{N}\sum_{n=1}^{N}(T_c - T_{dat})_n \qquad (4.4-2)$$

对上表中的数值按式（4.4-2）计算后得到

$$A_{DJ} \approx -124$$

　　根据计算结果，将变量 A_{DJ} 设置为 -124，就可以消除系统的偏差。使最终输出值 T_{dat} 与实际值 T_c 相符。这样再用 T_{dat} 数值进行后续的计算分析和对加热控制器的输出控制就准确多了。

4.5　信号隔离与选通技术

　　当计算机数据采集系统有多路模拟信号输入时，通常要将这些信号互相隔离，再对这些信号有选择地选通，或者逐一选通后进入 A/D 转换器进行模数转换。有些系统有多路数字量信号输入，也要进行隔离与选通。信号隔离与选通的器件很多，要根据信号特征选用。

　　在还没有电子开关以前，所有信号都是用继电器进行隔离的。但是继电器存在重要缺陷，一是其要求的驱动电流大，损耗大；二是因为靠弹簧片工作，在一定的工作次数后会疲劳损坏，即寿命有限；三是其触点接触电阻不稳定，触点新鲜干净

且弹簧片没有疲劳，能够压紧的情况下，其导通电阻很小，导通良好。但触点上有油污或触点氧化或弹簧压紧无力，其接触电阻就比较大，对微弱信号影响很大。

后来电子开关的问世，大大提高了信号的传输质量。尤其是集成电路电子开关的导通电阻相当稳定，在一个芯片内每一路的导通电阻数值几乎相同。同类型的芯片其性能也几乎相同。给信号的隔离与选通带来了极大的好处。电子开关有数字型（数据选择器）和模拟型（模拟开关）两大类。在制造工艺上有晶体管式和场效应管式两种。由于晶体管在导通时有残留电压，而且在饱和时集电极与发射极之间是一个非线性电阻，传输过程有失真，对模拟开关来说，这样大的误差是不允许的。因此晶体管式开关都作为多路数据选择器，不用作多路模拟开关。数据选择器的选通速度快，模拟开关的选通速度要慢一些。数据选择器只能用于数字量信号的隔离与选通。模拟开关既可用于模拟量信号的隔离与选通，也可用于数字量信号的隔离与选通，模拟开关在用于数字量信号的隔离与选通时，要注意开关的速度能否适应要求。

对数字量信号，可根据信号是 TTL 电平还是 CMOS 电平选用相应的多路数据选择器。多路数据选择器用于对多路数字信号进行选择。每一路数字信号相当于二进制的一位，只有高电平和低电平两个状态。每次选择多路中的一路进行传输。在传输过程中只要求所传送信息的状态（高电平或低电平）不变即可，允许电压幅度有一定变化。例如若定义 3.5V 以上为 1（高电平），只要传输最后保证3.5V 以上即可，比方说 4V 甚至 5V 仍然是 1，没有改变信息。这种数据选择器能将对应输入端口上的数字电平信号选通到输出端口，使其数字量的 0 或者 1 保持原值或反码值即可。这种选择器品种比较多，有双 4 选 1 数据选择器，如74LS153，74HC153。有 8 选 1 数据选择器，如 74LS152，74HC152。有 16 选 1 数据选择器，如 74LS150，74HC150 等。其中 74LS15X 为低功耗 TTL 器件，输入输出为 TTL 电平。74HC15X 为高速 CMOS 器件，输入输出为 CMOS 电平。根据输出数码值与输入数码值的关系，有原码值输出的器件，也有反码值输出的器件，74XX153 为原码值输出，74XX152 和 74XX150 为反码值输出，74XX151 为 8 选 1 既有原码输出引脚，又有反码输出引脚的器件。也有具有电平转换功能的数据选择器，可以在选通信号的同时进行电平转换，将输入端的 TTL 电平信号，转换为CMOS 电平输出，如 74AC（T）153。CMOS 多路数据选择器国产的有 4 与或选择器 CC4019，8 对 1 数据选择器 CC4512，4 线-16 线译码器/数据选择器 CC4514、CC4515 等。总的来说，数据选择器内部结构纯粹是数字电路的输入输出结构，电路比较简单，只要将所选中端口的逻辑电平送到输出端即可。图 4-14 示出了几种多路数据选择器的引脚与功能关系图。

其中图 4-14(a) 为 16 选 1 反码输出器件 150。图 4-14(b) 为 8 选 1 既有反

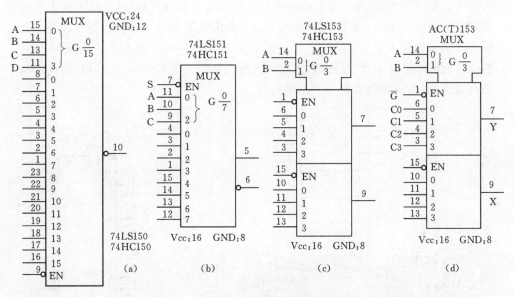

图 4 - 14　多路数据选择器

码输出也有原码输出的器件 151。图 4 - 14(c) 为双 4 选 1 原码输出的器件 153。图 4 - 14(d) 为双 4 选 1 原码输出具有电平转换功能的器件 AC(T)153,该器件输入为 TTL 电平,输出为 CMOS 电平。以上各器件通道的选通由选通编码输入引脚 A、B、C、D 的码值决定。每种芯片都有允许控制端 EN。当 EN 为低电平时才允许将所选通的输入端的数码输出到输出端,否则,输出端呈现高阻态,以便于和与其相连的总线隔离。

模拟信号的隔离与选通电路(多路模拟开关)比较复杂,要求开关接通时,输出电压与输入电压相等,开关两端电阻很小,而断开时此电阻很大,并希望对所传输的信号有良好的线性度,以减小传输失真,要求工作稳定性好,开关速度快,寿命长。

多路模拟开关是 CMOS 电路,它比晶体管式的导通电阻小且为线性电阻,传输非线性失真小,精度高,功耗低,但速度比晶体管式的慢。CMOS 多路模拟开关电路无残留电压,有的只能单向传输,有的可双向传输,有很小的导通电阻,很高的断开电阻,可以传输与输入信号幅度一致的全幅度信号。

CMOS 模拟开关品种繁多,广泛应用于计算机控制系统的信号的隔离与选通。由于篇幅所限,这里只介绍多路模拟开关。图 4 - 15 示出了几种多路模拟开关的引脚与功能关系图。

图 4 - 15(a) 为 4 路可单独控制的双向模拟开关 4066,每路开关都有一个控制引脚,当给该引脚加上高电平时,该路开关开通,给控制引脚加上低电平时,该路开

关断开。图 4-15(b)为 8 选 1 双向模拟开关 4051。图 4-15(c)为双 4 选 1 双向模拟开关 4052。图 4-15(d)为 16 选 1 双向模拟开关 4067。以上各器件通道的选通由选通编码输入引脚 A、B、C、D 的码值决定。每种芯片都有允许控制端 EN。当 EN 为低电平时才允许将所选通的输入端的数码输出到输出端,否则,输出端呈现高阻态,以便于和与其相连的总线隔离。

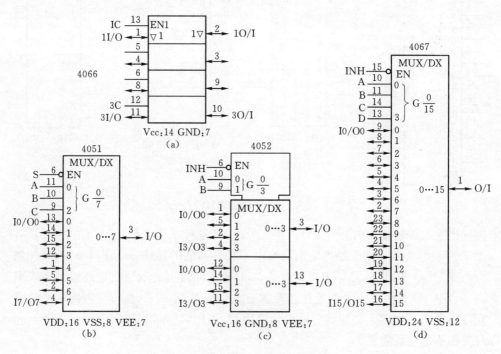

图 4-15　几种多路模拟开关

表 4-4 列出了可以互相代用的各种型号的多路模拟开关。

表 4-4　可以互相代用的各种型号的多路模拟开关

名称	国内型号	可代用的国产型号	RCA 公司型号	MOTOROLA 公司型号
双 4 选 1　单向开关	CC4052	C542	CD4052	MC4052
三 2 选 1　单向开关	CC4053	C543	CD4053	MC4053
单 8 选 1　双向开关	CC4051	C541	CD4051	MC4051
16 选 1　双向开关	CC4067	CD4067		
双 8 选 1　双向开关	CC4097	CD4097		

名称	国内型号	可代用的 国产型号	RCA 公司 型号	MOTOROLA 公司 型号
双 4 选 1(可连成单 8 选 1)双向开关	CCl4529			MCl4529
四 1 选 1　双向开关	CC4066	C544		

表中同一行中各型号的功能和管脚排列均相同,技术指标相近,可以互相代用。

在应用中要注意,多路模拟开关只能用于共地信号的隔离与选通。有些模拟信号是共地的(即有公共的地线),可以直接使用多路模拟开关进行隔离与选通。但有些多路模拟信号互相不共地,甚至于电压是互相叠加的,就不能用多路模拟开关进行隔离与选通,而必须用继电器进行隔离。

4.6　数据采集中的抗干扰技术

在数据采集过程中,由于电路中既有模拟信号又有数字信号,数字信号的尖峰脉冲会对模拟信号产生严重干扰。模拟信号也会受到其他干扰而使信号发生变化。尤其是小信号受到的干扰就更加严重。

在工业现场,控制器大多数处在一个强干扰的环境中,不仅包括外部的强电场、强磁场、大功率的交直流负载设备,还包括自身必须的可控硅和继电器等。因此在系统电路设计中,为了增强系统的可靠性、少走弯路和节省时间,应充分考虑并满足抗干扰性能的要求。

4.6.1　干扰因素与抗干扰基本方法

1. 干扰要素

干扰因素很多,但主要有以下三种,称之为干扰要素。

(1)干扰源。包括产生干扰的元件、设备或信号,用数学语言描述如下:dv/dt、di/dt 大的地方干扰就大。如:继电器、电机、可控硅、高频时钟等都可能成为干扰源。自然因素,如雷电和宇宙射线等也是重要的干扰源。

(2)传播路径。指干扰从干扰源传播到敏感器件的通路或媒介。典型的干扰传播路径是通过导线的传导和空间的辐射。

（3）敏感器件。指容易被干扰的对象。如：A/D 转换器、D/A 转换器、单片机、数字 IC、微弱信号放大器等。

因此抗干扰设计的基本原则是：抑制干扰源，切断干扰传播路径，提高敏感器件的抗干扰性能。

2. 抗干扰基本方法

在长期研究和实践过程中，人们设计了多种抗干扰方法，主要有硬件抗干扰、软件抗干扰、特殊抗干扰等技术和方法。抗干扰技术主要是针对干扰源的特点进行的。

1）硬件抗干扰措施

（1）抑制干扰源。抑制干扰源就要尽可能地减小干扰源的 dv/dt 或 di/dt。这是抗干扰设计中最优先考虑和最重要的原则，该问题的解决常常会起到事半功倍的效果。减小干扰源的 dv/dt 主要是通过在干扰源两端并联电容来实现。减小干扰源的 di/dt 则是在干扰源回路串联电感或电阻以及增加续流二极管来实现。抑制干扰源的措施如下：

a. 继电器线圈增加续流二极管，消除断开线圈时产生的反电动势干扰。如果仅增加续流二极管会使继电器的断开时间滞后，增加稳压二极管后继电器在单位时间内可动作更多的次数。同时在继电器接点两端并接火花抑制电路，减小电火花影响。

b. 原则上每个集成电路芯片都配置一个 $0.01\ \mu F \sim 0.1\ \mu F$ 的瓷片电容或聚乙烯电容，它可以吸收高频干扰。电容引线不能太长，高频旁路电容不能带引线。

c. 布线时避免 90 度折线，以减少高频噪声的发生。

d. 可控硅两端并接 RC 抑制电路，减小可控硅产生的噪声。

e. 电源进线端跨接 $100\ \mu F$ 以上的电解电容以吸收电源进线引入的脉冲干扰。

（2）切断干扰传播路径。按干扰传播路径可分为传导干扰和辐射干扰两类。所谓传导干扰是指通过导线传播到敏感器件的干扰。高频干扰噪声和有用信号的频带不同，可以通过在导线上增加隔离光耦来解决。所谓辐射干扰是指通过空间辐射传播到敏感器件的干扰，即指电磁场在线路和壳体上的辐射。由于现场计算机所处的环境干扰强烈，因此所有的信号线、控制线和通信线等均须采用屏蔽接地的措施。切断干扰传播路径的常用措施如下：

a. 充分考虑电源对单片机的影响，电源做得好，整个电路的抗干扰就解决了一大半。许多单片机对电源噪声很敏感，要给单片机电源加滤波电路或稳压器，以减小电源噪声对单片机的干扰。

b. 晶振的管脚与单片机的引脚尽量靠近，用地线把时钟区域隔离起来，晶振外壳接地并固定。

c.电路板合理分区,弱信号电路与强信号电路分开甚至隔离,交流部分与直流部分分开,高频部分与低频部分分开。

d.用地线把数字区与模拟区隔离,数字地与模拟地要分离,最后接于电源地。

e.单片机和大功率器件的地线要单独接地,以减小相互干扰。大功率器件尽可能放在电路板边缘。

f.尽量缩短元器件相互之间的布线距离。尽量缩短高频信号的布线距离和区域,高频信号的输入、输出尽量靠近。尽量缩短与产生电磁干扰信号相关的布线距离。

g.模拟地线应尽量加粗,对于输入输出的模拟信号与单片机电路之间最好通过光耦进行隔离。

h.高速信号、微小信号的输入输出线采用屏蔽线,屏蔽层接地。用双股线减少低频波的耦合。

(3)提高敏感器件的抗干扰性能。提高敏感器件的抗干扰性能是指从敏感器件这边考虑尽量减少对干扰噪声的拾取,以及从不正常状态尽快恢复的方法。提高敏感器件抗干扰性能的措施如下:

a.对于 PSD 和单片机闲置的 I/O 口,不要浮置,要通过电阻接地或接电源。其他 IC 的闲置端在不改变系统逻辑的情况下接地或接电源。

b.在速度能满足要求的前提下,尽量降低单片机的晶振和选用低速数字电路。

c.IC 器件尽量直接焊在电路板上,少用 IC 座。

d.对于功率大和发热严重的器件,除保证散热条件外,还要注意放置在适当的位置。以免这些器件产生的温度场对其他脆弱的电路产生不利的影响。

2)软件抗干扰措施

大量的干扰源虽不会直接造成硬件的损坏,但常常使系统不能正常工作。硬件方面的抗干扰措施并不能完全地避免干扰,例如在遇到输入状态判断有误、控制状态失灵以及程序跑飞时,更有效的是增加软件抗干扰措施。主要包括数字滤波、软件冗余、特殊中断保护、开关量输入输出的软件抗干扰、软件看门狗等。

(1)数字滤波。工业现场中各种各样的干扰信号会直接导致采样数据的失真,而采样结果的真实特性往往只能从统计的意义上来描述。在实际应用中必须根据不同信号的变化规律选择相应的滤波数字模型和算法。

(2)软件冗余。实际上系统的强干扰往往来源于系统本身,如被控负载的通断,状态变化等,这时开关量信号多是毛刺状,且作用时间很短。但是这种干扰是可预知的,为避免误判控制状态,在系统要接通或断开大功率负载时,暂停一切数据采集、键盘扫描等工作,待状态正常后再进行后续操作。

（3）特殊中断保护。有些处理器有特殊中断保护功能，例如 ARM 处理器，如果 CPU 执行一个非法操作码，引起异常中断的发生。该中断矢量中含有处理错误代码的服务程序，以防止软件的崩溃。

（4）程序运行监视系统。即常说的"看门狗"。看门狗实际上是一个计数器，当它启动后，对供给它的时钟计数加 1。当它计满时，会使单片机复位重启。不同的单片机，其看门狗计数器的时钟来源不同，需要在程序初始化部分设置。也可以给看门狗计数器设置不同的初值，以改变看门狗的动作时间。如果没有通过指令清除看门狗定时器，它就会计满溢出，使系统复位，使程序从头开始运行。因此程序必须在看门狗计数器尚未计满时及时清除所计的数据。否则待到计满溢出时，将复位单片机从头执行程序。如果程序跑飞了，执行不了程序中清除看门狗的指令，看门狗计数器就会计满溢出，使单片机复位重启，起到了恢复作用。这对于无人值守的计算机控制系统具有特殊重要的意义。例如铁路 LED 信号灯控制器，长期置于铁路沿线，控制信号灯的点灯与关灯，无人值守。如果因为雷电、机车通过时的巨大浪涌电流产生的巨大电磁干扰而使程序跑飞了，没有看门狗的话，就丧失了点灯与关灯功能。导致严重的交通事故。因此点灯控制器必须选择有看门狗功能的单片机，而且在程序中必须配置好看门狗，并且启用看门狗。这样一旦程序跑飞，其看门狗会及时动作，使程序恢复运行。从而保证了可靠点灯和关灯，保障了行车安全。

（5）设置软件陷阱。当程序跑飞时，有可能进入非程序区。针对这种情况，可在该区域设置软件陷阱，以拦截跑飞的程序。其方法是在非程序区全部写入 RST 指令，使程序重新进入初始入口。另外，在软件编程时，对于用不完的内存空间，可以用空操作指令填满，并设置一些跳转指令转到错误处理程序，帮助程序由软件错误中迅速地恢复。

4.6.2　若干特殊滤波技术

1. 工频周期滤波技术

在工业现场，信号受工频交流电干扰比较大，这种工频干扰一部分来自电源，一部分来自电磁波，尤其是微弱信号所受的干扰更大。要采用工频周期滤波技术才能滤除这些干扰。该方法如下。

图 4-16 是一个叠加有工频干扰的直流电压信号。在数字滤波上除了算法方面的处理外，主要是规定了工频周期采样。其规定是这样的：设一个采样器的 A/D 转换器是 A/D774，其转换时间是 8 μs，启动、转换、读取结果和保存结果等过程花费的时间约为 10 μs，再给 10 μs 的延时，则每点采样的总时间为 20 μs。一个工频

(50 Hz)周期为 20 ms(20000 μs)，因此在一个工频周期内对一个选通的信号可采样点数为 20000 μs/20 μs=1000。这样连续采样 1000 次的结果值，包括了一个完整工频周期内，由工频干扰产生的信号波动(扰动)。然后对这 1000 个数据进行算术平均。设 y 为平均值，X_i 为第 i 次采样值，则

$$y=\frac{1}{1000}\sum_{i=1}^{1000}X_i$$

　　虽然直流信号的变化很缓慢，但不排除偶然因素造成的一些脉冲，或超出正常幅度的特异信号，在现场用示波器观察信号波形，获得信号波形如图 4-16 所示。由图可见，在 20 ms 内，其信号为正常电平上叠加着一个工频信号，波动的范围为 ±0.5 mV，放大 1000 倍采样，波动的幅度为 ±0.5 V。对这种信号按算术平均值法能准确地反映有

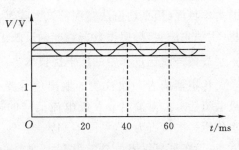

图 4-16　直流信号图

效信号的数值。但在实际中，有可能某些情况下有偶然因素使信号发生畸变而产生扰动。对 AD774 按 10 V 输入为满幅值 12 位输出时，其对应关系为 4096/10，则每 0.5 V 对应值约为 205，这个数值就是特异点的偏差阈值，考虑到信号的波动性，计算中使用的阈值 ΔYm 略大于 205 即可。本例中 ΔYm 的初始取值为 220。因此在求得采样数据均值 y 值后，将 y 与每次采样值 X_i 再比较一次。求其绝对差 $\Delta Y=|Y-X_i|$，当 $\triangle Y>\Delta Ym$ 时，认为该点为特异点。

　　从累计数 $S=\sum\limits_{i=1}^{1000}X_i$ 中减去该特异点值 X_i 得新的累加值 S_{new}，再对 S_{new} 求均值 $Y_{new}=\dfrac{S_{new}}{999}$。有几个特异点，须从 S 中减去几个数值，再对剩余的有效数求均值即可。

　　其计算步骤为：

$$S=\sum_{i=1}^{1000}X_i,\quad Y=\frac{S}{1000}$$
$$\Delta Y_i=|Y-X_i|$$

　　当 ΔY_i 大于规定的数值就认为是特异点，特异点通常是由强大的电磁干扰造成的，特异点的 X_i 值不能参与平均，要从数据累加和中减去。若共减去 n 个 X_i，则最终均值为：

　　$Y=\dfrac{S_{new}}{1000-n}$ 式中 S_{new} 为从累加值 S 中减去所有特异点值的结果。

现场实测表明,一次采样的 1000 个点中,特异点只有很少几个。如果得到的特异点很多,就要检查附近有没有高频噪声源,如果经信号仪测试,没有足以影响采样的高频噪声源,且示波器显示的信号噪点很少,就要根据实际情况修改计算用的特异点信号阈值。如果附近有高频噪声源,信号噪点很多,就要根据噪点的偏差特点采取另外的滤波算法。

上边介绍的工频周期采样平均值再加上特异点滤除的滤波方法既考虑了信号的基本特征(用平均值法实现),又去除了大于工频干扰的其他脉冲干扰或激励干扰(用消去法实现)使得数据能准确反映工作参数。经多处现场运行,效果良好。

2. 信号馈送过程中的抗干扰技术

传感器或者一次仪表的输出信号要么是毫伏(mV)级电压信号,要么是 mA 级电流信号。对输出 mA 级电流信号的采样,其信号馈送有两种方式,以发电厂水分析一次仪表为例,见图 4 – 17。

(1)在每只仪表信号输出端上加上一只取样电阻 R,使其输出电流直接从 R 上泄放,而从 R 两端取得信号电压,再馈送到数据采集器,如图 4 – 17(a)所示。其特征是信号传输电流极小(几微安)。

(2)用绝缘信号电缆将输出信号直接连接到数据采集器输入端。在信号采集器内加上取样电阻,进行取样。如图 4 – 17(b)所示。其特征是:信号传输时带有较大的电流(毫安级)。

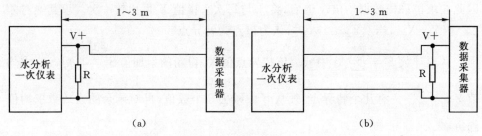

图 4 – 17　信号馈送方式

分析和试验表明:第 2 种方式的抗干扰能力明显优于第 1 种。信号采集结果显示,其数据比较稳定,特异点明显减少。其原因是水分析仪表所处环境电磁干扰非常大。尽管采用绝缘电缆进行信号传输,但信号线上还是不可避免的产生了较大的感应电势,从而产生了干扰电流。对电流极小的信号传输来说,这个干扰电流的影响就比较大,信噪比太小,而对有较大电流的信号传输,其影响就明显减小,其信噪比就大得多,从而有较好的信号质量。因此应该选取第 2 种信号馈送方式。

4.6.3　A/D 转换过程中的抗干扰技术

A/D 转换器在将各物理量转换成数字量时,会遇到被测信号小而干扰噪声强的情况,干扰来自设备预热、温度变化、接触电阻、引线电感、接地,也来自前级或电源。进入 A/D 转换器的干扰从形态上可分为串模干扰噪声和共模干扰噪声。

1. 对串模干扰的抑制措施

串模噪声是和被测信号叠加在一起的噪声,可能来源于电源和引线的感应耦合,其所处的地址和被测信号相同。由于其变化比信号快,故常以此为特征去考虑抑制串模干扰。常采用以下措施抑制串模干扰。

(1)采用积分式 A/D 转换器。其转换原理是平均值转换,瞬间干扰和高频噪声对转换结果的影响很小。

(2)同步采样低通滤波法可滤除低频干扰,例如 50 Hz 工频干扰。做法是先测出干扰频率,然后选取与此频率成整数倍的采样频率进行采样,并使两者同步。

(3)将转换器做小,直接附在传感器上,以减小线路干扰。

(4)用电流传输代替电压传输。传感器与 A/D 相距甚远时易引入干扰。用电流传输代替电压在传输线上传输,然后通过长线终端的并联电阻,再变成 1～5 V 电压送给 A/D 转换器,此时传输线一定要屏蔽并"一点接地"。

2. 对共模干扰的抑制措施

共模干扰产生于电路接地点间的电位差,它不直接对 A/D 转换器产生影响,而是转换成串模干扰后才起作用。因此,抑制共模干扰应从共模干扰的产生和向串模转换这两个方面着手。对共模干扰进行抑制的措施有以下几种:

(1)浮地技术降低共模电流。采用差动平衡的办法能减少共模干扰,但是难以做到完全抵消,浮地技术的实质是用隔离器切断了地电流,此时设备对地的绝缘电阻可做到 10^3～10^5 MΩ(见图 4-18)。

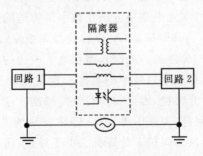

图 4-18　隔离(浮地)抑制共模干扰

（2）采用屏蔽法改善高频共模干扰。当干扰信号的频率较高时,往往因为两条传送线的分布电容不平衡,导致共模干扰抑制差。采用屏蔽防护后,线与屏蔽体的分布电容上不再有共模电压。这里需要注意的是屏蔽体不能接地,也不能与其他屏蔽网相接。

（3）电容记忆法改善共模干扰。A/D 转换器的工作在脱开信号连线的情况下进行,A/D 所测的是存储在电容器上的电压,只要电路对称,就不受共模干扰的影响（见图 4 - 19）。

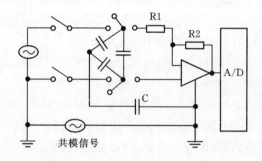

图 4 - 19　电容记忆法

3. 采用光耦合器解决 A/D、D/A 转换器配置引入的多种干扰

在工业现场计算机控制系统中,主机和被控系统相距较远,A/D 转换器如何配置是一个大问题,若将 A/D 转换器和主机放在一起,虽然便于计算机管理,但模拟量传输线太长,造成传输距离过长,引起分布参数和干扰影响增加,对有用信号的衰减比较大。若将 A/D 转换器和控制对象放在一起,则存在因数字量传送线过长而对管理 A/D 转换器命令的数字量传送不利的问题。这两种情况都是因为传送线的匹配和公共地造成了共模干扰的原因。若将 A/D 转换器放于现场,经过两次光电变换将采集的信号经 I/O 接口送到主机,主机的命令由 I/O 再经两次光电变换送到 A/D 转换器,两次光电变换分别在数字量传送的两侧。这时整个系统有三个地:主机和 I/O 转换器共微机地,A/D 转换器和被控对象共现场地,传送数字信号的传输线单独使用一个浮地。光耦合器切断了两边的联系,减小了共模干扰,而且由于其单向性,夹杂在数字信号中的其他非地电流干扰因其幅度和宽度的限制,不能有效地进行电—光转换,因而得到有效的抑制。这种方法还有效地解决了长线的驱动和阻抗匹配问题,保证了可靠性,即使在现场发生短路故障,光耦合器也能隔离 500 V 的电压,从而保护了计算机。由于浮置,还可用普通的扁平线代替昂贵的电缆。

4.7　D/A 转换技术与应用电路

　　由于在学习模数转换器 A/D 工作原理时要用到数模转换器 D/A 的知识,因此本书将 D/A 转换器安排在 A/D 转换器之前进行介绍。D/A 转换器就是将二进制数字量转换成与其数值成正比的电流信号或电压信号的器件。在许多情况下,控制系统中的受控设备要求输入的控制信号是电压信号或电流信号(模拟量),而计算机输出的是数字量,因此必须将这些数字量转化为模拟量,才能实现对设备的有效控制。要对模拟设备(要求输入模拟量的设备)进行控制,例如自动机床,汽车、飞机、舰艇上的自动驾驶仪器,其输出的驱动信号中有些是开关量,有些必须是模拟量如电压或电流,用于驱动执行机构。这些控制器就必须有 D/A 转换器,以便把智能单元所确定的某一数字量输出转换为模拟量输出。D/A 转换器又简称为 DAC(Digit Analogue Converter)。DAC 的种类很多:按输入至 DAC 的数字量的位数分,有 8 位、10 位、12 位、14 位、16 位等;就输送至 DAC 的数码形式分,有二进制码和 BCD 码输入等 DAC;就传输数字量的方式分,有并行的和串行的 DAC 两类;就转换器速度而言,有低速和高速之分;按输出极性划分,有单极性输出和双极性输出两种;就工作原理而言,可分为权电阻型和 $R\text{-}2R$ 电阻网络型;从 DAC 与计算机接口的角度出发,DAC 又可分为有输入锁存器和没有锁存器两类。

　　下面介绍 DAC 的工作原理、性能、指标,常用 DAC 芯片及其与计算机的接口技术。

　　D/A 转换的基本原理是按二进制数各位代码的数值,将每一位数字量转换成相应的模拟量,然后将各模拟量叠加,其总和就是与数字量成正比的模拟量。其基本电路由 4 部分组成:参考电源、电阻网络、电子转换开关和运算放大器。根据电路结构的不同,DAC 分为两种类型,一类是 T 形电阻网络的 DAC,另一类是权电阻型的 DAC。同样位数的 DAC,权电阻型的 DAC 的转换速度约为 T 形电阻网络 DAC 的 5～10 倍,二者精度相同。

4.7.1　$R\text{-}2RT$ 形电阻网络型 DAC 的工作原理

　　$R\text{-}2RT$ 形电阻网络型 DAC 也称为 T 形电阻 DAC。这是一种电流输出型 DAC。图 4-20 是这种四位 DAC 的电原理图。

　　图 4-20 中各部分意义如下。

　　参考电压 V_{ref}:提供把数字量转换成相应模拟量的参考电压,也可称之为基准电压。

　　电阻网络:又称解码网络,是 DAC 的关键部件。(有多种形式的电阻网络:$R\text{-}$

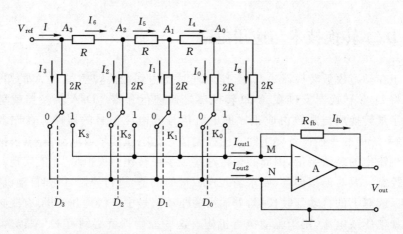

图 4 – 20　T 型电阻网络 DAC 电原理图

$2RT$ 形电阻网络,加权电阻网络,树型开关电阻网络等)。图中为 $R\text{-}2RT$ 形电阻网络,具有 4 位数字量输入。它由相同的环节组成,从 0、1、2、3 的每个节点向右看,都是两个 $2R$ 电阻相并联,所以每个 $2R$ 电阻上的电流从左向右以 $1/2$ 的系数递减。由于这种电阻网络结构简单,易于集成,所以为大多数 DAC 所采用。

从图可知,$I_4 = I_0 + I_g$,I_0 和 I_g 都是经过同样阻值的电阻 $2R$ 流到地,从 1 点向右看,1 点对地的电阻为 $R + \dfrac{2R \times 2R}{2R + 2R} = R + R = 2R$,从 1 点向下看,1 点到地的电阻也是 $2R$,所以可知,由 1 点向右的电流 I_4 等于由 1 点向下的电流 I_1。同理可得,$I_6 = I_3$,$I_5 = I_2$。

电子转换开关($K_3 \sim K_0$)是受输入数字量控制的,它控制解码网络每个支路电流的流向。当某位输入数字量为 1 时,转换开关与 1 接通,该支路电流流向 M 端;该位输入数字量为 0 时,转换开关与 0 接通,该支路电流流向地端(N)。由于该电阻网络从参考电压 V_{ref} 点看,其等效电阻为 R,因此从 V_{ref} 流入电阻网络的总电流 I 及各节点的分支电流分别为

$$I = V_{\text{ref}}/R$$

$$I_3 = I/2 = V_{\text{ref}}/2R = 2^3 (V_{\text{ref}}/2^4 R)$$

$$I_2 = I_6/2 = I_3/2 = 2^3 (V_{\text{ref}}/2^4 R)/2 = 2^2 (V_{\text{ref}}/2^4 R)$$

$$I_1 = I_5/2 = I_2/2 = 2^2 (V_{\text{ref}}/2^4 R)/2 = 2^1 (V_{\text{ref}}/2^4 R)$$

$$I_0 = I_4/2 = I_1/2 = 2^1 (V_{\text{ref}}/2^4 R)/2 = 2^0 (V_{\text{ref}}/2^4 R)$$

流向 M 的总电流 I_{out1} 为

$$I_{\text{out1}} = (D_3 \cdot 2^3 + D_2 \cdot 2^2 + D_1 \cdot 2^1 + D_0 \cdot 2^0)(V_{\text{ref}}/2^4 R)$$

$$= D(V_{\text{ref}}/2^4R),\text{ 此处 } D = D_3 \cdot 2^3 + D_2 \cdot 2^2 + D_1 \cdot 2^1 + D_0 \cdot 2^0$$

对于具有 n 位数字量输入的网络,其转换公式为

$$I_{\text{out1}} = D(V_{\text{ref}}/2^nR) \quad (D = D_{n-1} \cdot 2^{n-1} + \cdots + D_1 \cdot 2^1 + D_0 \cdot 2^0)$$

由此可见,输出电流 I_{out1} 与参考电压 V_{ref} 成正比。也可以看出,$I_{\text{out1}} + I_{\text{out2}} = I$。

运算放大器 A 和基准电压 V_{ref} 是外接的。设运算放大器 A 为理想运算放大器(开环增益为无限大,输入阻抗无限大),那么可以认为 M 点与地同电位,即 M 点是虚地。

如果认为运算放大器 A 为理想运算放大器,可以忽略其输入电流,则流过反馈电阻 R_{fb} 的电流 I_{fb} 就等于 I_{out1}。在该集成电路制作过程中,使反馈电阻 R_{fb} 等于 T 形电阻网络的等效电阻 R(也就是电阻网络中的一个电阻 R,对 DAC0832 和 AD7524,$R = 10\text{k}\Omega$)。根据运算放大器的特点,可得输出电压为

$$V_{\text{out}} = -I_{\text{fb}}R_{\text{fb}} = -I_{\text{out1}}R_{\text{fb}} = -D(V_{\text{ref}}/2^nR)R_{\text{fb}}$$
$$= -V_{\text{ref}}D/2^n \tag{4.7-1}$$

式中 $D = D_{n-1} \cdot 2^{n-1} + \cdots + D_1 \cdot 2^1 + D_0 \cdot 2^0$

由式(4.7-1)可知,模拟量输出 V_{out} 与基准电压 V_{ref} 成正比,与 V_{ref} 的极性相反,当 V_{ref} 改变符号(极性)时,V_{out} 也改变极性。

$K_{n-1}、\cdots K_2、K_1、K_0$ 的导通电阻是阻值很小的欧姆电阻(符合欧姆定律),而断开时电阻很大。基准电压 V_{ref} 直接影响 DAC 的精度。因此要求 V_{ref} 波纹小于 1%,在靠近 DAC 的基准电源引脚处有高频滤波电容对 V_{ref} 滤波,电容值一般为 $0.01~\mu\text{F}$ 左右。

由上述分析可知,式(4.7-1)是以假定 M 点"虚地"为基础的,这个假设只有在用理想运算放大器 A 把电流 I_{out1} 变为电压 V_{out} 才成立。这是这种 DAC 的基本特征。属于这类 DAC 的有 8 位 DAC083X 系列(DAC0830,DAC0831 和 DAC0832),12 位 DAC1208,DAC1230 等。

由式(4.7-1)可知,图 4-20 的 DAC 的输出 V_{out} 的绝对值 $|V_{\text{out}}|$ 等于 V_{ref} 与 $D/2^n$ 的乘积。并且 V_{ref} 可正可负也可为零。因此,图中的 T 形电阻 DAC 也称为乘法 DAC。

4.7.2　权电阻型 DAC 的工作原理

图 4-21 是权电阻型 DAC 的电原理图。设图中 A 为理想运算放大器,则其同相输入端与反相输入端同电位(为地电位)。图中的电流 I 是由 V_{ref} 通过所有电阻(图中的 $R、2R、2^2R、2^3R$)流入地的电流之和,由于所有这些电阻的等效电阻为定值,所以在 V_{ref} 为定值时,I 也是定值。$I = I_{\text{out1}} + I_{\text{out2}}$。

因为各支路上的电阻值与对应的数据位的权重成正比,因此称其为权电阻型 DAC。图中各支路中的电流如下:

$$I_0 = V_{ref}/2^3R$$
$$I_1 = V_{ref}/2^2R$$
$$I_2 = V_{ref}/2R$$
$$I_3 = V_{ref}/R$$

从上边公式可见,从 I_0 到 I_3,各支路上的电流呈几何级数增大,与其对应的数据 D_0 到 D_3 的权重一致。

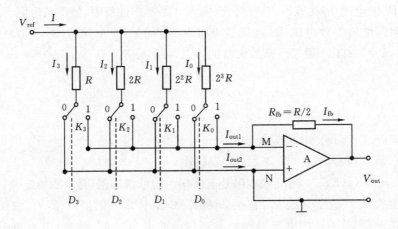

图 4-21　权电阻型 DAC 的电原理图

从 I_0 到 I_3 的电流归于 I_{out1} 还是 I_{out2} 取决于电子开关 K_3 到 K_0 与 M 点接通还是与 N 点接通,电子开关($K_3 \sim K_0$)是受输入数字量 $D_3 \sim D_0$ 控制的,它控制每个支路电流的去向。当某位输入数字量为 1 时,转换开关与 M 接通,该支路的电流就归于 I_{out1};该位输入数字量为 0 时,转换开关与 N 接通,该支路的电流就归于 I_{out2}。

其他分析与 R-2R 电阻网络型 DAC 的分析相同,不再赘述。

4.7.3　DAC 的性能指标

DAC 主要有以下技术指标:

(1)满量程。如果是电流输出,满量程用 IFS 表示,如果是电压输出,用 VFS 表示。满量程是输入数字量全为 1 时的模拟量输出。它是个理论值,可以趋近,但永远达不到。从公式 4.7-1、4.7-2 和 4.7-3 中可见,当数字量 $D_n \sim D_0$ 全为 1 时,有:

$$D = D_{n-1}2^{n-1} + D_{n-2}2^{n-2} + \cdots + D_1 2^1 + D_0 2^0$$
$$= 2^{n-1} + 2^{n-2} + \cdots + 2^1 + 2^0 = 2^n - 1$$

与 4.7.1 节所述公式中分母上的 2^n 相比，$(2^n-1)/2^n = 1 - 1/2^n$。二者相比，总有 $1/2^n$ 的误差。

（2）分辨率。分辨率是 DAC 输入数字量变化 1 个 LSB，DAC 输出模拟量的变化量。它取决于转换器的位数和转换器满刻度值 VFS。分率辨等于满量程 VFS 的 $1/2^n$。

有时也用 DAC 的位数表示分率辨。8 位、10 位、12 位 DAC 的分辨率分别为 $VFS/2^8$、$VFS/2^{10}$、$VFS/2^{12}$，这里 VFS 为满量程，称它们的分辨率分别为 8 位、10 位、12 位。分辨率也可以用满量程的百分数表示。表 4-5 给出了 8 位、12 位 DAC 的分辨率的表示方法及一个 LSB 所对应的模拟量变化的关系。

表 4-5　输入数字量变化 1 个 LSB 所对应的模拟量变化

位数	全量程的分数	全量程的百分数	5V 量程	10V 量程
8	1/256	0.391%	19.5 mV	39.1 mV
12	1/4096	0.0244%	1.22 mV	2.44 mV

（3）非线性（线性度）。非线性也称为线性度或非线性误差，用它来说明 D/A 转换器的直线性的好坏。它是在 D/A 转换器的零点调整好（使 D=00H 时，模拟量输出为零）和增益调整好后，实际的模拟量输出 V 与理论值之差，如图 4-22 所示。非线性可以用百分数或位数表示，例如，±1% 是指实际输出值与理论值之偏差在满刻度的 ±1% 以内。也可以用位数表示，例如，非线性为 10 位，即表示偏差在 $|\pm$ 满刻度$|/2^{10}$ 以内。

（4）相对精度。相对精度是指在满刻度已校准的情况下，在整个刻度范围内，对应于任一输入数码的模拟量输出与它的理论值之差。有两种表示相对精度的方法，一种用数字量的最低有效值 LSB 表示，另一种用该偏差相对满刻度的百分比表示。

（5）绝对精度（简称精度）。绝对精度指对应于满刻度的数字量，DAC 的实际输出与理论值之间的误差。绝对精度是由 DAC 的增益误差、零点误差（数字量输入为全 0 时 DAC 的输出）、非线性误差和噪声引起的。绝对精度应小于 $1/2^n$，即 1LSB（1LSB 即最低有效位）。

（6）建立时间。建立时间是指先前输入的数字量为满刻度（例如 FFH+01H）并已转换完成，输出为满刻度，从此起，再输入一个新的数字量，直到输出达到该数字量所对应的模拟量所需的时间。建立时间即 D/A 转换时间。电流输出型 DAC 建立时间短。电压输出型 DAC 的建立时间主要决定于运算放大器的过渡

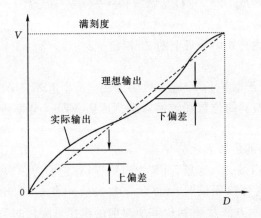

图 4 - 22 D/A 转换器的非线性误差

过程。

(7)温度系数。温度系数是指在规定的温度范围内,温度每变化 1℃ 时 DAC 的增益、线性度、零点等参数的变化量。它们分别称为增益温度系数、线性度温度系数等。

4.7.4 DAC0832 及其与计算机的接口

1. DAC0832 的主要性能

(1)输入的数字量为 8 位,能直接与 8 位微处理器或外总线设置为 8 位的 16 位微处理器相连。

(2)采用 CMOS 工艺,所有引脚的逻辑电平与 TTL 兼容。

(3)数字量输入可以采用双缓冲、单缓冲或直通工作方式。

(4)电流稳定时间:1 μs。

(5)非线性误差:0.2% FSR(满量程)。

(6)分辨率:8 位。

(7)单一电源,5~15 V,功耗 20 mW。

(8)参考电压:-10 V~+10 V。

2. DAC0832 的结构特点

图 4 - 23 是集成 D/A 转换芯片 DAC0832(及 DAC0830 和 DAC0831)的内部结构图。图 4 - 24 是其引脚图,其内部包括一个 8 位输入寄存器、一个 8 位 DAC 寄存器、一个 8 位 D/A 变换器和有关控制逻辑电路组成,其中的 8 位 D/A 变换器是 R-2RT 形电阻网络式的。这种 D/A 变换器在改变基准电压 V_{ref} 的极性后输出

极性也改变。所有输入均与 TTL 电平兼容。

图 4-23 和图 4-24 中，I_{out1} 和 I_{out2} 是电流输出脚。$\overline{LE1}$ 和 $\overline{LE2}$ 分别为两个寄存器的锁存端。当 $\overline{LE1}$ 或 $\overline{LE2}$ 等于 1 时，数据进入 8 位输入寄存器并从其输出端输出，当 $\overline{LE1}$ 或 $\overline{LE2}$ 下跳等于 0 时，输入给 D/A 转换器的数据被锁存。

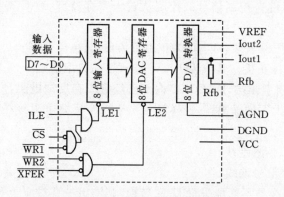

图 4-23　DAC0832 内部结构图

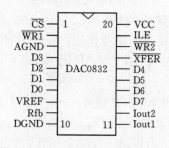

图 4-24　DAC0832 引脚图

DAC0832 采用 20 个引脚的双列直插式封装。各引脚功能如下：

D7~D0：8 位数据量输入引脚，TTL 电平。

ILE：数据输入允许，高电平有效。

$\overline{CS}$：片选信号，低电平有效。

$\overline{WR1}$：输入寄存器写信号。当 ILE、$\overline{CS}$、$\overline{WR1}$ 同时有效（ILE＝1，$\overline{CS}$＝$\overline{WR1}$＝0）时，内部控制信号 $\overline{LE1}$ 有效（$\overline{LE1}$＝1），允许数据 D 进入输入寄存器并从其输出端输出 Q，Q＝D。当 ILE＝0 或 $\overline{CS}$ 和 $\overline{WR1}$ 之一为 1（或两者均为 1）时，$\overline{LE1}$＝0，数据被锁存于输入寄存器，其输出端输出 Q 值为 $\overline{LE1}$ 下跳前的输入数字量 D。实现输入数据的第一级缓冲。

$\overline{WR2}$：DAC 寄存器写信号。当 $\overline{WR2}$ 和 $\overline{XFER}$ 均有效（$\overline{WR2}$＝$\overline{XFER}$＝0）时，

$\overline{LE2}$有效($\overline{LE2}=1$),输入寄存器的数据进入 DAC 寄存器,当$\overline{WR2}$与$\overline{XFER}$中有一个或两者均为 1 时,$\overline{LE2}=0$,数据被锁存于 DAC 寄存器,实现输入数据的第二级缓冲,并开始 D/A 转换。经过 1 μs 后在输出端建立稳定的电流输出,一般还须外接运算放大器才能进一步利用。

$\overline{XFER}$:数据传送控制信号。控制从输入寄存器到 DAC 寄存器的内部数据传送。

V_{ref}:参考电压输入端。V_{ref}可为正也可为负,其电压范围-10 V$\sim+10$ V。

V_{CC}:供电电压正极。其值为$+5$ V$\sim+15$ V,典型值是$+15$ V。

R_{fb}:反馈电阻引出端,DAC0832 内部已经集成有反馈电阻,所以R_{fb}端可直接接到外部运算放大器的输出端,这样就相当于一个反馈电阻接在运算放大器的输入端和输出端。

AGND:模拟信号地线。

DGND:数字信号地线。

8 位 D/A 变换器不断地进行 D/A 转换,其输出一直对应于 8 位 DAC 寄存器输出的当时值,当 8 位 DAC 寄存器的输出改变时,8 位 D/A 变换器的输出也随之改变。因此,为了保证 8 位 D/A 变换器的输出对应于某给定时刻的 D7~D0,在变换器之前必须有寄存器,这就是图中的 8 位 DAC 寄存器。在这里,寄存器起了锁存器的作用。另外,寄存器也起了缓冲作用。在使用时,可以采用双缓冲方式(利用两个寄存器),也可以采用单缓冲方式(只用一级锁存,另一级直通),还可以采用直通方式。

DAC0832 只需一组供电电源,其值可在$+5$ V$\sim+15$ V 范围内。

DAC0832 的参考电压$R_{fb}=-10$ V$\sim+10$ V,因而可以通过改变V_{ref}的符号来改变输出极性。欲使输出为正,V_{ref}须接负电压,反之接正电压。但 AD1408 等转换器的模拟输出电压只能是一个方向,因为其参考电压极性不能改变。

3. DAC0832 与单片机的接口电路

图 4-25 是 DAC0832 在单片机控制下实现模拟量双极性输出的电路。

图 4-25 中的数据输入为单缓冲。图中的$\overline{WR2}$和$\overline{XFER}$引脚接地,这样 DAC 寄存器处于常通状态,就只有输入寄存器这一级缓冲,因此按此接法为单缓冲方式。如果需要数据直通方式,必须将本图中 DAC0832 的$\overline{CS}$和$\overline{WR1}$直接接地,这样输入数据 D7~D0 就直接通过 DAC0832 中的前两个寄存器进入第三个寄存器(D/A 转换寄存器)进行转换。如果需要双缓冲方式,必须将本图中 DAC0832 的$\overline{XFER}$接至微机输出的一根地址线上,而将$\overline{WR2}$与微机的$\overline{WR}$相连,这样输入数据 D7~D0 就必须经过地址不同的两级缓冲寄存器,才能进入第三个寄存器(D/A 转换寄存器)进行转换。

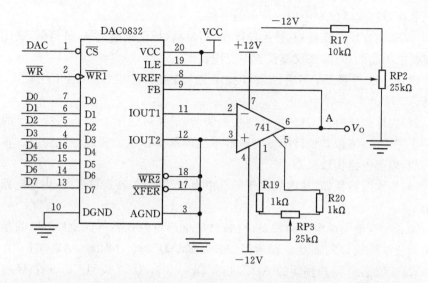

图 4 - 25　DAC0832 与微机的接口电路(双极性输出)

对于图 4 - 25 的电路,通过调节可变电阻 RP2,将 DAC0832 的参考电压 V_{ref}
设置在 -5 V,则计算机数据口每送给 DAC0832 一个 8 位数字量,经 DAC0832 的
转换和运算放大器的 I/V 变换,在运算放大器的输出端(图中 A 点)将得到一个与
参考电压极性相反的电压输出(0～+5 V)。DAC0832 对执行时序也有一定的要
求,首先 $\overline{WR}$ 选通脉冲应有一定的宽度,一般要求≥500 ns。当取 VCC＝+15 V 典
型值时,$\overline{WR}$ 宽度只要≥100 ns 就可以了。此时器件处于最佳工作状态。再就是
数据输入保持时间应不小于 90 ns。在满足这两个条件时,转换电流建立时间为
1 μs。当 VCC 偏离典型值时,要注意满足转换时序要求,否则不能保证正确转换。

由于 DAC0832 为 8 位 D/A 转换器,很适合与数据线为 8 位的单片机接口,在
实用中也大多用于单片机系统中。

4.8　A/D 转换技术与应用电路

由传感器送出的模拟量电压信号或电流信号(须转换为电压信号)经过信号调
理电路、多路开关和采样保持器后,必须转换成数字量才能送入计算机。将模拟量
电压信号转换成数字量的器件叫作模拟/数字转换器,简称为 ADC(Analogue
Digit Converter)。ADC 在工业控制、智能仪器仪表中广为应用。按工作原理分,
目前产品中应用的 ADC 主要有以下几类:

(1)逐位逼近式转换器:其转换速度较快,精度高,抗干扰能力中等,价格不高,

是工业控制和仪器仪表中用的最多的一种。

（2）双积分式转换器：其转换速度慢，精度高，抗干扰能力强，价格低，适用于对速度要求不高的场合，在仪器仪表中应用较多。

（3）$\Sigma - \Delta$ 转换器：利用过采样技术进行转换，速度低于逐位逼近式，精度较高。

（4）闪烁型转换器：其转换速度是最快的，最高可达 1GSPS。它对信号的转换是一次完成的，不像其他转换器要进行多次内部操作才能完成一次转换。转换精度一般，内部电路比较复杂。

（5）流水线转换器：速度仅次于闪烁型模数转换器，转换精度高，内部电路比较复杂。

随着大规模集成电路的发展，目前已经生产出各式各样的 ADC，以满足微机和单片机系统设计的需要。普通型 ADC，如 ADC080X（8 位），AD7570（10 位），ADCl210（12 位）等；高性能的 ADC，如 MOD-1205，AD578，ADCll31 等；还有高速 ADC，如 AD574A，AD674，AD774，AD1674 等。为了使用方便，有些 ADC 内部还带有可编程放大器，或多路模拟开关、三态输出锁存器等。如 ADC0809，其内部有 8 路模拟开关，AD363 不但有 16 通道（或双 8 通道）多路开关，而且还有放大器、采样保持器及 12 位 ADC。另外还有专门供数字显示用，直接输出 BCD 码的 ADC，如 AD7555 等。这些 ADC 是计算机获取控制信息的重要器件。这里介绍应用最为普遍的两类 ADC—逐位逼近式和双积分式转换器的工作原理及其与计算机的接口技术。具体介绍 8 位逐位逼近式，数据并行输出的 A/D 转换器 ADC0809 器件原理与接口技术。

4.8.1　逐位逼近式 ADC 的结构及工作原理

图 4 - 26 是 8 位逐位逼近式 ADC 的结构和工作原理框图。

它主要由 8 位逐位逼近寄存器 SAR、8 位 D/A 转换器、电压比较器、控制时序及逻辑电路、数字量输出等部分组成，其工作原理如下：

当启动信号 START 起作用（下跳）后，时钟信号在控制逻辑作用下，首先使 SAR 寄存器的最高位 A_7 为 1，其余位为 0，SAR 寄存器的数字量一方面作为输出用，另一方面经 D/A 转换器转换成模拟量 V_a 后，送到电压比较器。在电压比较器中与被转换的模拟电压 V_x 进行比较，控制逻辑根据比较器的输出进行判断。若 $V_x > V_a$，则保留这一位为 1；若 $V_x < V_a$，则 A_7 位置 0。A_7 位比较完后，再对下一位 A_6 进行比较，使 $A_6 = 1$，与刚确定的 A_7 位一起送入 D/A 转换器（此时，其他位仍为 0），转换后的电压 V_a 再进入比较器，与 V_x 比较，当 $V_x > V_a$ 时，则保留该位为 1，

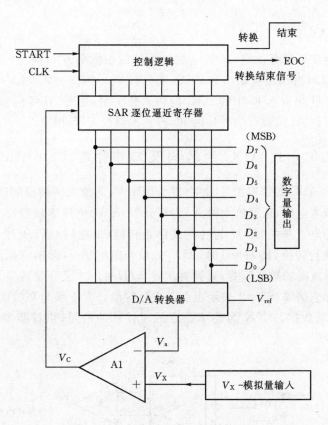

图 4 - 26 逐位逼近式 A/D 转换原理

否则为 0,如此一位一位地继续下去,直到最后一位 D_0 比较完毕为止。此时,EOC 发出信号(跳高)表示转换结束。这时 SAR 寄存器的状态就是转换后的数字量数据,经输出锁存器输出。整个转换过程就是采用逐位比较逼近实现的。10 位、12 位、16 位 ADC 的工作原理与 8 位的相同,只不过寄存器的位数多一些,转换过程中比较的次数多一些而已。

图 4 - 26 的 ADC 的转换精确度决定于比较器的分辨能力和 DAC 的精确度。由数模转换器公式:

$$V_{out} = -I_{fb}R_{fb} = -I_{out1}R_{fb} = -D(V_{ref}/2^nR)R_{fb} = -V_{ref}D/2^n$$

式中,$D = D_{n-1} \cdot 2^{n-1} + \cdots + D_1 \cdot 2^1 + D_0 \cdot 2^0$

可知,比较器的输出电压与参考电压 V_{ref} 成正比,因此,比较器的精确度与 V_{ref} 的稳定性关系极大,因此必须对 V_{ref} 进行稳压和滤波以保证其稳定从而保证比较器的精确度。

对图 4 - 26 来说,$V_a = -V_{ref}D/2^8$

式中，$D = A_7 \cdot 2^7 + \cdots + A_1 \cdot 2^1 + A_0 \cdot 2^0 = \sum\limits_{i=0}^{7} A_i \cdot 2^i$

如果转换结果没有误差，当 $V_x = V_{ref}$ 时，D 的各位全为 1；$V_x = 0$ 时，D 的各位全为 0。设 ADC 的满量程输出为 VFS，则只有 $V_x = VFS = V_{ref}$ 时，D 的各位才能全为 1。这里 D 既是 ADC 中的 DAC 的输入数字量，也是 ADC 向外输出的数字量。因此大多数 ADC 设计为外接的 V_{ref} 与其满量程 VFS 相等。

4.8.2 双积分式 ADC 的结构及工作原理

双积分式 ADC 的结构图见图 4-27。图中 V_{in} 为输入待转换的信号电压，V_{ref} 为转换器的参考电压，运算放大器 A_1 为积分器，A_2 为电压比较器，K_0、K_1 为由控制逻辑控制的电子开关，$R/\overline{H}$ 为转换或停止转换（挂起）控制，$R/\overline{H} = 1$ 时，ADC 连续不断的执行转换，$R/\overline{H} = 0$ 时，ADC 完成当前的 A/D 转换后就停止转换，而保持本次转换所得的数据不变，直到再次使 $R/\overline{H} = 1$，才又开始转换。ST 为积分和退积分忙标志信号，ST = 1 表示正在双积分阶段，ST 下跳为 0 时表示这次转换结束，可以读取数据。CLK 为连续稳定的时钟脉冲信号，供计数器与控制逻辑使用。

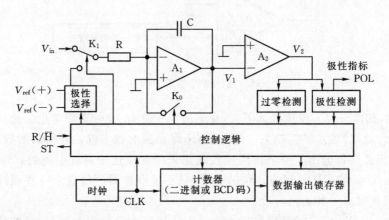

图 4-27 双积分式 ADC 的结构原理图

执行一次 A/D 转换，要经历以下三个阶段，示意图见图 4-28。

(1)系统调零阶段

设在 $t = 0$ 时，使 $R/\overline{H} = 1$，就启动了 A/D 转换，此时控制逻辑控制 K_0 接通，使积分电容 C 放电，控制逻辑的计数器开始对时钟脉冲计数，直到计数器计数到设定的一个数值 N_0（该值在芯片制造时已经固化，是一个定值，例如 ICL7109 的

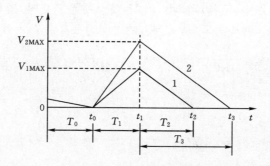

图 4 - 28　双积分 ADC 电压波形图

$N_0 = 2048$,MC14433 的 $N_0 = 4000$)时为止。此时的时刻为 t_0。此时积分电容 C 两端电压几乎为 0。此时,控制逻辑断开 K_0,并将计数器清零(使其内部数据寄存器的各位都为 0)。

(2)对模拟输入信号 V_{in} 积分阶段(采样阶段)

在 $t = t_0$ 时控制逻辑使模拟开关 K_1 与 V_{in} 接通,开始对积分电容 C 充电,则运放 A_1 的输出为

$$V_1 = \frac{1}{RC} \int_0^t V_{in} dt$$

如果 V_{in} 是常值或者是平均值,则

$$V_1 = \frac{V_{in}}{RC} \int_0^t dt = \frac{t V_{in}}{RC} \qquad (4.8-1)$$

从 t_0 起,计数器就开始计数,直到计数器计数到设定的另一个数值 N(该值在芯片制造时已经固化,也是一个定值,例如 ICL7109 的 $N = N_0 = 2048$,MC14433 的 $N = 4000$)时为止,此时的时刻为 t_1。从 t_0 到 t_1 的时间为 T_1,设时钟 CLK 的脉冲周期为 T,则 $T_1 = NT$。在 $t = t_1$ 时,A_1 的输出电压 V_1 到达双积分过程中 V_1 的最大值 $V_{1\,max}$。

$$V_1 = V_{1\,max} = \frac{T_1 V_{in}}{RC} = \frac{V_{in}}{RC} NT \qquad (4.8-2)$$

同时,在此时刻,控制逻辑将计数器清零。

(3)对参考电压积分阶段(测量阶段或又称退积分阶段)

在 $t = t_1$ 时,控制逻辑使模拟开关 K_1 与 V_{ref} 接通,V_{ref} 的极性与 V_{in} 相反,于是积分电容 C 开始放电,退积分阶段开始。从 $t = t_1$ 起,计数器又开始计数,运放的输出电压按以下规律变化:

$$V_1 = V_{1\,max} - \frac{1}{RC} \int_{t1}^t V_{ref} dt = V_{1\,max} - \frac{V_{ref}}{RC}(t - t_1) \qquad (4.8-3)$$

在该退积分过程中，V_1持续减小，当V_1减小到等于 0 时，退积分结束，此时计数器的计数值为N_x，时刻为t_2，从t_1到t_2的时间为T_2，则$T_2 = N_x T$。

此时　　　　$0 = V_{1\max} - \dfrac{V_{ref}}{RC}(t_2 - t_1) = V_{1\max} - \dfrac{V_{ref}}{RC}T_2 = V_{1\max} - \dfrac{V_{ref}}{RC}N_x T$

即

$$V_{1\max} = \frac{V_{ref}}{RC}N_x T \tag{4.8-4}$$

由式 4.8-2 和式 4.8-4 可得

$$\frac{V_{in}}{RC}NT = \frac{V_{ref}}{RC}N_x T$$

化简后为　　　　　　　　$$N_x = \frac{V_{in}}{V_{ref}}N \tag{4.8-5}$$

该计数值N_x就是模拟电压V_{in}转换后的数字量数值。

对于一个较高的模拟输入电压，可得到较高的积分电压$V_{2\max}$，退积分的时间T_3也成比例地延长，从而得到的计数值N_x也成比例地增长。从图中可见，无论输入的模拟电压多大，对于给定的芯片和时钟频率，从$t_0 - t_1$的时间T_1大小不变。输入的模拟电压大小不同，得到的$V_{\max}$的大小也不同。$V_{\max}$与输入的模拟电压大小成比例。

输入模拟电压与参考电压必须极性相反，才能实现积分与退积分，如果极性相同，就只能沿同一个方向积分，无法实现模数转换。但是输入模拟电压是外部进入的信号，它的极性不好改变，因此 ADC 器件内部的极性检测电路自动检测输入信号的极性，再由控制逻辑控制极性选择电路，选择与输入模拟电压极性相反的参考电压V_{ref}，这就是这种器件需要外加正负两个参考电压$V_{ref}(+)$和$V_{ref}(-)$的原因。同时从 POL 引脚输出表示输入模拟电压极性的信号，当输入模拟电压为正时，POL＝1，当输入模拟电压为负时，POL＝0。

怎么知道V_1从大到小过程中到达零值呢？图 4-27 中的电压比较器A_2就是专门检测过零和检测输入电压的极性用的。在对V_{ref}积分过程中，V_1从大到小直到负值，必然要过零点，在V_1过零点变为负值的一刻，A_2的输出电压V_2的极性会发生变化，过零检测电路检测到这一变化时，就输出一个信号给控制逻辑，控制逻辑就使计数器停止计数，从而获得所需的计数值N_x。

由式 4.8-5 可知，转换结果N_x只与输入电压V_{in}、参考电压V_{ref}和芯片内固化的一个数值N有关。而与时钟周期的长短无关，但从以上原理讨论可知，转换所需的总时间却与时钟周期T成正比。因此时钟脉冲频率高，转换速度就快。但由于电路的动作都需要一定的时间，频率过高，电路就无法工作，因此对时钟频率也有一定的限制，芯片性能说明书上都有相应的指标。

　　如果输入信号或参考电压 V_{ref} 上叠加有干扰信号,则有可能会对转换结果产生影响。但如果这些信号是对称交流信号,且时间段 T_1 是输入信号电压 V_{in} 上的交流干扰信号的整数倍,或者 T_1 比该干扰信号的周期大得多,则这些干扰信号对转换结果没有影响。同时,如果时间段 T_2 是参考电压 V_{ref} 上的交流干扰信号的整数倍,或者 T_2 比该干扰信号的周期大得多,则这些干扰信号对转换结果也没有影响,所以说双积分 ADC 的抗干扰能力强。对于不对称的干扰信号,则会产生影响,要在信号调理电路中想法去除。

4.8.3　ADC0809 模数转换器

　　ADC0809 为常用的逐位逼近式 8 位 A/D 转换器,其转换速度为 1 万次/s。

1. ADC0809 引脚功能

ADC0809 引脚图见图 4 - 29。其引脚功能如下:

D7~D0:8 位数据输出线;

IN7~IN0:8 路模拟信号输入;

ADDC、ADDB、ADDA:8 路模拟信号输入通道的地址选择线;

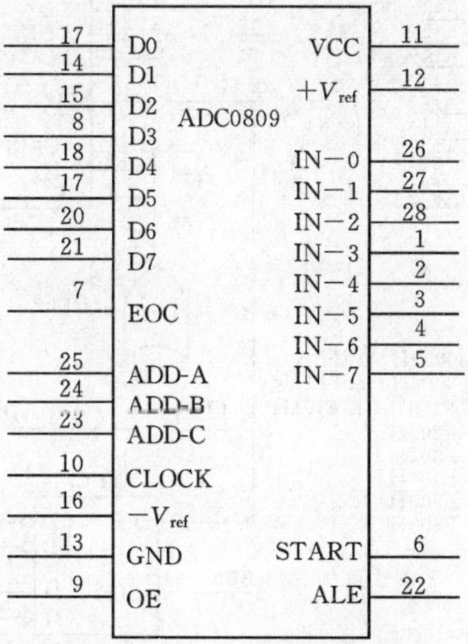

图 4 - 29　ADC0809 引脚图

　　ALE:地址锁存允许,其正跳变锁存地址选择线状态,经译码选通对应的模拟输入;

　　START:启动信号,上升沿使片内所有寄存器清零,下降沿启动 A/D 转换;

EOC:转换结束信号,转换开始后,此引脚变为低电平,转换一结束,此引脚变为高电平;

OE:输出允许,此引脚为高电平有效,当有效时,芯片内部三态数据输出锁存缓冲器被打开,转换结果送到 D7～D0 口线上;

CLOCK:时钟,最高可达 1280 kHz,由外部提供;

$+V_{ref}$、$-V_{ref}$:参考电压正极、负极,通常 $+V_{ref}$ 接 VCC,$-V_{ref}$ 接 GND;

VCC:电源,$+5$ V;

GND:地线。

2. ADC0809 与 51 单片机的连接

其连接由片选信号产生电路和其他控制信号连接电路组成,见图 4-30。

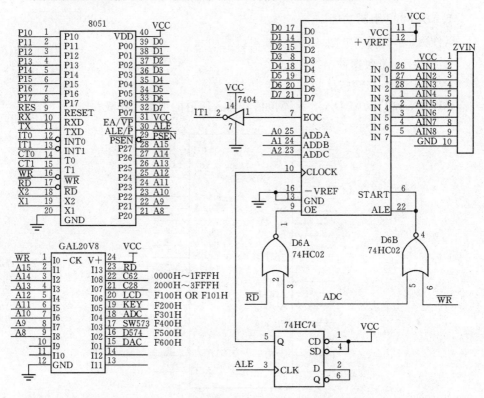

图 4-30 ADC0809 与 51 单片机的电路连接图

图 4-30 中,EOC 线经过反相器和 8051 的 /INT1 相连,这说明 8051 可以采用中断方式来读取 ADC0809 的转换结果,也可以用查询方式读取转换结果。在采用中断方式时,要让 INT1 中断处于开放状态,在查询方式时,要让 INT1 中断

处于禁止状态。为了给 OE 线分配一个地址,将 8051 的 RD 信号和 GAL20V8 的输出端 ADC 经或非门 74HC02 与 OE 相连。

由图 4-30 可见,START 和 ALE 互连可使 ADC0809 在接收模拟量信号路数地址时启动工作。START 信号由 8051 的/WR 和 GAL20V8 的输出端 ADC 经或非门 74HC02 产生。平时 START 因 GAL20V8 输出端 ADC 上为高电平而封锁。当 8051 选通 ADC 的地址 F30xH 时,ADC 输出为低电平,与/WR 的有效信号低电平共同作用于或非门 74HC02,使其输出 1 个高电平脉冲,加在 ADC0809 的 START 上,该正脉冲启动 ADC0809 工作,ALE 上的正脉冲使得 ADDA、AD-DB、ADDC 上的地址得到锁存。

高 8 位地址总线通过 GAL20V8 译码,产生 ADC0809 的片选地址信号 F30XH,其中 X 所表示的是低四位 A3、A2、A1、A0 所产生的地址信号,A2、A1、A0 是 8 路模拟信号输入通道的地址选择线,具体见表 4-6。

表 4-6　ADC0809 各信号通道地址

A2	A1	A0	AD 通道	地址
0	0	0	IN-0	F300
0	0	1	IN-1	F301
0	1	0	IN-2	F302
0	1	1	IN-3	F303
1	0	0	IN-4	F304
1	0	1	IN-5	F305
1	1	0	IN-6	F306
1	1	1	IN-7	F307

在 8051 响应中断后,就可以读取数据,对规定的地址进行读取,实际上就是使 GAL20V8 的输出端 ADC 有效,则 OE 变为高电平,从而打开三态输出锁存器,让 8051 读取 A/D 转换后的数字量。

4.8.4　使用处理器内带的 A/D 转换器

笔者在实践中常常使用单片机内带的 ADC,现在市场上出售的单片机绝大多数内置了 AD 转换器,大多数是逐位逼近式 10 位多通道转换器,有些是 12 位多通道转换器,转换速度比较快,可以满足一般工业应用需求。例如 STM32 系列、

STM8 系列、AVR 系列、PIC 系列、STC 系列单片机,都带有逐位逼近式多路输入的 ADC。

在选择单片机时,根据系统 A/D 转换对位数和转换速度的要求,选用合适的单片机就可以了。我们曾经采用 Silicon 公司的 C8051F206 单片机作为 12 位 ADC 使用,比采用单一的 AD 转换器性能好,价格低。还有除了 C8051F230/1/6 外,其他 C8051FXX 单片机内部都有一个 ADC 子系统,由逐位逼近型 12 位 ADC、多通道模拟输入选择器和可编程增益放大器组成。

C8051F 系列内含的 ADC 工作在最大采样速率 100 ksps 时,可提供真正的 8 位、10 位或 12 位精度。ADC 完全由 CIP-51 通过特殊功能寄存器控制,在不进行 AD 转换时,系统控制器可以关断 ADC 以节省功耗。

C8051F00X/01X/02X 还有一个 15×10^{-6} 的电压基准和内部温度传感器,并且 8 个外部输入通道的每一对都可被配置为 2 个单端输入或一个差分输入。

可编程增益放大器接在模拟多路选择器之后,增益可以用软件设置,从 0.5 到 16 以 2 的整数次幂递增。当不同 ADC 输入通道之间,输入的电压信号范围差距较大或需要放大一个具有较大直流偏移的信号时(在差分方式,DAC 可用于提供直流偏移),这个放大环节是非常有用的。

C8051F 的 A/D 转换可以有 4 种启动方式:软件命令、定时器 2 溢出、定时器 3 溢出或外部信号输入。这种灵活性允许用软件事件、硬件信号触发转换或进行连续转换。一次转换完成后可以产生一个中断,或者用软件查询一个状态位来判断转换结束。在转换完成后,转换结果数据字被锁存到特殊功能寄存器中。对于 10 位或 12 位 ADC,可以用软件控制结果数据字为左对齐或右对齐格式。

ADC 数据比较寄存器可被配置为当 ADC 数据位于一个规定的窗口之内时向控制器申请中断。ADC 可以用后台方式监视一个关键电压,当转换数据位于规定的窗口之内时才向控制器申请中断。

除了 12 位的 ADC 子系统 ADC0 之外,C8051F02X 还有一个 8 位 ADC 子系统,即 ADC1,它有一个 8 通道输入多路选择器和可编程增益放大器。该 ADC 工作在最大采样速率 500ksps 时,可提供真正的 8 位精度。ADC1 的电压基准可以在模拟电源电压(AV+)和外部 VREF 引脚之间选择。用户软件可以将 ADC1 置于关断状态以节省功耗。ADC1 的可编程增益放大器的增益可以被编程为 0.5,1,2 或 4。ADC1 也有灵活的转换控制机制,允许用软件命令、定时器溢出或外部信号输入启动 ADC1 转换;用软件命令可以使 ADC1 与 ADC0 同步转换。

C8051F 系列处理器的最大优势:它们是工业级产品,可以工作在 $-40{}^{\circ}\!C \sim +85{}^{\circ}\!C$ 的工业环境中,具有良好的温度稳定性和良好的抗干扰能力,而且其价格仅为其他工业级转换器的五分之一,一片带有 12 位 ADC 的单片机 C8051F206,2016

年 10 月在西安的售价仅为 10 元人民币。而同期其他公司的工业级 12 位 ADC 售价在 30～100 元不等。

STC 系列单片机的最大优势是既含有 A/D 子系统,还有可以由用户在线改写的非易失存储器,可以在线设置修改系统参数。

思考题与习题

1. 运算放大器通常有几种用法? 在信号处理中使用运放主要是做什么用?

2. 有一台仪器的信号传感器的输出电压为 0～10 mV,仪器中的 A/D 转换器的输入电压值为 0～10 V,画出用 LM324 作为运算放大器的多级放大电路图。

3. 仪表放大器有什么特点? 说明其工作原理。

4. 说明采样保持器 LF398 的工作原理。

5. 有一信号的频率在 500～2000 Hz,要对其全频段进行采样,采样器的采样频率最少是多少? 为什么? 对这一频率范围采样,采样器的采样频率为多少比较合适?

6. 用运算放大器设计一低通滤波器,其截至频率 $f_0 = 20$ kHz。

7. 设计 16 路共地信号的隔离与选通电路。

8. 为什么阶梯电压不能用模拟开关隔离与选通? 应选用什么器件为好?

9. 数字滤波的基本思想是什么? 在实用中如何处理信号上的异常点?

10. 说明工频周期滤波的意义和原理。工频周期滤波的起始点是否必须在交流电的过零时刻,为什么?

11. 信号馈送过程中,以电流传输信号和以电压传输信号各有什么优缺点?

12. 画出 ADC0809 与 8051 单片机的连接图。

第 5 章 单片机程序设计语言

单片机程序设计语言经历了多年发展,从最初的汇编语言发展到现在的 C 语言和 C++语言。C 语言是一种通用的计算机程序语言,具有一般高级语言的特点。它克服了汇编语言编写程序的可读性差和可移植性差、程序开发周期长、调试和排错困难等缺点,又克服了高级语言编程难以实现对于计算机硬件直接操作的缺点。因此 C 语言应用越来越广泛,成为所有单片机的通用高级语言。

C 语言编写的程序必须经过编译和连接后才能生成可执行代码,才能在计算机上运行。不同的单片机执行的指令代码是不同的,因此,用 C 语言编写程序时,必须针对具体的单片机种类,采用针对该类单片机的头文件,并要采用针对该单片机的编译器和连接器将 C 语言编译为该单片机的可执行代码。本书以应用广泛的 51 单片机为例,学习单片机的 C 语言程序设计技术。

C51 编译器的作用是把 C 语言源程序翻译成 51 单片机可以执行的目标代码文件,但是这个目标代码文件地址是浮动的,不能直接装入 8051 单片机的程序区运行,必须经过连接定位器 L51 的连接和定位,生成具有绝对地址的目标代码才能在 51 单片机中运行。

5.1 51 单片机指令与程序设计语言

计算机指令指的是计算机能够直接执行的目标程序代码,通常称其为指令代码,而不是我们所编写的程序源代码。我们所编写的程序称之为源程序,必须要经过一种编译软件,把源程序转变为指令代码,计算机才能执行。

5.1.1 计算机指令与程序

51 单片机的指令有 111 条,其分类与指令举例见表 5-1 所示。

程序设计语言指的是人在编写程序时所使用的语言。从表 5-1 可见,指令代码是很难记忆的,人们很难直接用指令代码编写程序,即使费了九牛二虎之力编出了指令代码程序,也很难修改和移植,这是因为人们几乎没有办法记住这些由一大堆字母和数字组成的文件每一个表达的是什么意思,也就没有办法在需要的时候进行修改和移植。

表 5 - 1　51 单片机的指令

指令分类		指令举例	
序号	指令类型	指令	含义
1	算术运算类	00	空操作
2	逻辑运算类	01	2k 以内跳转
3	控制转移类	02	远跳转
4	位操作类	A4	A×B
		D2	设置位变量为 1
		C2	设置位变量为 0

　　但是不要紧,早期的单片机设计人员设计了一种可以方便地阅读和修改的计算机语言,叫做汇编语言。使用过这种汇编语言的人都知道,这也是一种可读性比较好的语言。有人说,这种程序不是模块化结构,不便于程序设计。但是真正使用过的人员一定知道,它也是由一个个程序模块组成的,可以在程序中不同的地方调用这些功能模块,C 语言的模块化结构就是来源于汇编语言的模块化结构。只是汇编语言数学计算的编程复杂,对大数据的计算和浮点数的计算编程更复杂,编程效率很低,程序出错时查错困难,程序安全性比较差。

　　总结汇编语言,它比指令码好记忆、好理解,但编程繁琐,工作量大,程序不安全,现在仅有一些不熟悉 C51 和 PLM51 的人在使用。

　　为了推广由其设计生产的 8051 单片机,Intel 公司在 8051 单片机面世不久,组织软件人员将大型计算机上的 PLM 程序设计语言移植到 51 单片机上,称之为 PLM51 程序设计语言。这是一种高级语言,可读性好,数学运算编程简便,模块化结构,曾经流行 10 余年,至今还有人在使用。

　　后来 C 语言被开发并流行起来,C 语言是一种贴近硬件的高级语言,模块化结构,支持浮点运算。但由于单片机的内部资源有限,结合单片机的特点(如位操作),与标准 C 语言相比,单片机的 C 语言有自己的特点。fulankelin 公司将 C 语言移植到 51 单片机上,称之为 C51 程序设计语言,给 C51 语言奠定了基础。后来由 keil 公司继续优化其编译系统,逐步流行起来,是目前应用最广泛的 51 单片机程序设计语言。

　　本课程学习的是 C51。

5.1.2　C 语言的特点

C 语言特点如下：

◆ 语言简洁、紧凑,使用方便、灵活。

◆ 运算符丰富。

◆ 数据结构丰富。具有现代化语言的各种数据结构。

◆ 可进行结构化程序设计。

◆ 可以直接对计算机硬件进行操作。

◆ 生成的目标代码质量高,程序执行效率高。

◆ 可移植性好。

C 语言程序采用函数结构,每个 C 语言程序由一个或多个函数组成,在这些函数中至少应包含一个主函数 main(),也可以包含一个 main() 函数和若干个其他的功能函数。不管 main() 函数放于何处,程序总是从 main() 函数开始执行,执行到 main() 函数结束则结束。在 main() 函数中调用其他函数,其他函数也可以相互调用,但 main() 函数只能调用其他的功能函数,而不能被其他的函数所调用。

功能函数可以是 C 语言编译器提供的库函数,也可以是由用户定义的自定义函数。在编制 C 程序时,程序的开始部分一般是预处理命令、函数说明和变量定义等。

用 C 语言编写 51 单片机程序与用汇编语言编写 51 单片机程序不同,汇编语言必须要考虑其存储器结构,尤其必须考虑其片内数据存储器与特殊功能寄存器的使用以及按实际地址处理端口数据。

用 C 语言编写的 51 单片机应用程序,则不用像汇编语言那样须具体组织、分配存储器资源和处理端口数据,这些由编译器和连接器去完成。但在 C 语言编程中,对数据类型与变量的定义,必须要与单片机的存储结构相关联,否则编译器不能正确地映射定位。

用 C 语言编写单片机应用程序与标准的 C 语言程序也有相应的区别:C 语言编写单片机应用程序时,需根据单片机存储结构及内部资源定义相应的数据类型和变量,而标准的 C 语言程序不需要考虑这些问题。

C51 包含的数据类型、变量存储模式、输入输出处理、函数等方面与标准的 C 语言有一定的区别。其他的语法规则、程序结构及程序设计方法等与标准的 C 语言程序设计相同。

现在支持 51 系列单片机的 C 语言编译器有很多种,如 American Automation、Avocet、BSO/TASKING、DUNFIELD SHAREWARE、KEIL/Franklin 等。各种编译器的基本情况相同,但具体处理时有一定的区别,其中 KEIL/Franklin

以它的代码紧凑和使用方便等特点优于其他编译器,使用广泛。

本章主要以 KEIL 编译器介绍 51 单片机 C 语言程序设计。

5.1.3　C51 与标准 C 语言的区别

C51 的语法规定、程序结构及程序设计方法都与标准的 C 语言程序设计相同,但 C51 程序与标准的 C 程序在以下几个方面不一样:

(1)C51 中定义的库函数和标准 C 语言定义的库函数不同。标准的 C 语言定义的库函数是按通用微型计算机来定义的,而 C51 中的库函数是按 51 单片机相应情况来定义的;

(2)C51 中的数据类型与标准 C 的数据类型也有一定的区别,在 C51 中还增加了几种针对 51 单片机特有的数据类型;

(3)C51 变量的存储模式与标准 C 中变量的存储模式不一样,C51 中变量的存储模式是与 51 单片机的存储器紧密相关;

(4)C51 与标准 C 在函数使用方面也有一定的区别,C51 中有专门的中断函数。

5.2　C51 的数据类型

C51 的数据类型分为基本数据类型和组合数据类型,情况与标准 C 中的数据类型基本相同,但其中 char 型与 short 型相同,float 型与 double 型相同,另外,C51 中还有专门针对于 51 单片机的特殊功能寄存器型和位类型。

(1)字符型 char

有 signed char 和 unsigned char 之分,默认为 signed char。它们的长度均为一个字节,用于存放一个单字节的数据。

对于 signed char,它用于定义带符号字节数据,其字节的最高位为符号位,"0"表示正数,"1"表示负数,补码表示,所能表示的数值范围是 $-128 \sim +127$;

对于 unsigned char,它用于定义无符号字节数据或字符,可以存放一个字节的无符号数,其取值范围为 $0 \sim 255$。unsigned char 可以用来存放无符号数,也可以存放西文字符,一个西文字符占一个字节,在计算机内部用 ASCII 码存放。

(2)int 整型

分 singed int 和 unsigned int,默认为 signed int。它们的长度均为两个字节,用于存放一个双字节数据。对于 signed int,用于存放两字节带符号数,补码表示,数的范畴为 $-32768 \sim +32767$。对于 unsigned int,用于存放两字节无符号数,数的范围为 $0 \sim 65535$。

(3)long 长整型

分 singed long 和 unsigned long,默认为 signed long。它们的长度均为四个字节,用于存放一个四字节数据。对于 signed long,用于存放四字节带符号数,补码表示,数的范畴为 $-2147483648 \sim +2147483647$。对于 unsigned long,用于存放四字节无符号数,数的范围为 $0 \sim 4294967295$。

(4)float 浮点型

float 型数据的长度为四个字节,格式符合 IEEE-754 标准的单精度浮点型数据,包含指数和尾数两部分,最高位为符号位,"1"表示负数,"0"表示正数,其次的 8 位为阶码,最后的 23 位为尾数的有效数位,由于尾数的整数部分隐含为"1",所以尾数的精度为 24 位。

(5) * 指针型

指针型本身就是一个变量,在这个变量中存放的指向另一个数据的地址。这个指针变量要占用一定的内存单元,对不同的处理器其长度不一样,在 C51 中它的长度一般为 1~3 个字节。

(6)特殊功能寄存器型

这是 C51 扩充的数据类型,用于访问 51 单片机中的特殊功能寄存器数据,它分 sfr 和 sfr16 两种类型。其中:

sfr 为字节型特殊功能寄存器类型,占一个内存单元,利用它可以访问 51 内部的所有特殊功能寄存器;

sfr16 为双字节型特殊功能寄存器类型,占用两个字节单元,利用它可以访问 51 内部的所有两个字节的特殊功能寄存器。

在 C51 中对特殊功能寄存器的访问必须先用 sfr 或 sfr16 进行声明。

(7)位类型

这也是 C51 中扩充的数据类型,用于访问 51 单片机中的可寻址的位单元。在 C51 中,支持两种位类型:b 型和 sb 型。它们在内存中都只占一个二进制位,其值可以是"1"或"0"。

其中,用 b 定义的位变量在 C51 编译器编译时,在不同的时候位地址是可以变化的,而用 sb 定义的位变量必须与 51 单片机的一个可以寻址位单元或可位寻址的字节单元中的某一位联系在一起,在 C51 编译器编译时,其对应的位地址是不可变化的。

KEIL C51 编译器能够识别的基本数据类型见表 5-2。

表 5 - 2　C51 基本数据类型

基本数据类型	长度	取值范围
unsigned char	1B	0～255
signed char	1B	−128～+127
unsigned int	2B	0～65535
signed int	2B	−32768～+32767
unsigned long	4B	0～4294967295
signed long	4B	−2147483648～+2147483647
float	4B	±1.175494E−38～±3.402823E+38
b	1b	0 或 1
sb	1b	0 或 1
sfr	1B	0～255
sfr16	2B	0～65535

在 C51 语言程序中,有可能会出现在运算中数据类型不一致的情况。C51 允许任何标准数据类型的隐式转换,隐式转换的优先级顺序如下:

字节→char→int→long→float→signed→unsigned

也就是说,当 char 型与 int 型进行运算时,先自动对 char 型扩展为 int 型,然后与 int 型进行运算,运算结果为 int 型。C51 除了支持隐式类型转换外,还可以通过强制类型转换符"()"对数据类型进行人为的强制转换。

C51 编译器除了能支持以上这些基本数据类型之外,还能支持一些复杂的组合型数据类型,如数组类型、指针类型、结构类型、联合类型等这些复杂的数据类型,在后面将相继介绍。

5.3　C51 的运算量

5.3.1　常量

常量是指在程序执行过程中其值不能改变的量。在 C51 中支持整型常量、浮点型常量、字符型常量和字符串型常量。

1. 整型常量

整型常量也就是整型常数,根据其值范围在计算机中分配不同的字节数来存放。在 C51 中它可以表示成以下几种形式:

十进制整数。如 234、−56、0 等。

十六进制整数。以 0x 开头表示,如 0x12 表示十六进制数 12H。

长整数。在 C51 中当一个整数的值达到长整型的范围,则该数按长整型存放,在存储器中占四个字节,另外,如一个整数后面加一个字母 L,这个数在存储器中也按长整型存放。如 123L 在存储器中占四个字节。

2.浮点型常量

浮点型常量也就是实型常数。有十进制表示形式和指数表示形式。

十进制表示形式又称定点表示形式,由数字和小数点组成。如 0.123、34.645 等都是十进制数表示形式的浮点型常量。

指数表示形式为:[±]数字[.数字]e[±]数字

例如:123.456e-3、−3.123e2 等都是指数形式的浮点型常量。

3.字符型常量

字符型常量是用单引号引起的字符,如 'a'、'1'、'F' 等。可以是可显示的 ASCII 字符,也可以是不可显示的控制字符。对不可显示的控制字符须在前面加上反斜杠"\"组成转义字符。利用它可以完成一些特殊功能和输出时的格式控制。常用的转义字符如表 5-3 所示。

表 5-3　常用的转义字符

转义字符	含　义	ASCII 码(十六进制数)
\o	空字符(null)	00H
\n	换行符(LF)	0AH
\r	回车符(CR)	0DH
\t	水平制表符(HT)	09H
\b	退格符(BS)	08H
\f	换页符(FF)	0CH
\'	单引号	27H
\"	双引号	22H
\ \	双斜杠	5CH

4.字符串型常量

字符串型常量由双引号""括起的字符组成。如"D"、"1234"、"ABCD"等。注意字符串常量与字符常量不一样,一个字符常量在计算机内只用一个字节存放,而一个字符串常量在内存中存放时不仅双引号内的字符一个占一个字节,而且系统会自动在后面加一个转义字符"\o"作为字符串结束符。因此不要将字符常量和字符串常量混淆,如字符常量'A'和字符串常量"A"是不一样的。

5.3.2 变量

1. 变量定义

变量是在程序运行过程中其值可以改变的量。一个变量由两部分组成:变量名和变量值。

在 C51 中,变量在使用前必须对其进行定义,指出变量的数据类型和存储模式。以便编译系统为它分配相应的存储单元。定义的格式如下:

［存储种类］　数据类型说明符　［存储器类型］　变量名 1[＝初值],变量名 2 [初值]…;

(1)数据类型说明符

在定义变量时,必须通过数据类型说明符指明变量的数据类型,指明变量在存储器中占用的字节数。可以是基本数据类型说明符,也可以是组合数据类型说明符,还可以是用 typedef 定义的类型别名。

在 C51 中,为了增加程序的可读性,允许用户为系统固有的数据类型说明符用 typedef 起别名,格式如下:

typedef　c51 固有的数据类型说明符　别名;

定义别名后,就可以用别名代替数据类型说明符对变量进行定义。别名可以用大写,也可以用小写,为了区别一般用大写字母表示。

【例】typedef 的使用。

```
typedef    unsigned    int    WORD;
typedef    unsigned    char  BYTE;
BYTE      a1＝0x12;
WORD      a2＝0x1234;
```

(2)变量名

变量名是 C51 区分不同变量,为不同变量取的名称。在 C51 中规定变量名可以由字母、数字和下划线三种字符组成,且第一个字母必须为字母或下划线。变量名有两种:普通变量名和指针变量名。它们的区别是指针变量名前面要带"＊"号。

(3)存储种类

存储种类是指变量在程序执行过程中的作用范围。C51 变量的存储种类有四种,分别是自动(auto)、外部(extern)、静态(static)和寄存器(register)。

　　auto:使用 auto 定义的变量称为自动变量,其作用范围在定义它的函数体或复合语句内部,当定义它的函数体或复合语句执行时,C51 才为该变量分配内存空间,结束时占用的内存空间释放。自动变量一般分配在内存的堆栈空间中。定义变量时,如果省略存储种类,则该变量默认为自动(auto)变量。

　　extern:使用 extern 定义的变量称为外部变量。在一个函数体内,要使用一个已在该函数体外或别的程序中定义过的外部变量时,该变量在该函数体内要用 extern 说明。外部变量被定义后分配固定的内存空间,在程序整个执行时间内都有效,直到程序结束才释放。

　　static:使用 static 定义的变量称为静态变量。它又分为内部静态变量和外部静态变量。在函数体内部定义的静态变量为内部静态变量,它在对应的函数体内有效,一直存在,但在函数体外不可见,这样不仅使变量在定义它的函数体外被保护,还可以实现当离开函数时值不被改变。外部静态变量是在函数外部定义的静态变量。它在程序中一直存在,但在定义的范围之外是不可见的。如在多文件或多模块处理中,外部静态变量只在文件内部或模块内部有效。

　　register:使用 register 定义的变量称为寄存器变量。它定义的变量存放在 CPU 内部的寄存器中,处理速度快,但数目少。C51 编译器编译时能自动识别程序中使用频率最高的变量,并自动将其作为寄存器变量,用户可以无需专门声明。

　　(4)存储器类型

　　存储器类型是用于指明变量所处的单片机的存储器区域情况。存储器类型与存储种类完全不同。C51 编译器能识别的存储器类型有以下几种,见表 5 - 4 所示。

表 5 - 4　C51 编译器能识别的存储器类型

存储器类型	描　　述
data	直接寻址的片内 RAM 低 128B,访问速度快
bdata	片内 RAM 的可位寻址区(20H～2FH),允许字节和位混合访问
idata	间接寻址访问的片内 RAM,允许访问全部片内 RAM
pdata	用 Ri 间接访问的片外 RAM 的低 256B
xdata	用 DPTR 间接访问的片外 RAM,允许访问全部 64KB 片外 RAM
code	程序存储器 ROM 64KB 空间

　　定义变量时也可以省略"存储器类型",省略时 C51 编译器将按编译模式默认存储器类型,具体编译模式的情况在后面介绍。

【例】变量定义存储种类和存储器类型相关情况。

char　data var1；　／＊在片内 RAM 低 128B 定义用直接寻址方式访问的字
符型变量 var1 ＊／

int　idata　var2；　／＊在片内 RAM256B 定义用间接寻址方式访问的整型
变量 var2 ＊／

auto　unsigned　long　data　var3；　　／＊在片内 RAM128B 定义用直接寻
址方式访问的自动无符号长整型变
量 var3 ＊／

extern　float　xdata　var4；　／＊在片外 RAM64KB 空间定义用间接寻址
方式访问的外部实型变量 var4 ＊／

int　code　var5；　　　　　　　／＊在 ROM 空间定义整型变量 var5 ＊／

unsign　char　bdata　var6；　／＊在片内 RAM 位寻址区 20H～2FH 单元定
义可字节处理和位处理的无符号字符型变
量 var6 ＊／

2. 特殊功能寄存器变量

51 系列单片机片内有许多特殊功能寄存器,通过这些特殊功能寄存器可以控制 51 系列单片机的定时器、计数器、串口、I/O 及其他功能部件,每一个特殊功能寄存器在片内 RAM 中都对应于一个字节单元或两个字节单元。

在 C51 中,允许用户对这些特殊功能寄存器进行访问,访问时须通过 sfr 或 sfr16 类型说明符进行定义,定义时须指明它们所对应的片内 RAM 单元的地址。格式如下:

fr 或 sfr16　特殊功能寄存器名＝地址;

sfr 用于对 51 单片机中单字节的特殊功能寄存器进行定义,sfr16 用于对双字节特殊功能寄存器进行定义。特殊功能寄存器名一般用大写字母表示。地址一般用直接地址形式,具体特殊功能寄存器地址见前面内容。

【例】特殊功能寄存器的定义。

sfr　PSW＝0xd0;

sfr　SCON＝0x98;

sfr　TMOD＝0x89;

sfr　P1＝0x90;

sfr16　DPTR＝0x82;

sfr16　T1＝0X8A;

特殊功能寄存器通常在单片机头文件内定义好了,程序员在编程时不必要再定义,直接使用就行了。

3. 位变量

在 C51 中,允许用户通过位类型符定义位变量。位类型符有两个:b 和 sb。可以定义两种位变量。

b 位类型符,用于定义一般的可位处理的位变量。它的格式如下:

b 位变量名;

在格式中可以加上各种修饰,但注意存储器类型只能是 bdata、data、idata。只能是片内 RAM 的可位寻址区,严格来说只能是 bdata。

【例】 b 型变量的定义。

```
b  data   a1;      /*正确*/
b  bdata  a2;      /*正确*/
b  pdata  a3;      /*错误*/
b  xdata  a4;      /*错误*/
```

sb 位类型符用于定义在可位寻址字节或特殊功能寄存器中的位,定义时须指明其位地址,可以是位直接地址,可以是可位寻址变量带位号,也可以是特殊功能寄存器名带位号。格式如下:

sb 位变量名=位地址;

如位地址为位直接地址,其取值范围为 0x00~0xff;如位地址是可位寻址变量带位号或特殊功能寄存器名带位号,则在它前面须对可位寻址变量或特殊功能寄存器进行定义。字节地址与位号之间、特殊功能寄存器与位号之间一般用"˄"作间隔。

【例】sb 型变量的定义:

```
sb  OV=0xd2;
sb  CY=oxd7;
unsigned  char  bdata  flag;
sb  flag0=flag˄0;
sfr  P1=0x90;
sb  P1_0=P1˄0;
sb  P1_1=P1˄1;
sb  P1_2=P1˄2;
sb  P1_3=P1˄3;
sb  P1_4=P1˄4;
sb  P1_5=P1˄5;
sb  P1_6=P1˄6;
sb  P1_7=P1˄7;
```

　　在定义端口或者寄存器的时候,名字是无关紧要的,至关重要的是它们的地址,因为这些寄存器或者端口的地址是硬件决定的,是固定不变的,对这些寄存器或者端口的操作最终都要落实到这些地址上。对于一个具体的寄存器或者一个端口,可以随手定义一个名字给它,但是它的地址是不可更改的。在以后程序的编写过程中,用到这个寄存器或者这个端口的时候,就要用所起的这个名字,而不能随意更改,这样才能保证访问到正确的地址。

　　对 51 单片机的寄存器与端口的定义,在头文件 Reg51.h 中已经定义好了,可以说,这些定义好的名字是全球通用的,在所有资料和源程序中都被通用的,我们可以直接使用。当然也可以在定义中改变某个寄存器或者端口的名字。但是以笔者所见,最好别在此浪费时间,用 Reg51.h 定义好的名字就可以了。这样编写的程序到任何时候都能够明明白白地读懂,否则,自己重新给一大堆寄存器起了新的名字的话,过了若干年再要来修改程序的时候,自己也记不起来这些名字代表什么了,这就是自找麻烦了。

　　在 C51 中,为了用户处理方便,C51 编译器把 51 单片机的常用的特殊功能寄存器和特殊位进行了定义,放在“reg51.h”或“reg52.h”的头文件中,当用户要使用时,只须要在使用之前用一条预处理命令 ♯include ＜reg52.h＞把这个头文件包含到程序中,然后就可使用特殊功能寄存器名和特殊位名称。

4. 存储模式

　　C51 编译器支持三种存储模式:SMALL 模式、COMPACT 模式和 LARGE 模式。不同的存储模式对变量默认的存储器类型不一样。

　　(1)SMALL 模式。SMALL 模式称为小编译模式,在 SMALL 模式下,编译时,函数参数和变量被默认在片内 RAM 中,存储器类型为 data。

　　(2)COMPACT 模式。COMPACT 模式称为紧凑编译模式,在 COMPACT 模式下,编译时,函数参数和变量被默认在片外 RAM 的低 256B 空间,存储器类型为 pdata。

　　LARGE 模式。LARGE 模式称为大编译模式,在 LARGE 模式下,编译时函数参数和变量被默认在片外 RAM 的 64KB 空间,存储器类型为 xdata。

　　在程序中变量的存储模式的指定通过 ♯pragma 预处理命令来实现。函数的存储模式可通过在函数定义时后面带存储模式说明。如果没有指定,则系统都隐含为 SMALL 模式。

　　【例】变量的存储模式。

```
♯pragma  small          /* 变量的存储模式为 SMALL */
char  k1;
int  xdata  m1;
```

```
#pragma   compact          /*变量的存储模式为 COMPACT*/
char   k2;
int   xdata   m2;
int   func1(int   x1,int   y1)   large   /*函数的存储模式为 LARGE*/
{return(x1+y1);}
int   func2(int   x2,int   y2)   /*函数的存储模式隐含为 SMALL*/
{return(x2-y2);}
```

程序编译时,k1 变量存储器类型为 data,k2 变量存储器类型为 pdata,而 m1 和 m2 由于定义时带了存储器类型 xdata,因而它们为 xdata 型;函数 func1 的形参 x1 和 y1 的存储器类型为 xdata 型,而函数 func2 由于没有指明存储模式,隐含为 SMALL 模式,形参 x2 和 y2 的存储器类型为 data。

5.绝对地址的访问

使用 C51 运行库中预定义宏,对绝对地址进行设置。

51 编译器提供了一组宏定义来对 51 系列单片机的 code、data、pdata 和 xdata 空间进行绝对寻址。规定只能以无符号数方式访问,定义了 8 个宏定义,其函数原型如下:

```
#define   CBYTE((unsigned char volatile *)0x50000L)
#define   DBYTE((unsigned char volatile *)0x40000L)
#define   PBYTE((unsigned char volatile *)0x30000L)
#define   XBYTE((unsigned char volatile *)0x20000L)
#define   CWORD((unsigned int volatile *)0x50000L)
#define   DWORD((unsigned int volatile *)0x40000L)
#define   PWORD((unsigned int volatile *)0x30000L)
#define   XWORD((unsigned int volatile *)0x20000L)
```

这些函数原型放在 absacc.h 文件中。使用时须用预处理命令把该头文件包含到文件中,形式为:#include <absacc.h>。

其中,CBYTE 以字节形式对 code 区寻址,DBYTE 以字节形式对 data 区寻址,PBYTE 以字节形式对 pdata 区寻址,XBYTE 以字节形式对 xdata 区寻址,CWORD 以字形式对 code 区寻址,DWORD 以字形式对 data 区寻址,PWORD 以字形式对 pdata 区寻址,XWORD 以字形式对 xdata 区寻址。

【例】绝对地址对存储单元的访问

```
#include   <absacc.h>      /*将绝对地址头文件包含在文件中*/
#include   <reg52.h>       /*将寄存器头文件包含在文件中*/
#define   uchar   unsigned   char /*定义符号 uchar 为数据类型符 unsigned
```

```
                                      char * /
#define   uint   unsigned   int   / * 定义符号 uint 为数据类型符 unsigned int * /
void   main(void)
{uchar   var1;
 uint   var2;
 var1=XBYTE[0x0005];  / * XBYTE[0x0005]访问片外 RAM 的 0005B 单元 * /
 var2=XWORD[0x0002];  / * XWORD[0x0002]访问片外 RAM 的 0002B 单元 * /
 ……
 while(1);
}
```

在上面程序中,其中 XBYTE[0x0005]就是以绝对地址方式访问的片外 RAM 0005B 单元;XWORD[0x0002]就是以绝对地址方式访问的片外 RAM 0002 字单元。

6. 通过指针访问

采用指针的方法,可以实现在 C51 程序中对任意指定的存储器单元进行访问。

【例】通过指针实现绝对地址的访问。

```
#define   uchar   unsigned char   / * 定义符号 uchar 为数据类型符 un-
                                         signed char * /
#define   uint   unsigned int   / * 定义符号 uint 为数据类型符 unsigned int * /
void   func(void)
{
uchar   data   var1;
uchar   pdata   * dp1;   / * 定义一个指向 pdata 区的指针 dp1 * /
uint    xdata   * dp2;   / * 定义一个指向 xdata 区的指针 dp2 * /
uchar   data    * dp3;   / * 定义一个指向 data 区的指针 dp3 * /
dp1=0x30;   / * dp1 指针赋值,指向 pdata 区的 30H 单元 * /
dp2=0x1000;   / * dp2 指针赋值,指向 xdata 区的 1000H 单元 * /
* dp1=0xff;   //将数据 0xff 送到片外 RAM30H 单元
* dp2=0x1234;   //将数据 0x1234 送到片外 RAM1000H 单元
dp3=&var1;   //dp3 指针指向 data 区的 var1 变量,& 为取地址符号
* dp3=0x20;   //给变量 var1 赋值 0x20,与 var1=0x20 功能相同
}
```

7. 使用 C51 扩展关键字 _at_

使用_at_对指定的存储器空间的绝对地址进行访问,一般格式如下:

【存储器类型】数据类型说明符　变量名　_at_　地址常数;

其中,存储器类型为 data、bdata、idata、pdata 等 C51 能识别的数据类型,如省略则按存储模式规定的默认存储器类型确定变量的存储器区域;数据类型为 C51 支持的数据类型。地址常数用于指定变量的绝对地址,必须位于有效的存储器空间之内;使用_at_定义的变量必须为全局变量。

【例】通过_at_实现绝对地址的访问。

```
#define   uchar   unsigned char/ * 定义符号 uchar 为数据类型符 unsigned char * /
#define   uint   unsigned int/ * 定义符号 uint 为数据类型符 unsigned int * /
void   main(void)
{
data   uchar   x1  _at_   0x40;      / * 在 data 区中定义字节变量 x1,它的地址为
                                          40H * /
xdata   uint   x2  _at_   0x2000;    / * 在 xdata 区中定义字变量 x2,它的地址为
                                          2000H * /
x1=0xff;
x2=0x1234;
……
while(1);
}
```

8. 重要说明

用 C 语言定义的任何常量和变量在经过编译连接后生成的目标代码中,只存在这些变量或常量的地址。变量和常量的名字都被其地址取代了。

5.4　C51 的运算符及表达式

5.4.1　C51 的运算符

1. 赋值运算符

赋值运算符"=",在 C51 中,它的功能是将一个数据的值赋给一个变量,如 x=10。利用赋值运算符将一个变量与一个表达式连接起来的式子称为赋值表达式,在赋值表达式的后面加一个分号";"就构成了赋值语句,一个赋值语句的格式

如下：

　　变量＝表达式；

　　执行时先计算出右边表达式的值，然后赋给左边的变量。例如：

　　　　x＝8＋9；　　／＊将 8＋9 的值赋给变量 x＊／

　　　　x＝y＝5；　　／＊将常数 5 同时赋给变量 x 和 y＊／

　　在 C51 中，允许在一个语句中同时给多个变量赋值，赋值顺序自右向左。

2. 算术运算符

C51 中支持的算术运算符有：

　　　　＋加或取正值运算符

　　　　－减或取负值运算符

　　　　＊乘运算符

　　　　/除运算符

　　　　％取余运算符

　　加、减、乘运算相对比较简单，而对于除运算，如相除的两个数为浮点数，则运算的结果也为浮点数，如相除的两个数为整数，则运算的结果也为整数，即为整除。如 25.0/20.0 结果为 1.25，而 25/20 结果为 1。

　　对于取余运算，则要求参加运算的两个数必须为整数，运算结果为它们的余数。例如：x＝5％3，结果 x 的值为 2。

3. 关系运算符

C51 中有 6 种关系运算符：

　　　　＞大于

　　　　＜小于

　　　　＞＝大于等于

　　　　＜＝小于等于

　　　　＝＝等于

　　　　！＝不等于

　　关系运算用于比较两个数的大小，用关系运算符将两个表达式连接起来形成的式子称为关系表达式。关系表达式通常用来作为判别条件构造分支或循环程序。关系表达式的一般形式如下：

　　　　表达式 1　关系运算符　表达式 2

　　关系运算的结果为逻辑量，成立为真(1)，不成立为假(0)。其结果可以作为一个逻辑量参与逻辑运算。例如：5＞3，结果为真(1)，而 10＝＝100，结果为假(0)。

　　注意：关系运算符等于"＝＝"是由两个"＝"组成。

4. 逻辑运算符

C51 有 3 种逻辑运算符：

||　　　　逻辑或

&&　　　　逻辑与

!　　　　逻辑非

关系运算符用于反映两个表达式之间的大小关系,逻辑运算符则用于求条件式的逻辑值,用逻辑运算符将关系表达式或逻辑量连接起来的式子就是逻辑表达式。

逻辑与,格式：

　　　　条件式 1 && 条件式 2

当条件式 1 与条件式 2 都为真时结果为真(非 0 值),否则为假(0 值)。

逻辑或,格式：

　　　　条件式 1 || 条件式 2

当条件式 1 与条件式 2 都为假时结果为假(0 值),否则为真(非 0 值)。

逻辑非,格式：

　　　　! 条件式

当条件式原来为真(非 0 值),逻辑非后结果为假(0 值)。当条件式原来为假(0 值),逻辑非后结果为真(非 0 值)。

例如：若 $a=8,b=3,c=0$,则! a 为假,a && b 为真,b && c 为假。

C51 语言能对运算对象按位进行操作,它与汇编语言使用一样方便。位运算是按位对变量进行运算,但并不改变参与运算的变量的值。如果要求按位改变变量的值,则要利用相应的赋值运算。C51 中位运算符只能对整数进行操作,不能对浮点数进行操作。

5. 位运算符

　　　　& 按位与

　　　　| 按位或

　　　　^ 按位异或

　　　　~ 按位取反

　　　　<< 左移

　　　　>> 右移

【例】设 $a=0x54=01010100b,b=0x3b=00111011b$,则 a&b、a|b、a^b、~a、a<<2、b>>2 分别为多少？

　　　　a&b=00010000b=0x10。

$a|b=01111111b=0x7f$。

$a\hat{\ }b=01101111b=0x6f$。

$\sim a=10101011b=0xab$。

$a<<2=01010000b=0x50$。

$b>>2=00001110b=0x0e$。

6. 复合赋值运算符

C51 语言中支持在赋值运算符"="的前面加上其他运算符,组成复合赋值运算符。下面是 C51 中支持的复合赋值运算符

+＝	加法赋值	—＝	减法赋值
*＝	乘法赋值	/＝	除法赋值
%＝	取模赋值	&＝	逻辑与赋值
|＝	逻辑或赋值	^＝	逻辑异或赋值
~＝	逻辑非赋值	>>＝	右移位赋值
<<＝	左移位赋值		

复合赋值运算的一般格式如下:

变量　复合运算赋值符　表达式

它的处理过程:先把变量与后面的表达式进行某种运算,然后将运算的结果赋给前面的变量。其实这是 C51 语言中简化程序的一种方法,大多数二目运算都可以用复合赋值运算符简化表示。例如:$a+=6$ 相当于 $a=a+6$;$a*=5$ 相当于 $a=a*5$;$b\&=0x55$ 相当于 $b=b\&0x55$;$x>>=2$ 相当于 $x=x>>2$。

7. 逗号运算符

在 C51 语言中,逗号","是一个特殊的运算符,可以用它将两个或两个以上的表达式连接起来,称为逗号表达式。逗号表达式的一般格式为:

表达式 1,表达式 2,……,表达式 n

程序执行时对逗号表达式的处理:按从左至右的顺序依次计算出各个表达式的值,而整个逗号表达式的值是最右边的表达式(表达式 n)的值。例如:$x=(a=3,6*3)$结果 x 的值为 18。

8. 条件运算符

条件运算符"?:"是 C51 语言中唯一的一个三目运算符,它要求有三个运算对象,用它可以将三个表达式连接在一起构成一个条件表达式。条件表达式的一般格式为:

逻辑表达式? 表达式 1:表达式 2

功能是先计算逻辑表达式的值,当逻辑表达式的值为真(非 0 值)时,将计算的

表达式 1 的值作为整个条件表达式的值;当逻辑表达式的值为假(0 值)时,将计算的表达式 2 的值作为整个条件表达式的值。例如:条件表达式 max＝(a＞b)? a:b 的执行结果是将 a 和 b 中较大的数赋值给变量 max。

9. 指针与地址运算符

指针是 C51 语言中的一个十分重要的概念,在 C51 中的数据类型中专门有一种指针变量。指针变量就是地址变量,其内部的数据是另外一个变量的地址。指针为变量的访问提供了另一种方式,变量的指针就是该变量的地址,还可以定义一个专门指向某个变量的地址的指针变量。

为了表示指针变量和它所指向的变量地址之间的关系,C51 中提供了两个专门的运算符:

　　＊指针运算符

　　& 取地址运算符

指针运算符"＊"放在指针变量前面,通过它实现访问以指针变量的内容为地址所指向的存储单元。例如:指针变量 p 中的数据为 2000H,则＊p 所访问的是地址为 2000H 的存储单元,x＝＊p,实现把地址为 2000H 的存储单元的内容送给变量 x。

取地址运算符"&"放在变量的前面,通过它取得变量的地址,变量的地址通常送给指针变量。例如:设变量 x 的内容为 12H,地址为 2000H,则 & x 的值为 2000H,如有一指针变量 p,则通常用 p＝& x,实现将 x 变量的地址送给指针变量 p,指针变量 p 指向变量 x,以后可以通过＊p 访问变量 x。

1)指针定义

数据类型　　[存储器类型]　　　＊标识符;

如:unsigned char　xdata　＊s;　//定义指针变量 s,＊s 是一个由 s 所指向
　　　　　　　　　　　　　　　　　的变量。

　　unsigned char　xdata　a;　　//定义普通变量 a。

　　s＝& a;　　//将 a 的地址赋给 s,使二者关联起来。其实质是:＊s＝a

＊s 前面的 unsigned char xdata 规定了 s 指向的变量的数据类型和存储器类型。一旦指定,在用 s 访问目标变量时,就会按该数据类型和存储器类型对目标变量进行访问,而不管目标变量具体是什么数据类型。因此这里的 unsigned char xdata 是＊s 的一个属性,而不是指针变量 s 的属性。

指针变量 s 本身被分配在何处,是这样规定的:

指针变量被分配在那个存储区,可人为定义,若不定义,则链接器根据你设定的存储器大小模式自动将其放置到由大小模式指定的存储区,小模式(SMALL)下,s 被分配在 data 区,其他两种模式(LARGE,COMPACT)下,s 都被分配在

xdata 区。

指针变量的字节数具体为多少,是这样规定的:

基于存储器的指针,不管指向的数据类型为何种数据,只要指定了其存储器类型,s 就是一个基于存储器的指针,其字节数就由该存储器类型所决定。

若其为 data、idata、pdata,则 s 只有 1 个字节,内装所指向的变量的地址(8位);

若其为 xdata、code,则 s 有 2 个字节,内装所指向的变量的地址(16 位);

一般指针,若在定义指针变量时,没有指定变量的存储器类型,则不管所设置的编译器的存储器模式(small、compact、large)是何种模式,s 都被分配有 3 个字节,第 1 个字节为存储器类型编码,第 2、3 个字节是目标变量的地址。

例如:unsigned char ＊s;(该定义没有指定变量的存储器类型),则 s 为一般指针,s 会被分配 3 个字节。第 1 个字节为所指向的变量的存储器类型编码,第 2、3 个字节用于存放目标变量的地址。

与指针变量有关的运算符有两个,它们是取地址运算符 & 和间接访问运算符 ＊。指针变量可以作为函数的参数,可以用指针来描述字符数组。另外,指针还有以下一些用法:

函数型指针,如:int (＊func1) ();

指针数组,如:int ＊ RedKey[10];

指针型指针,如:char ＊＊j;

抽象型指针,如:void ＊p1;

2)指针变量应用举例

```
void tuhz(unsigned char x,
unsigned char y,unsigned char ＊s,unsigned char n)
{ //X 为行,Y 为列数
  unsigned int address;
  unsigned char addh,addl;
  for(i=0;i<n;i++)
  { address=x＊30+(i＊2+y)+0x1000;
    addl=address&0x00ff;
    addh=(address&0xff00)/0x0100;
    gotoadd(addl,addh);
    for(k=0;k<0x10;k++)
    {   try();
        wdlcd= ＊s;
```

```
        try();
        wclcd=0xc0;
        s++;
        try();
        wdlcd= * s;
        try();
        wclcd=0xc0;
        s++;
        for(m=0;m<0x1c;m++)
          {
            try();
            wclcd=0xc1;
          }
      }
    }
  }
```

5.4.2　表达式语句及复合语句

1. 表达式语句

在表达式的后边加一个分号";"就构成了表达式语句，如：

a=++b * 9;

x=8;y=7;

++k;

可以一行放一个表达式形成表达式语句,也可以一行放多个表达式形成表达式语句,这时每个表达式后面都必须带";"号,另外,还可以仅由一个分号";"占一行形成一个表达式语句,这种语句称为空语句。

空语句在程序设计中通常用于两种情况：

在程序中为有关语句提供标号,用以标记程序执行的位置。例如采用下面的语句可以构成一个循环。

```
repeat :;
        :
     goto   repeat;
```

在用 while 语句构成的循环语句后面加一个分号,形成一个不执行其他操作

的空循环体。这种结构通常用于对某位进行判断，当不满足条件则等待，满足条件
则执行。

【例】下面这段子程序用于读取 8051 单片机的串行口的数据，当没有接收到则
等待，当接收到，接收数据后返回，返回值为接收的数据。

```
#include  <reg51.h>
char  getchar()
{
char  c;
while(! RI); //当接收中断标志位 RI 为 0 则等待，当接收中断标志位为 1
则等待结束
c=SBUF;
RI=0;
return(c);
}
```

2. 复合语句

复合语句是由若干条语句组合而成的一种语句，在 C51 中，用一个大括号
"{　}"将若干条语句括在一起就形成了一个复合语句，复合语句最后不需要以分
号";"结束，但它内部的各条语句仍需以分号";"结束。复合语句的一般形式为：

```
{
局部变量定义；
语句1；
语句 2；
}
```

复合语句在执行时，其中的各条单语句按顺序依次执行，整个复合语句在语法
上等价于一条单语句，因此在 C51 中可以将复合语句视为一条单语句。通常复合
语句出现在函数中，实际上，函数的执行部分（即函数体）就是一个复合语句；复合
语句中的单语句一般是可执行语句，此外还可以是变量的定义语句（说明变量的数
据类型）。在复合语句内部，语句所定义的变量，称为该复合语句中的局部变量，它
仅在当前这个复合语句中有效。利用复合语句将多条单语句组合在一起，以及在
复合语句中进行局部变量定义是 C51 语言的一个重要特征。

5.4.3　C51 的输入输出

在 C51 语言中，它本身不提供输入和输出语句，输入和输出操作是由函数来

实现的。在 C51 的标准函数库中提供了一个名为"stdio. h"的一般 I/O 函数库,它当中定义了 C51 中的输入和输出函数。当对输入和输出函数使用时,须先用预处理命令"♯include ＜stdio. h＞"将该函数库包含到文件中。

在 C51 的一般 I/O 函数库中定义的 I/O 函数都是通过串行接口实现,在使用 I/O 函数之前,应先对 51 单片机的串行接口进行初始化。选择串口工作于方式 2 (8 位自动重载方式),波特率由定时器/计数器 1 溢出率决定。例如,设系统时钟为 12 MHz,波特率为 2400,则初始化程序如下:

SCON＝0x52;

TMOD＝0x20;

TH1＝0xf3;

TR1＝1;

1.格式输出函数 printf( )

printf()函数的作用是通过串行接口输出若干任意类型的数据,它的格式如下:

printf(格式控制,输出参数表)

格式控制是用双引号括起来的字符串,也称转换控制字符串,它包括三种信息:格式说明符、普通字符和转义字符。

格式说明符,由"％"和格式字符组成,它的作用是指明输出数据的格式,如 ％d、％f 等,它们的具体情况见表 5-5。

普通字符,这些字符按原样输出,用来输出某些提示信息。

转义字符,用来输出特定的控制符,如输出转义字符\n 就是使输出换一行。转义字符见表 5-5。

输出参数表是需要输出的一组数据,可以是表达式。

表 5-5　转义字符表

格式字符	数据类型	输出格式
d	int	带符号十进制数
u	int	无符号十进制数
o	int	无符号八进制数
x	int	无符号十六进制数,用"a～f"表示
X	int	无符号十六进制数,用"A～F"表示
f	float	带符号十进制数浮点数,形式为[—]dddd. dddd
e,E	float	带符号十进制数浮点数,形式为[—]d. ddddE ±dd

格式字符	数据类型	输出格式
g,G	float	自动选择 e 或 f 格式中更紧凑的一种输出格式
c	char	单个字符
s	指针	指向一个带结束符的字符串
p	指针	带存储器批示符和偏移量的指针,形式为 M:aaaa。其中,M 可分别为:C(code),D(data),I(idata),P(pdata),如 M 为 a,则表示的是指针偏移量

2. 格式输入函数 scanf( )

scanf()函数的作用是通过串行接口实现数据输入,它的使用方法与 printf() 类似,scanf()的格式如下:

scanf(格式控制,地址列表)

格式控制与 printf()函数的情况类似,也是用双引号括起来的一些字符,可以包括以下三种信息:空白字符、普通字符和格式说明。

空白字符,包含空格、制表符、换行符等,这些字符在输出时被忽略。

普通字符,除了以百分号"%"开头的格式说明符而外的所有非空白字符,在输入时要求原样输入。

格式说明,由百分号"%"和格式说明符组成,用于指明输入数据的格式,它的基本情况与 printf()相同,具体情况见表 5 - 6。

表 5 - 6　输入数据的格式

ssss	数据类型	输出格式
d	int 指针	带符号十进制数
u	int 指针	无符号十进制数
o	int 指针	无符号八进制数
x	int 指针	无符号十六进制数
f,e,E	float 指针	浮点数
c	char 指针	字符
s	string 指针	字符串

地址列表是由若干个地址组成，它可以是指针变量、取地址运算符"&"加变量（变量的地址）或字符串名（表示字符串的首地址）。

【例】使用格式输入输出函数的例子。

```
#include  <reg52.h>               //包含特殊功能寄存器库
#include  <stdio.h>               //包含I/O函数库
void main(void)                   //主函数
{
int  x,y;                         //定义整型变量 x 和 y
SCON=0x52;                        //串口初始化
TMOD=0x20;
TH1=0XF3;  TR1=1;
printf("input  x,y:\n");          //输出提示信息
scanf("%d%d",&x,&y);              //输入 x 和 y 的值
printf("\n");                     //输出换行
printf("%d+%d=%d",x,y,x+y);       //按十进制形式输出
printf("\n";                      //输出换行
printf("%xH+%xH=%XH",x,y,x+y);    //按十六进制形式输出
while(1);                         //结束
}
```

5.5 C51 程序基本结构与相关语句

5.5.1 C51 的基本结构

1.顺序结构

顺序结构是最基本、最简单的结构，在这种结构中，程序由低地址到高地址依次执行，如图 5-1 给出顺序结构流程图，程序先执行 A 操作，然后再执行字节操作。

2.选择结构

选择结构可使程序根据不同的情况，选择执行不同的分支，在选择结构中，程序先都对一个条件进行判断。当条件成立，即条件语句为"真"时，执行一个分支，当条件不成立时，即条件语句为"假"时，执行另一个分支。如图 5-2 所示，当条件 P 成立时，执行分支语句 A，当条件 P 不成立时，执行分支语句 B。

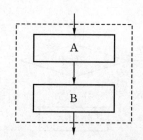

图 5-1　顺序结构流程图

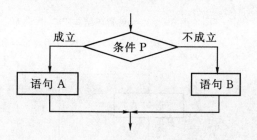

图 5-2　选择结构流程图

在 C51 中,实现选择结构的语句为 if/else,if/else if 语句。另外在 C51 中还支持多分支结构,多分支结构既可以通过 if 和 else if 语句嵌套实现,也可用 swith/case 语句实现。

3. 循环结构

在程序处理过程中,有时需要某一段程序重复执行多次,这时就需要循环结构来实现,循环结构就是能够使程序段重复执行的结构。循环结构又分为两种:当(while)型循环结构和直到(do...whilc)型循环结构。

(1)当型循环结构

当型循环结构如图 5-3 所示,当条件 P 成立(为"真")时,重复执行语句 A,当条件不成立(为"假")时才停止重复,执行后面的程序。

(2)直到型循环结构

直到型循环结构如图 5-4 所示,先执行语句 A,再判断条件 P,当条件成立(为"真")时,再重复执行语句 A,直到条件不成立(为"假")时才停止重复,执行后面的程序。

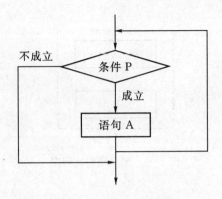

图 5 - 3　当型循环结构

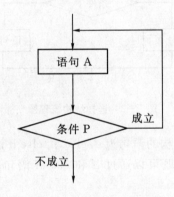

图 5 - 4　直到型循环结构

5.5.2　C51 程序的循环结构

构成循环结构的语句主要有:while、do while、for、goto。

1. if 语句

if 语句是 C51 中的一个基本条件选择语句,它通常有三种格式:

(1)if (表达式) 〔语句;〕

(2)if (表达式) 〔语句 1;〕　else　〔语句 2;〕

(3)if (表达式 1) 〔语句 1;〕

else　if(表达式 2) (语句 2;)

else　if(表达式 3) (语句 3;)

……

else　if(表达式 n－1)（语句 n－1;)

else　{语句 n}

【例】　if 语句的用法。

　　　　　A. if　(x!＝y)　printf("x＝%d,y＝%d\n",x,y);

执行上面语句时,如果 x 不等于 y,则输出 x 的值和 y 的值。

　　　　　B. if　(x>y)　max＝x;

else　max＝y;

执行上面语句时,如 x 大于 y 成立,则把 x 送给最大值变量 max,如 x 大于 y 不成立,则把 y 送给最大值变量 max。使 max 变量得到 x、y 中的大数。

　　　　　C. if　(score>＝90)　printf("Your result is an A\n");

else　if(score>＝80)　printf("Your result is an B\n");

else　if(score>＝70)　printf("Your result is an C\n");

else　if(score>＝60)　printf("Your result is an D\n");

else　printf("Your result is an E\n");

执行上面语句后,能够根据分数 score 分别打出 A、B、C、D、E 五个等级。

2. switch/case 语句

if 语句通过嵌套可以实现多分支结构,但结构复杂。switch 是 C51 中提供的专门处理多分支结构的多分支选择语句。它的格式如下:

switch(表达式)

{case 常量表达式 1:{语句 1;}break;

case 常量表达式 2:{语句 2;}break;

……

case 常量表达式 n:{语句 n;}break;

default:{语句 n+1;}

说明如下:

switch 后面括号内的表达式,可以是整型或字符型表达式。

当该表达式的值与某一"case"后面的常量表达式的值相等时,就执行该"case"后面的语句,然后遇到 break 语句退出 switch 语句。若表达式的值与所有 case 后的常量表达式的值都不相同,则执行 default 后面的语句,然后退出 switch 结构。

每一个 case 常量表达式的值必须不同否则会出现自相矛盾的现象。

case 语句和 default 语句的出现次序对执行过程没有影响。

每个 case 语句后面可以有"break",也可以没有。有 break 语句,执行到 break 则退出 switch 结构,若没有,则会顺次执行后面的语句,直到遇到 break 或结束。

每一个 case 语句后面可以带一个语句,也可以带多个语句,还可以不带。语句可以用花括号括起,也可以不括。

多个 case 可以共用一组执行语句。

【例】switch/case 语句的用法。

对学生成绩划分为 A～D,对应不同的百分制分数,要求根据不同的等级打印出它的对应百分数。可以通过下面的 switch/case 语句实现。

```
switch(grade)
{
case'A';printf("90～100\n");break;
case'B';printf("80～90\n");break;
case'C';printf("70～80\n");break;
case'D';printf("60～70\n");break;
case'E';printf("<60\n");break;
default;printf("error"\n)
}
```

3. while 语句

while 语句在 C51 中用于实现当型循环结构,它的格式如下:

```
        while(表达式)
            {语句;}  /*循环体*/
```

while 语句后面的表达式是能否循环的条件,后面的语句是循环体。当达式为非 0(真)时,就重复执行循环体内的语句;当表达式为 0(假),则中止 while 循环,程序将执行循环结构之外的下一条语句。它的特点是:先判断条件,后执行循环体。在循环体中对条件进行改变,然后再判断条件,如条件成立,则再执行循环体,如条件不成立,则退出循环。如条件第一次就不成立,则循环体一次也不执行。

【例】下面程序是通过 while 语句实现计算并输出 1～100 的累加和。

```
#include  <reg52.h>    //包含特殊功能寄存器库
#include  <stdio.h>    //包含 I/O 函数库
void main(void)        //主函数
{
int  i,s=0;            //定义整型变量 s 和 i
i=1;
SCON=0x52;             //串口初始化
TMOD=0x20;
TH1=0xF3;
TR1=1;
```

```
while(i<=100)              //累加 1~100 之和在 s 中
{
s=s+i;
i++;
}
printf("1+2+3……+100=%d\n",s);
while(1);
}
```

程序执行的结果：

1+2+3……+100=5050

4. do while 语句

do while 语句在 C51 中用于实现直到型循环结构,它的格式如下：

```
        do
            {语句;}                  /＊循环体＊/
        while(表达式);
```

它的特点是：先执行循环体中的语句,后判断表达式。如表达式成立(真),则再执行循环体,然后又判断,直到有表达式不成立(假)时,退出循环,执行 do while 结构的下一条语句。do while 语句在执行时,循环体内的语句至少会被执行一次。

【例】通过 do while 语句实现计算并输出 1~100 的累加和。

```
#include  <reg52.h>    //包含特殊功能寄存器库
#include  <stdio.h>    //包含 I/O 函数库
void main(void)        //主函数
{
i,s=0;                 //定义整型变量 i 和 s
i=1;
SCON=0x52;             //串口初始化
TMOD=0x20;
TH1=0xF3;
TR1=1;
do                     //累加 1~100 之和在 s 中
{
  s=s+i;
  i++;
```

```
}
while(i<=100);
printf("1+2+3…… | 100=%d\n",s);
while(1);
}
```

5. for 语句

```
for(表达式 1;表达式 2;表达式 3)
{语句;}   /*循环体*/
```

for 语句后面带三个表达式,它的执行过程如下:

先求解表达式 1 的值。

求解表达式 2 的值,如表达式 2 的值为真,则执行循环体中的语句,然后执行下一步的操作,如表达式 2 的值为假,则结束 for 循环,转到最后一步。

若表达式 2 的值为真,则执行完循环体中的语句后,求解表达式 3,然后转到继续执行。

在 for 循环中,一般表达式 1 为初值表达式,用于给循环变量赋初值;表达式 2 为条件表达式,对循环变量进行判断;表达式 3 为循环变量更新表达式,用于对循环变量的值进行更新,使循环变量能不满足条件而退出循环。

【例】用 for 语句实现计算并输出 1~100 的累加和。

```
#include  <reg52.h>              //包含特殊功能寄存器库
#include  <stdio.h>             //包含 I/O 函数库
void main(void)                 //主函数
{
int  i,s=0;                    //定义整型变量 i 和 s
SCON=0x52;                      //串口初始化
TMOD=0x20;
TH1=0xF3;
TR1=1;
for(i=1;i<=100;i++)  s=s+i;    //累加 1~100 之和在 s 中
printf("1+2+3……+100=%d\n",s);
while(1);
}
```

6. 循环的嵌套

在一个循环的循环体中允许又包含一个完整的循环结构,这种结构称为循环的嵌套。外面的循环称为外循环,里面的循环称为内循环,如果在内循环的循环体内又包含循环结构,就构成了多重循环。在 C51 中,允许三种循环结构相互嵌套。

【例】用嵌套结构构造一个延时程序。

```
void   delay(unsigned   int   x)
{
unsigned   char j;
while(x－－)
{for(j=0;j<125;j++);}
}
```

这里,用内循环构造一个基准的延时,调用时通过参数设置外循环的次数,这样就可以形成各种延时关系。

7. break 和 continue 语句

break 和 continue 语句通常用于循环结构中,用来跳出循环结构。但是二者又有所不同,下面分别介绍。

(1)break 语句

前面已介绍过用 break 语句可以跳出 switch 结构,使程序继续执行 switch 结构后面的一个语句。使用 break 语句还可以从循环体中跳出循环,提前结束循环而接着执行循环结构下面的语句。它不能用在除了循环语句和 switch 语句之外的任何其他语句中。

【例】下面一段程序用于计算圆的面积,当计算到面积大于 100 时,由 break 语句跳出循环。

```
for(r=1;r<=10;r++)
{
area=pi * r * r;
if(area>100) break;
printf("%f\n",area);
}
```

(2)continue 语句

continue 语句用在循环结构中,用于结束本次循环,跳过循环体中 continue 下面尚未执行的语句,直接进行下一次是否执行循环的判定。

continue 语句和 break 语句的区别在于:continue 语句只是结束本次循环而不是终止整个循环;break 语句则是结束循环,不再进行条件判断。

【例】　输出 100～200 间不能被 3 整除的数。

```
for(i=100;i<=200;i++)
```

```
{
if(i%3==0)   continue;
printf("%d   ";i);
}
```

在程序中,当 i 能被 3 整除时,执行 continue 语句,结束本次循环,跳过 printf()函数,只有不能被 3 整除时才执行 printf()函数。

8. return 语句

return 语句一般放在函数的最后位置,用于终止函数的执行,并控制程序返回调用该函数时所处的位置。返回时还可以通过 return 语句带回返回值。return 语句格式有两种:

(1)return;

(2)return(表达式);

如果 return 语句后面带有表达式,则要计算表达式的值,并将表达式的值作为函数的返回值。若不带表达式,则函数返回时将返回一个不确定的值。通常我们用 return 语句把调用函数取得的值返回给主调用函数。

5.6 函数

5.6.1 函数的定义

函数定义的一般格式如下:

函数类型   函数名(形式参数表) [reentrant][interrupt m][using n]

形式参数说明

{

局部变量定义

函数体

}

前面部件称为函数的首部,后面称为函数的尾部,格式说明:

函数类型

函数类型说明了函数返回值的类型。

函数名

函数名是用户为自定义函数取的名字以便调用函数时使用。

形式参数表

形式参数表用于列出在主调函数与被调用函数之间进行数据传递的形式
参数。

【例】定义一个返回两个整数的最大值的函数 max()。

```
int  max(int  x,int  y)
{
int  z;
z＝x＞y? x:y;
return(z);
}
```

也可以写成这样：

```
int  max(x,y)
int  x,y;
{
int  z;
z＝x＞y? x:y;
return(z);
}
```

reentrant 修饰符

这个修饰符用于把函数定义为可重入函数。所谓可重入函数就是允许被递归
调用的函数。函数的递归调用是指当一个函数正被调用尚未返回时，又直接或间
接调用函数本身。一般的函数不能做到这样，只有可重入函数才允许递归调用。

关于可重入函数，注意以下几点：

用 reentrant 修饰的可重入函数被调用时，实参表内不允许使用位类型的参
数。函数体内也不允许存在任何关于位变量的操作，更不能返回位类型的值。

编译时，系统为可重入函数在内部或外部存储器中建立一个模拟堆栈区，称为
可重入栈。可重入函数的局部变量及参数被放在重入栈中，使可重入函数可以实
现递归调用。

在参数的传递上，实际参数可以传递给间接调用的可重入函数。无可重入属
性的间接调用函数不能包含调用参数，但是可以使用定义的全局变量来进行参数
传递。

5.6.2　中断函数

中断函数又称为中断服务函数。

1. 关键字 interrupt m

也称 interrupt m 为修饰符。

interrupt m 是 C51 函数中非常重要的一个修饰符,这是因为中断函数必须通过它进行修饰。在 C51 程序设计中,当函数定义时用了 interrupt m 修饰符,系统编译时把对应函数转化为中断函数,自动加上程序头段和尾段,并按 51 系统中断的处理方式自动把它安排在程序存储器中的相应位置。

在该修饰符中,m 的取值为 0~30,对应的中断情况如下:

0——外部中断 0

1——定时/计数器 T0

2——外部中断 1

3——定时/计数器 T1

4——串行口中断

5——定时/计数器 T2

其他值预留。

2. 编写 51 中断函数要点

中断函数不能进行参数传递,如果中断函数中包含任何参数声明都将导致编译出错。

中断函数没有返回值,如果企图定义一个返回值将得不到正确的结果,建议在定义中断函数时将其定义为 void 类型,以明确说明没有返回值。

在任何情况下都不能直接调用中断函数,否则会产生编译错误。因为中断函数的返回是由 8051 单片机的 RETI 指令完成的,RETI 指令影响 8051 单片机的硬件中断系统。如果在没有实际中断情况下直接调用中断函数,RETI 指令的操作结果会产生一个致命的错误。

如果在中断函数中调用了其他函数,则被调用函数所使用的寄存器必须与中断函数相同。否则会产生不正确的结果。

C51 编译器对中断函数编译时会自动在程序开始和结束处加上相应的内容,具体如下:在程序开始处对 ACC、B、DPH、DPL 和 PSW 入栈,结束时出栈。中断函数未加 using n 修饰符的,开始时还要将 R0~R1 入栈,结束时出栈。如中断函数加 using n 修饰符,则在开始将 PSW 入栈后还要修改 PSW 中的工作寄存器组选择位。

C51 编译器从绝对地址 8m+3 处产生一个中断向量,其中 m 为中断号,也即 interrupt 后面的数字。该向量包含一个到中断函数入口地址的绝对跳转。

中断函数最好写在文件的尾部,并且禁止使用 extern 存储类型说明。防止其他程序调用。

【例】编写一个用于统计外中断 0 的中断次数的中断服务程序。

```
extern   int   x;
void   int0()   interrupt 0   using 1
{
    x＋＋;
}
```

3. using　n 修饰符

修饰符 using　n 用于指定本函数内部使用的工作寄存器组,其中 n 的取值为 0～3,表示寄存器组号。

对于 using　n 修饰符的使用,注意以下几点:

加入 using　n 后,C51 在编译时自动的在函数的开始处和结束处加入以下指令。

```
{
PUSH   PSW;标志寄存器入栈
MOV   PSW,♯与寄存器组号相关的常量
……
POP   PSW;标志寄存器出栈
}
```

using　n 修饰符不能用于有返回值的函数,因为 C51 函数的返回值是放在寄存器中的。如寄存器组改变了,返回值就会出错。

5.6.3　函数的调用与声明

1. 函数的调用

函数调用的一般形式如下:

　　　　　函数名(实参列表);

对于有参数的函数调用,若实参列表包含多个实参,则各个实参之间用逗号隔开。

按照函数调用在主调函数中出现的位置,函数调用方式有以下三种:

函数语句。把被调用函数作为主调用函数的一个语句。

函数表达式。函数被放在一个表达式中,以一个运算对象的方式出现。这时的被调用函数要求带有返回语句,以返回一个明确的数值参加表达式的运算。

函数参数。被调用函数作为另一个函数的参数。

2. 自定义函数的声明

在 C51 中,函数原型一般形式如下:

[extern]函数类型　函数名(形式参数表);

函数的声明是把函数的名字、函数类型以及形参的类型、个数和顺序通知编译系统,以便调用函数时系统进行对照检查。函数的声明后面要加分号。

如果声明的函数在文件内部,则声明时不用 extern,如果声明的函数不在文件内部,而在另一个文件中,声明时须带 extern,指明使用的函数在另一个文件中。

【例】函数的使用

```
#include  <reg52.h>        //包含特殊功能寄存器库
#include  <stdio.h>        //包含 I/O 函数库
int  max(int  x,int  y);    //对 max 函数进行声明
void main(void)            //主函数
{
int  a,b;
SCON=0x52;               //串口初始化
TMOD=0x20;
TH1=0xF3;
TR1=1;
scanf("please input a,b:%d,%d",&a,&b);
printf("\n");
printf("max is:%d\n",max(a,b));
while(1);
}
int  max(int  x,int  y)
{
int  z;
z=(x>=y? x:y);
return(z);
}
```

【例】　外部函数的使用。

```
程序 serial_initial.c
#include  <reg52.h>        //包含特殊功能寄存器库
#include  <stdio.h>        //包含 I/O 函数库
void serial_initial(void)   //主函数
```

```
{
SCON=0x52;                    //串口初始化
TMOD=0x20;
TH1=0xF3;
TR1=1;
}
```

程序 y1.c

```
#include  <reg52.h>         //包含特殊功能寄存器库
#include  <stdio.h>         //包含 I/O 函数库
extern  serial_initial();
void  main(void)
{
int  a,b;
serial_initial();
scanf("please input a,b:%d,%d",&a,&b);
printf("\n");
printf("max is:%d\n",a>=b? a:b);
while(1);
}
```

5.6.4　函数的嵌套与递归

1.函数的嵌套

在一个函数的调用过程中调用另一个函数。C51 编译器通常依靠堆栈来进行参数传递,堆栈设在片内 RAM 中,而片内 RAM 的空间有限,因而嵌套的深度比较有限,一般在几层以内。如果层数过多,就会导致堆栈空间不够而出错。

【例】函数的嵌套调用

```
#include  <reg52.h>   //包含特殊功能寄存器库
#include  <stdio.h>   //包含 I/O 函数库
extern  serial_initial();
int  max(int  a,int  b)
{
int  z;
z=a>=b? a:b;
```

```
return(z);
}
int   add(int   c,int   d,int   e,int   f)
{
int   result;
result＝max(c,d)＋max(e,f);        //调用函数 max
return(result);
}
main()
{
int   final;
serial_initial();
final＝add(7,5,2,8);        //调用函数 add()
printf("%d",final);
while(1);
}
```

2. 函数的递归

递归调用是嵌套调用的一个特殊情况。如果在调用一个函数过程中又出现了直接或间接调用该函数本身,则称为函数的递归调用。

在函数的递归调用中要避免出现无终止的自身调用,应通过条件控制结束递归调用,使得递归的次数有限。

下面是一个利用递归调用求 $n!$ 的例子。

【例】递归求数的阶乘 $n!$。

在数学计算中,一个数 n 的阶乘等于该数本身乘以数 $n-1$ 的阶乘,即 $n! = n(n-1)!$,用 $n-1$ 的阶乘来表示 n 的阶乘就是一种递归表示方法。在程序设计中通过函数递归调用来实现。

程序如下:

```
#include   <reg52.h>   //包含特殊功能寄存器库
#include   <stdio.h>   //包含 I/O 函数库
extern   serial_initial();
int   fac(int   n)   reentrant
{
int   result;
if(n==0)
```

```
result＝1;
else
result＝n * fac(n－1);
return(result);
}


main()
{
int   fac_result;
serial_initial();
fac_result＝fac(11);
printf("％d\n",fac_result);
}
```

5.7　C51 构造数据类型

5.7.1　数组

1.一维数组

一维数组只有一个下标,定义的形式如下:

数据类型说明符　数组名[常量表达式][＝{初值,初值……}]

各部分说明如下:

(1)"数据类型说明符"说明了数组中各个元素存储的数据的类型。

(2)"数组名"是整个数组的标识符,它的取名方法与变量的取名方法相同。

(3)"常量表达式",常量表达式要求取值要为整型常量,必须用方括号"[　]"括起来。用于说明该数组的长度,即该数组元素的个数。

(4)"初值部分"用于给数组元素赋初值,这部分在数组定义时属于可选项。对数组元素赋值,可以在定义时赋值,也可以定义之后赋值。在定义时赋值,后面须带等号,初值须用花括号括起来,括号内的初值两两之间用逗号隔开,可以对数组的全部元素赋值,也可以只对部分元素赋值。初值为 0 的元素可以只用逗号占位而不写初值 0。

例如:下面是定义数组的两个例子。

unsigned　char　x[5];

unsigned   int   y[3]={1,2,3};

第一句定义了一个无符号字符数组,数组名为 x,数组中的元素个数为 5。

第二句定义了一个无符号整型数组,数组名为 y,数组中元素个数为 3,定义的同时给数组中的三个元素赋初值,赋初值分别为 1、2、3。

需要注意的是,C51 语言中数组的下标是从 0 开始的,因此上面第一句定义的 5 个元素分别是:x[0]、x[1]、x[2]、x[3]、x[4]。第二句定义的 3 个元素分别是:y[0]、y[1]、y[2]。赋值情况为:y[0]=1;y[1]=2;y[2]=3。

C51 规定在引用数组时,只能逐个引用数组中的各个元素,而不能一次引用整个数组。但如果是字符数组则可以一次引用整个数组。

【例】用数组计算并输出 Fibonacci 数列的前 20 项。

Fibonacci 数列在数学和计算机算法中十分有用。Fibonacci 数列是这样的一组数:第一个数字为 0,第二个数字为 1,之后每一个数字都是前两个数字之和。设计时通过数组存放 Fibonacci 数列,从第三项开始可通过累加的方法计算得到。

程序如下:

```
#include   <reg52.h>   //包含特殊功能寄存器库
#include   <stdio.h>   //包含 I/O 函数库
extern   serial_initial();
main()
{
int   fib[20],i;
fib[0]=0;
fib[1]=1;
serial_initial();
for(i=2;i<20;i++)   fib[i]=fib[i-2]+fib[i-1];
for(i=0;i<20;i++)
{
if(i%5==0) printf("\n");
printf("%6d",fib[i]);
}
while(1);
}
```

程序执行结果:

```
0   1   1   2   3
5   8   13   21   34
```

55　89　144　233　377
610　987　15972584　4148

2. 字符数组

用来存放字符数据的数组称为字符数组,它是 C 语言中常用的一种数组。字符数组中的每一个元素都用来存放一个字符,也可用字符数组来存放字符串。字符数组的定义与一般数组相同,只是在定义时把数据类型定义为 char 型。

例如:char　string1[10];

char　string2[20];

上面定义了两个字符数组,分别定义了 10 个元素和 20 个元素。

在 C51 语言中,字符数组用于存放一组字符或字符串,字符串以"\0"作为结束符,只存放一般字符的字符数组的赋值与使用和一般的数组完全相同。对于存放字符串的字符数组。既可以对字符数组的元素逐个进行访问,也可以对整个数组按字符串的方式进行处理。

【例】对字符数组进行输入和输出。

```
#include　<reg52.h>　//包含特殊功能寄存器库
#include　<stdio.h>　//包含 I/O 函数库
extern　serial_initial();
main()
{
char　string[20];
serial_initial();
printf("please　type　any　character:");
scanf("%s",string);
printf("%s\n",string);
while(1);
}
```

5.7.2　指针

指针是 C 语言中的一个重要概念。指针类型数据在 C 语言程序中使用十分普遍,正确地使用指针类型数据,可以有效地表示复杂的数据结构;可以动态地分配存储器,直接处理内存地址。

1. 指针的概念

了解指针的基本概念,先要了解数据在内存中的存储和读取方法。

　　在汇编语言中,对内存单元数据的访问是通过指明内存单元的地址。访问时有两种方式:直接寻址方式和间接寻址方式。直接寻址是通过在指令中直接给出数据所在单元的地址而访问该单元的数据。例如:MOV A,20H。在指令中直接给出所访问的内存单元地址 20H,访问的是地址为 20H 的单元的数据,该指令把地址为 20H 的片内 RAM 单元的内容传送给累加器 A;间接寻址是指所操作的数据所在的内存单元地址不是通过指令中直接提供,该地址是存放在寄存器中或其他的内存单元中,指令中指明存放地址的寄存器或内存单元来访问相应的数据。

　　在 C 语言中,可以通过地址方式来访问内存单元的数据,但 C 语言作为一种高级程序设计语言,数据通常是以变量的形式进行存放和访问的。对于变量,在一个程序中定义了一个变量,编译器在编译时就在内存中给这个变量分配一定的字节单元进行存储。如对整型变量(int)分配 2 个字节单元,对于浮点型变量(float)分配 4 个字节单元,对于字符型变量分配 1 个字节单元等。变量在使用时分清两个概念:变量名和变量的值。前一个是数据的标识,后一个是数据的内容。变量名相当于内存单元的地址,变量的值相当于内存单元的内容。对于内存单元的数据访问方式有两种,对于变量也有两种访问方式:直接访问方式和间接访问方式。

　　直接访问方式。对于变量的访问,我们大多数时候是直接给出变量名。例如:printf("%d",a),直接给出变量 a 的变量名来输出变量 a 的内容。在执行时,根据变量名得到内存单元的地址,然后从内存单元中取出数据按指定的格式输出。这就是直接访问方式。

　　间接访问方式。例如要存取变量 a 中的值时,可以先将变量 a 的地址放在另一个变量 b 中,访问时先找到变量 b,从变量 b 中取出变量 a 的地址,然后根据这个地址从内存单元中取出变量 a 的值。这就是间接访问。在这里,从变量 b 中取出的不是所访问的数据,而是访问的数据(变量 a 的值)的地址,这就是指针,变量 b 称为指针变量。

　　关于指针,注意两个基本概念:变量的指针和指向变量的指针变量。变量的指针就是变量的地址。对于变量 a,如果它所对应的存储单元地址为 2000H,它的指针就是 2000H。指针变量是指一个专门用来存放另一个变量地址的变量,它的值是指针。上面变量 b 中存放的是变量 a 的地址,变量 b 中的值是变量 a 的指针,变量 b 就是一个指向变量 a 的指针变量。

　　如上所述,指针实质上就是各种数据在内存单元的地址,在 C51 语言中,不仅有指向一般类型变量的指针,还有指向各种组合类型变量的指针。在本书中我们只讨论指向一般变量的指针的定义与引用,对于指向组合类型的指针,大家可以参考其他书籍学习它的使用。

2. 指针变量的定义

指针变量的定义与一般变量的定义类似,定义的一般形式为:

数据类型说明符　［存储器类型］　*指针变量名;

其中:

"数据类型说明符"说明了该指针变量所指向的变量的数据类型。

"存储器类型"是可选项,它是 C51 编译器的一种扩展,如果带有此选项,指针被定义为基于存储器的指针。无此选项时,被定义为一般指针,这两种指针的区别在于它们占的存储字节不同。

下面是几个指针变量定义的例子:

```
int    * p1;        //定义一个指向整型变量的指针变量 p1
char   * p2;        //定义一个指向字符变量的指针变量 p2
char   data   * p3;     //定义一个指向字符变量的指针变量 p3,该指针访
                        问的数据在片内数据存储器中,该指针在内存中
                        占一个字节
float  xdata   * p4;    //定义一个指向 float 变量的指针变量 p4,该指针
                        访问的数据在片外数据存储器中,该指针在内存
                        中占两个字节
```

3. 指针变量的引用

指针变量是存放另一变量地址的特殊变量,指针变量只能存放地址。指针变量使用时注意两个运算符:& 和 * 。这两个运算符在前面已经介绍,其中:"&"是取地址运算符,"*"是指针运算符。通过"&"取地址运算符可以把一个变量的地址送给指针变量,使指针变量指向该变量;通过"*"指针运算符可以实现通过指针变量访问它所指向的变量的值。

指针变量经过定义之后可以像其他基本类型变量一样引用。例如:

```
int  x, * px, * py;        //变量及指针变量定义
px=&x;         //将变量 x 的地址赋给指针变量 px,使 px 指向变量 x
* px=5;        //等价于 x=5
py=px;         //将指针变量 px 中的地址赋给指针变量 py,使指针变量 py 也
               指向 x
```

【例】输入两个整数 x 与 y,经比较后按大小顺序输出。

程序如下:

```
#include  <reg52. h>    //包含特殊功能寄存器库
#include  <stdio. h>    //包含 I/O 函数库
```

```
extern   serial_initial();
main()
{
int   x,y;
int   * p, * p1, * p2;
serial_initial();
printf("input   x   and   y:\n");
scanf("%d%d",&x,&y);
p1=&x;p2=&y;
if(x<y){p=p1;p1=p2;p2=p;}
printf("max=%d,min=%d\n", * p1, * p2);
while(1);
}
```

程序执行结果：

```
input   x   and   y:
4   8
max=8,min=4
```

5.7.3　结　构

结构是一种组合数据类型，它是将若干个不同类型的变量结合在一起而形成的一种数据的集合体。组成该集合体的各个变量称为结构元素或成员。整个集合体使用一个单独的结构变量名。

1.结构与结构变量的定义

结构与结构变量是两个不同的概念，结构是一种组合数据类型，结构变量是取值为结构这种组合数据类型的变量，相当于整型数据类型与整型变量的关系。对于结构与结构变量的定义有两种方法。

（1）先定义结构类型再定义结构变量

结构的定义形式如下：

struct 结构名

{结构元素表}；

结构变量的定义如下：

struct 结构名　结构变量名 1,结构变量名 2,……；

其中，"结构元素表"为结构中的各个成员，它可以由不同的数据类型组成。在定义时须指明各个成员的数据类型。

例如,定义一个日期结构类型 date,它由三个结构元素 year、month、day 组成,定义结构变量 d1 和 d2,定义如下:

先定义结构类型 date,如下所示:

```
struct   date
{
int   year;
char   month,day;
}
```

再定义结构变量 d1、d2,如下所示:

```
struct   date   d1,d2;
```

(2)定义结构类型的同时定义结构变量名

这种方法是将两个步骤合在一起,格式如下:

```
struct 结构名
｛结构元素表｝结构变量名 1,结构变量名 2,……;
```

例如对于上面的日期结构变量 d1 和 d2 可以按以下格式定义:

```
struct   date
{
int   year;
char   month,day;
}d1,d2;
```

对于结构的定义说明如下:

结构中的成员可以是基本数据类型,也可以是指针或数组,还可以是另一结构类型变量,形成结构的结构,即结构的嵌套。结构的嵌套可以是多层次的,但这种嵌套不能包含其自己。

定义的一个结构是一个相对独立的集合体,结构中的元素只在该结构中起作用,因而一个结构中的结构元素的名字可以与程序中的其他变量的名称相同,它们两者代表不同的对象,在使用时互相不影响。

结构变量在定义时也可以像其他变量在定义时加各种修饰符对它进行说明。

在 C51 中允许将具有相同结构类型的一组结构变量定义成结构数组,定义时与一般数组的定义相同,结构数组与一般变量数组的不同就在于结构数组的每一个元素都是具有同一结构的结构变量。

2. 结构变量的引用

结构元素的引用一般格式如下:

结构变量名. 结构元素名

或

结构变量名－＞结构元素名

其中,".",是结构的成员运算符,例如:d1. year 表示结构变量 d1 中的元素 year,d2. day 表示结构变量 d2 中的元素 day 等。如果一个结构变量中结构元素又是另一个结构变量,即结构的嵌套,则需要用到若干个成员运算符,一级一级找到最低一级的结构元素,而且只能对这个最低级的结构元素进行引用,形如d1. time. hour 的形式。

【例】输入 3 个学生的语文、数学、英语的成绩,分别统计他们的总成绩并输出。

程序如下:

```
#include  <reg52. h>    //包含特殊功能寄存器库
#include  <stdio. h>    //包含 I/O 函数库
extern  serial_initial();
struct  student
{
unsigned  char  name[10];
unsigned  int  chinese;
unsigned  int  math;
unsigned  int  english;
unsigned  int  total;
}p1[3];
main()
{
unsigned  char  i;
serial_initial();
printf("input  3  student  name  and  result:\n");
for(i=0;i<3;i++)
{
printf("input   name:\n");
scanf("%s",p1[i]. name);
printf("input   result:\n");
scanf("%d,%d,%d",&p1[i]. chinese,&p1[i]. math,&p1[i]. english);
}
for(i=0;i<3;i++)
```

```
{
p1[i]. total＝p1[i]. chinese＋p1[i]. math＋p1[i]. english;
}
for(i＝0;i＜3;i＋＋)
{
printf("%s total is %d",p1[i]. name,p1[i]. total);
printf("\n");
}
while(1);
}
```

程序执行结果：

```
input  3  student  name  and  result：
input  name：
wang
input  result：
76,87,69
input  name：
yang
input  result：
75,77,89
input  name：
zhang
input  result：
72,81,79
wang total is 232
yang total is 241
zhang total is 232
```

5.7.4 联合

前面介绍的结构能够把不同类型的数据组合在一起使用，另外，在 C51 语言中，还提供一种组合类型——联合，也能够把不同类型的数据组合在一起使用，但它与结构又不一样，结构中定义的各个变量在内存中占用不同的内存单元，在位置上是分开的，而联合中定义的各个变量在内存中都是从同一个地址开始存放，即采用了所谓的"覆盖技术"。这种技术可使不同的变量分时使用同一内存空间，提高内存的利用效率。

1.联合的定义

(1)先定义联合类型再定义联合变量

定义联合类型,格式如下:

union 联合类型名

〔成员列表〕;

定义联合变量,格式如下:

union 联合类型名　变量列表;

例如:

union　data

〔

float　i;

int　j;

char　k;

〕

再用已经定义好的联合类型 data 定义其他同类型的联合变量 a、b、c,程序如下:

union　data　a,b,c;

(2)定义联合类型的同时定义联合变量

格式如下:

union 联合类型名

〔成员列表〕变量列表;

例如:

union　data

〔

float　i;

int　j;

char　k;

〕data　a,b,c;

可以看出,定义时,结构与联合的区别只是将关键字由 struct 换成 union,但在内存的分配上两者完全不同。结构变量中各个元素都有自己独有的存储空间,结构变量占用的内存长度是其中各个元素所占用的内存长度的总和;而联合变量中各元素共用同一段存储区,联合变量所占用的内存长度是其中各元素的长度的最大值。

2. 联合变量的引用

联合变量中元素的引用与结构变量中元素的引用格式相同,形式如下:

联合变量名. 联合元素

或

联合变量名－＞联合元素

例如:对于前面定义的联合变量 a、b、c 中的元素可以通过下面形式引用。

a. i＝260.8;

b. j＝3265;

c. k＝45;

分别引用联合变量 a 中的 float 型元素 i,联合变量 b 中的 int 型元素 j,联合变量 c 中的 char 型元素 k。

5.7.5　枚举

枚举数据类型是一个有名字的某些整型常量的集合。这些整型常量是该类型变量可取的所有的合法值。枚举定义时应当列出该类型变量的所有可取值。

枚举定义的格式与结构和联合基本相同,也有两种方法。

先定义枚举类型,再定义枚举变量,格式如下:

enum 枚举名　{枚举值列表};

enum 枚举名　枚举变量列表;

或在定义枚举类型的同时定义枚举变量,格式如下:

enum 枚举名　{枚举值列表}枚举变量列表;

例如:定义一个取值为星期几的枚举变量 d1。

enum　week　{Sun,Mon,Tue,Wed,Thu,Fri,Sat};

cnum　week　d1;

或 enum　week　{Sun,Mon,Tue,Wed,Thu,Fri,Sat} d1;

以后就可以把枚举值列表中各个值赋给枚举变量 d1 进行使用了。

5.7.6　volatile

一个定义为 volatile 的变量是说这变量可能会被意想不到地改变,这样,编译器就不会去假设这个变量的值了。准确地说就是,在用到这个变量时必须每次到原地址重新读取这个变量的值,而不是使用保存在寄存器里的备份。

例如:volatile unsigned char a;

这里 a 被定义为一个易变的变量,从而每次使用 a 的时候,都要从它的原地址读取数值。如果原地址是一个数据输入端口,其输入数据是不断变化的,就可以保证每次使用这个变量时,使用的都是读取到的端口上的最新数值。而不是像普通变量那样读取一次后,放在寄存器中使用,每次都使用寄存器内的值。

思考题与习题

1. 源程序中的变量名字在计算机指令代码中还存在否? 在指令代码中,源程序中的变量是以什么形式出现的?

2. 在 C51 程序设计中,定义变量时,要指定变量的哪些属性?

3. 简述全局变量和局部变量的设置规则。

4. 设计一个联合变量。

5. 寄存器和端口的名字与其地址是怎么联系起来的?

6. 设计一段包含 if、switch case、while、do while、for、goto 语句的程序。

7. 函数的形式参数和实际参数各在何处使用?

8. 中断服务函数和普通函数有何不同,中断函数比普通函数有何优点?

9. 分别设计 3 个二维数组、3 个结构变量、3 个结构数组、3 个联合变量。

10. 设计 2 个指针变量和 2 个指针变量数组。

第6章 实验仪器与软件

实践出真知,实验是一切学习的重要环节之一。对于计算机与单片机的学习,更是如此。离开了实验环节,就是整天遨游书海,百遍上课,十年苦读,也无法理解技术的精髓,多年时光流逝后,还只是一个门外汉而已。因此动手实验极其重要。一个好的实验,反复改变参数,反复修改程序,反复实验练习,就会学到很多很多。因此本课程将实验提高到与理论并重甚至高于理论的程度。实验课上,老师要讲解以前未曾学习的许多专业知识。因此本书将实验仪器与软件专列为一章。同学们一定要认真进行实验,只有经过认真实验才能透彻理解理论,积累实际经验,而经验才是所有知识中最宝贵的知识。

6.1 实验仪

本书的实验仪是当前一款优秀的 51 单片机实验仪,功能强大丰富,能够完成 20 多种单片机的重要实验。该实验仪使用的单片机是深圳宏晶公司出品的 STC89C52RC,该单片机具有 ISP(在系统编程)功能,就是不需要专用的编程器,通过单片机的串行口就可以下载程序。认真完成这些实验,就可以基本上掌握 51 单片机。以此为基础,就会轻松进入单片机世界,成为各类单片机的行家里手。

实验仪电路板见图 6-1。实验仪各功能模块的电路连接原理图见图 6-2~图 6-18。这是程序编写时对外部设备定义地址和输出控制信号的基础。在进行每个实验时,都要先看明白对应的电路连接原理图,才能编写可用的程序。如果编程时定义了错误的地址,那就无法访问需要的硬件,而且还有可能由于地址错误而损坏其他的电路元件,须慎之又慎。实验仪主要硬件特点及其连接关系如下:

◆ 8 个 7 段数码管,为共阴极数码管。由 138 译码器选通,数据由 573 的输出供给。要使能 573,必须用 J21 的跳线帽把 LE 与 P10 相连。见图 6-4。

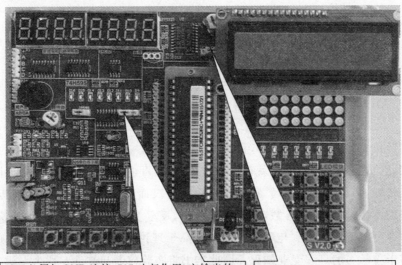

JOE 必须与 GND 连接,595 才起作用,它输出的 D0—D7 才起作用。而 D0—D7 对 LED 点阵的行起作用,为高该行选通。也控制 D9—D16 LED 灯,为低灯亮。

LE 必须与 P10 相连,573 才起作用,从而 8 个 LED7 段数码管才能正确显示。

图 6-1　实验仪 HC6800

STC89C52RC

P1			STC89C52RC			Power P2	
20	P10	1	P1.0	VCC	40		1
19	P11	2	P1.1	P0.0	39	P00	2
18	P12	3	P1.2	P0.1	38	P01	3
17	P13	4	P1.3	P0.2	37	P02	4
16	P14	5	P1.4	P0.3	36	P03	5
15	P15	6	P1.5	P0.4	35	P04	6
14	P16	7	P1.6	P0.5	34	P05	7
13	P17	8	P1.7	P0.6	33	P06	8
12	RST	9	RST/VPD	P0.7	32	P07	9
11	TXD	10	P3.0/RxD	EV/Vpp	31	VCC	10
10	RXD	11	P3.1/TxD	ALE/PROG	30		11
9	P32/CS1	12	P3.2/INT0	PSEN	29		12
8	P33/CS2	13	P3.3/INT1	P2.7	28	P27/LCDE	13
7	P34	14	P3.4/T0	P2.6	27	P26/RD	14
6	P35	15	P3.T/T1	P2.5	26	P25/WR	15
5	P36	16	P3.6/WR	P2.4	25	P24	16
4	P37	17	P3.7/RD	P2.3	24	P23	17
3	XT2	18	XTAL2	P2.2	23	P22	18
2	XT1	19	XTAL1	P2.1	22	P21/SCL	19
1		20	GND	P2.0	21	P20/SDA	20

GND

图 6-2　CPU 与其两边的接线针排

(LE 必须与 P10 相连,573 才起作用,从而 8 个 LED7 段数码管才能正确显示。)

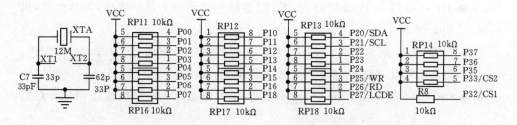

图 6-3 晶振电路与单片机各端口的上拉电阻

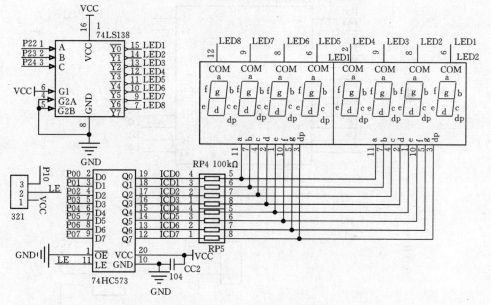

图 6-4 LED 数码管选通与驱动电路

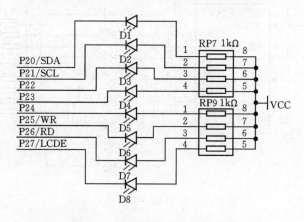

图 6-5 LED D1~D8 接口电路

◆ D1～D8 的 8 个 LED 灯,由 P2 口直接连接到每个灯的阴极,为低点亮,见图 6 - 5。

◆ LED 点阵:列为阴极,8 列由 P0 口 8 位直接连接驱动,低为通。行为阳极,由 74HC595 的输出 D0～D7 连接驱动,为高点亮,见图 6 - 6。

◆ D9～D16 的 8 个 LED 灯,由 74HC595 的输出口 D0～D7 连接到每个灯的阴极,为低点亮,见图 6 - 7。

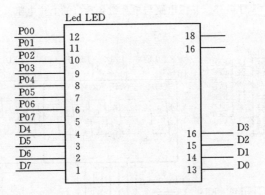

图 6 - 6　LED 点阵 8x8 接口电路

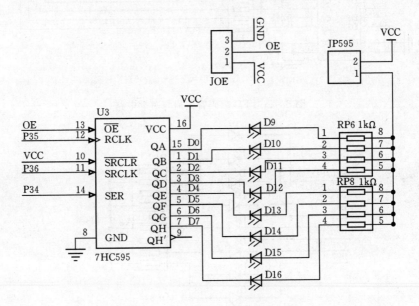

图 6 - 7　LED D9～D16 接口电路

◆ LCD1602 液晶模块,由 P0 口作为其数据总线,由 P25/P26/P27 作为其控制信号。见图 6-8。

◆ A/D 转换芯片 XPT2046,接在 P34/P35/P36 上,见图 6-9。

◆ D/A 转换电路接在 P21 上,见图 6-10。

◆ USB 通信芯片 CH340,接在单片机的串行口 TXD 和 RXD 上,见图 6-11。

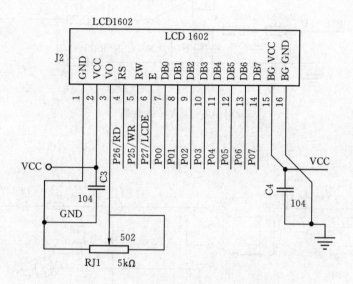

图 6-8　液晶模块 LCD1602 接口电路

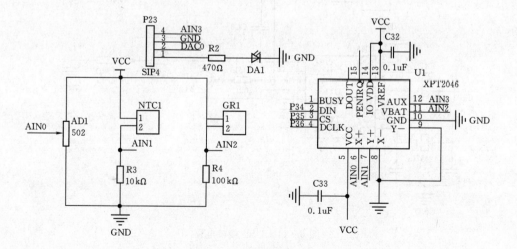

图 6-9　A/D 转换电路

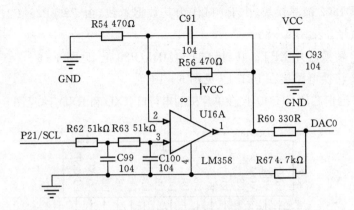

图 6-10　D/A 转换电路

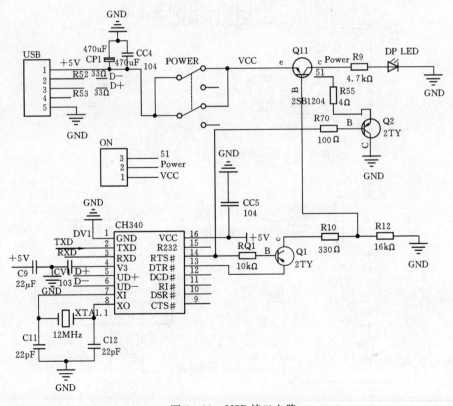

图 6-11　USB 接口电路

◆ 步进电机驱动芯片 ULN2003,接在 P1 口的 P10～P15 上,见图 6-12。

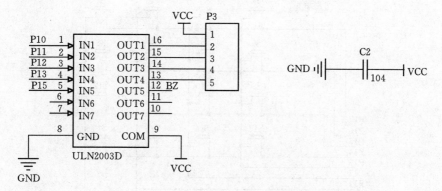

图 6-12　步进电机驱动电路

◆ 时钟芯片 DS1302,接在 P3 口的 P34/ P35/P36 上,见图 6-13。

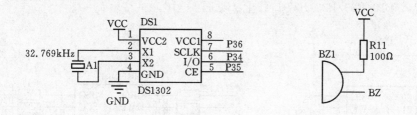

图 6-13　时钟电路与蜂鸣器电路

◆ 独立按键 4 个,接在 P30～P33 口线上,见图 6-14。

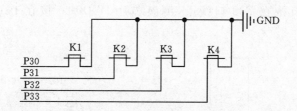

图 6-14　4 个独立按键电路

◆ 矩阵键盘(16 个按键),接在 P1 口上,列线在低 4 位,行线在高 4 位,见图 6-15。

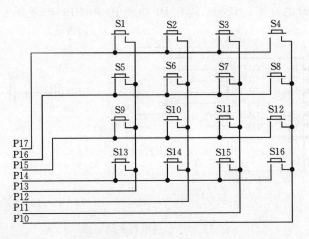

图 6-15　矩阵键盘电路

I²C 串行存储器 24C02 接在 P21、P20 口线上，无线通信模块 NRF2401 接在 P20/P36/P10/P33/P22/P37 口线上。见图 6-16。

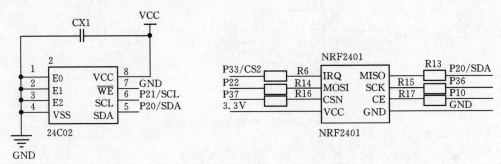

图 6-16　I²C 存储器接口与无线数传接口

红外线接口接在 P32 口线上，测温芯片 DS18B20 接在 P37 口线上，见图 6-17。

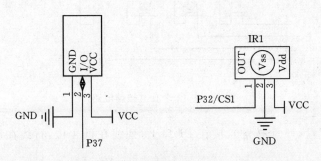

图 6-17　18B20 测温电路与红外接口

6.2　实验工具软件

实验工具软件,包括编译连接的集成软件,实验仪接口驱动软件,程序下载软件。

1. 编译连接软件

编译连接软件采用著名的 keil 软件,本实验用的是 keilV4。实验仪配套资料中已经提供了 keilV4 及其注册软件,直接安装在 PC 机上,注册后就可以使用。

2. 实验仪的 USB 接口驱动软件

实验仪配套资料中已经提供了实验仪 USB 接口驱动软件,为 ch341ser. exe,直接点击安装即可。

3. 程序下载与通信软件

程序下载与通信软件,采用深圳宏晶公司的 stc-isp-15xx-v6. 85. exe 软件,这是宏晶公司为它们的 STC 单片机开发的一款功能丰富的工具软件,可用于进行程序下载、计算机通信、各种程序模块生成等,对 STC 单片机的开发有很大帮助。利用这个软件,可以大大提高 STC 单片机的软件开发速度,减少程序错误,提高开发效率。该软件能够直接从 STC 单片机官网上免费下载。

6.3　实验内容

本课程共有实验 28 个,其中有基础实验 20 个,高级实验 8 个。基础实验是在教学实验时间内必须完成的实验,高级实验有较大的难度,需要花费较多的时间,只能在课余时间进行。

1. 本课程基础实验

(1)点亮 LED 灯

(2)LED 闪烁

(3)LED 流水灯

(4)蜂鸣器

(5)静态数码管显示

(6)动态数码管显示

(7)独立按键

(8)矩阵按键

(9)8X8LED 点阵(显示数字)

(10)外部中断 0

(11)外部中断 1

(12)定时器 0 中断

(13)定时器 1 中断

(14)串口通信

(15)EEPROM24C02-IIC

(16)DS1302 时钟

(17)红外通信

(18)AD 模数转换

(19)DA 数模转换

(20)LCD1602 液晶

2.本课程的 8 个高级实验

(1)DS1302 时钟 LCD1602 显示(可以按键设置时钟)

(2)LCD1602 显示红外值

(3)LCD1602 显示矩阵按键键值

(4)LED 点阵显示汉字

(5)LED 点阵显示数字

(6)蜂鸣器音乐之八月桂花

(7)矩阵按键数码管移位显示

(8)秒表

本课程的所有实验例程都在实验仪配送的资料里,详见光盘 G:\普中 51 实验仪 V2\实验程序。

可以将这些例程进行反复修改,对每个实验按照自己的想法进行多参数多花样的实验,以求彻底吃透 51 单片机与 C51 程序语法。能够设计基于 51 单片机的简单控制系统,能够编写基本的 C51 程序。

实验作业:写作完成所有基础实验的实验报告。

为便于同学们在实验中参考查阅,设计了几个典型实验例程。

3.典型实验例程

1)串行通信实验

◆ 使用的 I/O 口:P3.0,P3.1。

◆ 实验效果:实现与 PC 机的数据通信。

#include<reg51.h>

void UsartConfiguration();

```
void main()
{
    UsartConfiguration();
    while(1){}
}
void UsartConfiguration()
{
    SCON=0X50;              //设置为工作方式 1
    TMOD=0X20;              //设置计数器工作方式 2
    PCON=0X00;              //波特率加倍设置
    TH1=0XFd;               //计数器初始值设置,注意波特率是 4800 的
    TL1=0XFd;               //对应的晶体是 11.0592 MHz
    ES=1;                   //打开接收中断
    EA=1;                   //打开总中断
    TR1=1;                  //打开计数器
}
void Usart() interrupt 4   //串口中断服务函数
{
    unsigned char receiveData;
    receiveData=SBUF;       //取出接收到的数据
    RI=0;                   //清除接收中断标志位
    TI=0;
    SBUF=receiveData;       //将接收到的数据放入到发送寄存器
    while(! TI);            //等待发送数据完成
    TI=0;                   //清除发送完成标志位
}
```

编写单片机串行口异步通信程序步骤如下:

(1)设置串行口工作方式,此时需要对 SCON 中的 SM0、SM1 进行设置。PC 机与单片机的通信一般选择串口工作在方式 1 下。

(2)选择波特率发生器的定时器,选择定时器 T1 作为其波特率发生器。

(3)设置定时器工作方式,当选择定时器 1 作为波特率发生器时,需设置其方式寄存器 TMOD 为定时方式并选择相应的工作方式(一般选择方式 2 以进行定时器初值重装入操作)。

(4)设置波特率参数,影响波特率的参数有 2 个,一是寄存器 PCON 的 SMOD

位,另一个是相应定时器的初值,相应计算公式如下:

8051 和 PC 机通信的波特率由 SCON 和 PCON 来控制。如果工作在方式 1 或方式 3 时,T1=EAH(250D),T1 工作在方式 2,且 SMOD=1,则

$$波特率=\frac{2}{32}\times\frac{11059200}{12}\left(\frac{1}{2^8-250}\right)=9600b/s$$

(5)允许串行中断,因在程序中我们一般采用中断接收方式,故应设 EA=1, ES=1。

(6)允许接收数据,设置 SCON 中的 REN 为 1。表示允许串行口接收数据。

(7)启动定时/计数器 T1,令 TR1=1,就开启了 T1,使其产生波特率。

(8)编写串行中断服务程序,当有数据到达串口时,系统将自动执行所编写的中断服务程序。

(9)收/发相应数据,要注意的是每发送完一个字节,需将 TI 清零,每接收一个字节,在接收到后需将 RI 清零。

实验板上用的是 11.0592 MHz。我们选用 11.0592 MHz 来计算定时器的初值。

通信程序举例:

```
void main()
{  TMOD=0x21;     //定时器模式设置
   SCON=0x58;     //通信方式 0,1 位起始位,8 位数据,1 位停止位
   PCON=0x00;     //波特率翻倍位为 0,不翻倍
   TH1=   0xfd;   // 9600b/s,11.0592 MHz
   TR1=1;         //启动 T1
   ET1=0;         //禁止 T1 中断
   PT1=1;         //T1 优先级定为 1
   ES=1;          //允许串行口中断
   EA=1;          //开放总中断
}
/*串行口中断服务函数*/
void serial_port(void) interrupt 4 using 1
{   uchar ii;
unsigned char picknum[10];
   EA=0;          //关中断
   if(RI==1)      //判断是否真的串口中断
     {
```

```
          RI＝0;
          ii＝SBUF;
          if(ii＝＝0x41)        // 41 是本机地址码
              {   TI＝0;
                for(ii＝0;ii＜100;ii＋＋)
                  {   SBUF＝dat1[ii];      //发送 dat1[]中的数据
                      while(TI＝＝0);       //等待发送完毕
                      TI＝0;   //清 TI 为 0
                  }
              }
          }
   EA＝1;   //   开中断
}
```

2)数码管动态显示实验

使用的 I/O：数码管使用 P0,P2.2,P2.3,P2.4。

实验效果：数码管显示 76543210。

```
#include<reg51.h>
#define GPIO_DIG P0
sb LSA＝P2^2;
sb LSB＝P2^3;
sb LSC＝P2^4;
unsigned char code DIG_CODE[17]＝{
0x3f,0x06,0x5b,0x4f,0x66,0x6d,0x7d,0x07,
0x7f,0x6f,0x77,0x7c,0x39,0x5e,0x79,0x71};
//0、1、2、3、4、5、6、7、8、9、A、b、C、d、E、F 的显示码
unsigned char DisplayData[8];    //用来存放要显示的 8 位数的值
void DigDisplay();               //动态显示函数
void main(void)
{
    unsigned char i;
    for(i＝0;i＜8;i＋＋)
    {
        DisplayData[i]＝DIG_CODE[i];
    }
```

```
    while(1)
    {
        DigDisplay();
    }
}
void DigDisplay()
{
    unsigned char i;
    unsigned int j;
    for(i=0;i<8;i++)
    {
        switch(i) //位选,选择点亮的数码管,
        {
            case(0):LSA=0;LSB=0;LSC=0; break;    //显示第 0 位
            case(1):LSA=1;LSB=0;LSC=0; break;    //显示第 1 位
            case(2):LSA=0;LSB=1;LSC=0; break;    //显示第 2 位
            case(3):LSA=1;LSB=1;LSC=0; break;    //显示第 3 位
            case(4):LSA=0;LSB=0;LSC=1; break;    //显示第 4 位
            case(5):LSA=1;LSB=0;LSC=1; break;    //显示第 5 位
            case(6):LSA=0;LSB=1;LSC=1; break;    //显示第 6 位
            case(7):LSA=1;LSB=1;LSC=1; break;    //显示第 7 位
        }
        GPIO_DIG=DisplayData[i];        //发送段码
        j=10;       //扫描间隔时间设定
        while(j--);
        GPIO_DIG=0x00;       //消隐
    }
}
```

3)矩阵键盘与定时器中断显示实验

◆ 使用的 I/O：数码管使用 P0,P2.2,P2.3,P2.4,矩阵键盘使用 P1 口。

◆ 实验效果：在数码管上显示键值。

```
    #include<reg51.h>
//  #include<intrins.h>
    #define GPIO_DIG P0
```

```
#define GPIO_KEY P1
sb LSA=P2^2;
sb LSB=P2^3;
sb LSC=P2^4;
unsigned char code DIG_CODE[17]={
0x3f,0x06,0x5b,0x4f,0x66,0x6d,0x7d,0x07,
0x7f,0x6f,0x77,0x7c,0x39,0x5e,0x79,0x71};
//0、1、2、3、4、5、6、7、8、9、A、b、C、d、E、F 的显示码
unsigned char KeyValue;        //用来存放读取到的键值
unsigned char KeyState;        //记录按键的状态,0 没有,1 有
unsigned char DisplayData[8];  //用来存放要显示的 8 位数的值
unsigned char Num;             //用来存放中断的时候显示的第几位数值
void Delay50us();              //延时 50us
void KeyDown();                //检测按键函数
void DigDisplay();             //动态显示函数
void TimerConfiguration();     //定时器初始化设置
void main(void)
{
    TimerConfiguration();
    KeyState=0;                //初始化按键状态
    while(1)
    {
        KeyDown();
        if(KeyState==1)
        {
            DisplayData[7]=DisplayData[6];
            DisplayData[6]=DisplayData[5];
            DisplayData[5]=DisplayData[4];
            DisplayData[4]=DisplayData[3];
            DisplayData[3]=DisplayData[2];
            DisplayData[2]=DisplayData[1];
            DisplayData[1]=DisplayData[0];
            DisplayData[0]=DIG_CODE[KeyValue];
            KeyState=0;
```

```
    }
    DigDisplay();
  }
}
void TimerConfiguration()
{
    TMOD=0X02；//选择为定时器0模式,工作方式2,仅用TRX打开启动。
    TH0=0X9C；//给定时器赋初值,定时100us
    TL0=0X9C；
    ET0=1；    //打开定时器0中断允许
    EA=1；     //打开总中断
    TR0=1；    //打开定时器
}
void DigDisplay()
{
    unsigned char i,j;
//  for(i=0;i<8;i++)
//  {
        GPIO_DIG=0x00;//消隐
        switch(i)    //位选择,选择点亮的数码管
        {
          case(0):LSA=0;LSB=0;LSC=0; break;
          case(1):LSA=1;LSB=0;LSC=0; break;
          case(2):LSA=0;LSB=1;LSC=0; break;
          case(3):LSA=1;LSB=1;LSC=0; break;
          case(4):LSA=0;LSB=0;LSC=1; break;
          case(5):LSA=1;LSB=0;LSC=1; break;
          case(6):LSA=0;LSB=1;LSC=1; break;
          case(7):LSA=1;LSB=1;LSC=1; break;
        }
        GPIO_DIG=DisplayData[i];
        i++;
        if(i>7)
            i=0;
```

```
//      j＝10;       //扫描间隔时间设定
//      while(j－－)
//      Delay50us();
//      GPIO_DIG＝0x00;  //消隐
//    }
}
//函数功能：检测有按键按下并读取键值
void KeyDown(void)
{
    unsigned int a＝0;
    GPIO_KEY＝0x0f;
    if(GPIO_KEY!＝0x0f)
  {
      Delay50us();
      a++;
      a＝0;
      if(GPIO_KEY!＝0x0f)
      {
          ET0＝0;   //关定时器中断
          KeyState＝1;   //有按键按下
          //测试列
          GPIO_KEY＝0X0F;
//        Delay50us();
          switch(GPIO_KEY)
          {
            case(0X07):KeyValue＝0;break;
            case(0X0b):KeyValue＝1;break;
            case(0X0d): KeyValue＝2;break;
            case(0X0e):KeyValue＝3;break;
//          default:KeyValue＝17;//检测出错回复17意思是把数码管全灭掉。
          }
          //测试行
          GPIO_KEY＝0XF0;
          Delay50us();
```

```
        switch(GPIO_KEY)
        {
          case(0X70):KeyValue=KeyValue;break;
          case(0Xb0):KeyValue=KeyValue+4;break;
          case(0Xd0):KeyValue=KeyValue+8;break;
          case(0Xe0):KeyValue=KeyValue+12;break;
          default:KeyValue=17;
        }
        ET0=1;　//开定时器中断
        while((a<5000)&&(GPIO_KEY! =0xf0)) //按键松手检测
        {
          Delay50us();
          a++;
        }
        a=0;
      }
    }
}
void Delay50us(void)　//延时 50us 误差 0us
{
    unsigned char a,b;
    for(b=1;b>0;b--)
        for(a=22;a>0;a--);
}
void Timer() interrupt 1
{
    DigDisplay();
}
```

4)LCD 显示矩阵键盘按键实验

使用的 I/O:数码管使用 P0,P2.5,P2.6,P2.7,矩阵键盘使用 P1。

实验效果:在 LCD1602 上显示键值。

```
#include<reg51.h>
#include"lcd.h"
#define GPIO_KEY P1
```

```
unsigned char KeyValue;      //用来存放读取到的键值
unsigned char KeyState;      //用来存放按键状态
unsigned char PuZh[]=" Pechin Science ";
void Delay10ms();            //延时 50us
void KeyDown();              //检测按键函数
void main(void)
{
    unsigned char i;
    LcdInit();
    KeyState=0;
    for(i=0;i<16;i++)
    {
        LcdWriteCom(0x80);
        LcdWriteData(PuZh[i]);
    }
    while(1)
    {
        KeyDown();
        if(KeyState)
        {
            KeyState=0;
            LcdWriteCom(0x80+0x40);
            LcdWriteData('0'+KeyValue);
        }
    }
}
void KeyDown(void)
{   char a;
    GPIO_KEY=0x0f;
    if(GPIO_KEY! =0x0f)
    {
        Delay10ms();
        if(GPIO_KEY! =0x0f)
        {
```

```
        KeyState=1;
        GPIO_KEY=0X0F;    //测试列
        Delay10ms();
        switch(GPIO_KEY)
        {
            case(0X07):KeyValue=0;break;
            case(0X0b):KeyValue=1;break;
            case(0X0d): KeyValue=2;break;
            case(0X0e):KeyValue=3;break;
        default:KeyValue=17;//检测出错回复 17,意思是把数码管全
                            灭掉。
        }
        GPIO_KEY=0XF0;    //测试行
        Delay10ms();
        switch(GPIO_KEY)
        {
            case(0X70):KeyValue=KeyValue;break;
            case(0Xb0):KeyValue=KeyValue+4;break;
            case(0Xd0): KeyValue=KeyValue+8;break;
            case(0Xe0):KeyValue=KeyValue+12;break;
            default:KeyValue=17;
        }
        while((a<50)&&(GPIO_KEY! =0xf0)) //按键松手检测
        {
        Delay10ms();
        a++;
        }
        a=0;
        }
    }
}
void Delay10ms(void)
{
    unsigned char a,b,c;
```

```
        for(c=1;c>0;c--)
            for(b=38;b>0;b--)
                for(a=130;a>0;a--);
}
```

5)A/D 转换实验

使用的 I/O：数码管使用 P0,P2.2,P2.3,P2.4,P3.4,P3.5,P3.6。

实验效果：数码管显示 AD 转换数据。

```
#include"reg51.h"
#include"XPT2046.h"
#define GPIO_DIG P0          //--定义使用的 IO--
sb LSA=P2^2;      sb LSB=P2^3;      sb LSC=P2^4;
unsigned char code DIG_CODE[17]={0x3f,0x06,0x5b,0x4f,0x66,0x6d,0x7d,
0x07,0x7f,0x6f,0x77,0x7c,0x39,0x5e,0x79,0x71};  //--定义全局变量--
//0、1、2、3、4、5、6、7、8、9、A、b、C、d、E、F 的显示码
uchar DisplayData[8];//用来存放要显示的 8 位数的值
void DigDisplay(void);
void main(void)
{   uint temp,count;
    while(1)
    {
        if(count==50)
        {
            count=0;
            temp=Read_AD_Data(0x94);   // AIN0 电位器
            temp=Read_AD_Data(0xD4);   // AIN1 热敏电阻
            temp=Read_AD_Data(0xA4);   // AIN2 光敏电阻
            temp=Read_AD_Data(0xE4);   // AIN3 外部输入
        }
        count++;
        DisplayData[7]=DIG_CODE[0];
        DisplayData[6]=DIG_CODE[0];
        DisplayData[5]=DIG_CODE[0];
        DisplayData[4]=DIG_CODE[0];
        DisplayData[3]=DIG_CODE[temp%10000/1000];
```

```
            DisplayData[2]=DIG_CODE[temp%1000/100];
            DisplayData[1]=DIG_CODE[temp%100/10];
            DisplayData[0]=DIG_CODE[temp%10/1];
            DigDisplay();
        }
    }
    void DigDisplay(void)
    {
        unsigned char i;
        unsigned int j;
        for(i=0;i<8;i++)
        {
            switch(i) //位选,选择点亮的数码管
            {
                case(0):LSA=0;LSB=0;LSC=0; break;//显示第 0 位
                case(1):LSA=1;LSB=0;LSC=0; break;//显示第 1 位
                case(2):LSA=0;LSB=1;LSC=0; break;//显示第 2 位
                case(3):LSA=1;LSB=1;LSC=0; break;//显示第 3 位
                case(4):LSA=0;LSB=0;LSC=1; break;//显示第 4 位
                case(5):LSA=1;LSB=0;LSC=1; break;//显示第 5 位
                case(6):LSA=0;LSB=1;LSC=1; break;//显示第 6 位
                case(7):LSA=1;LSB=1;LSC=1; break;//显示第 7 位
            }
            GPIO_DIG=DisplayData[i];    //发送段码
            j=50;                       //扫描间隔时间设定
            while(j--);
            GPIO_DIG=0x00;              //消隐
        }
    }
```

6)PWM 输出实验

使用的 I/O：P2.1。

实验效果：通过示波器可见 P2.1 输出 PWM 波。

```
#include <reg52.h>
sb PWM=P2^1;                        //定义使用的 IO 口
```

```
bDIR;
unsigned int count,value,timer1;          //定义一些全局变量
void Time1Config();
void main(void)
{
    Count=0;   timer1=0;   value=0;
    Time1Config();
    while(1)
    {
        if(count>100)
        {
            count=0;
            if(DIR==1)                    //DIR 控制增加或减小
            {   value++;}
            if(DIR==0)
            {   value--;}
        }
        if(value==1000)
        {   DIR=0;}
        if(value==0)
        {   DIR=1;}
        if(timer1>1000)                   //PWM 周期为 1000 * 1us
        {timer1=0;}
        if(timer1 <value)
        {PWM=1;}
        else
        {   PWM=0;}
    }
}
void Time1Config()
{
    TMOD|= 0x10;   //设置定时计数器工作方式 1 为定时器
    TH1=0xFF;
    TL1=0xff;
```

```
    ET1＝1;                              //开启定时器 T1 中断
    EA＝1;
    TR1＝1;                              //开启定时器 T1
}
void Time1(void) interrupt 3            //3 为定时器 1 的中断号
{
    TH1＝0xff;                           //重新赋初值
    TL1＝0xff;
    timer1++;
    count++;
}
```

参考文献

[1] 毕宏彦,张日强,张小栋.计算机测控技术[M].西安:西安交通大学出版社,2010.

[2] 毕宏彦,徐光华,梁霖.智能理论与智能仪器[M].西安:西安交通大学出版社,2010.

[3] 唐俊杰,高秦生,俞光昀.微型计算机原理及应用[M].北京:高等教育出版社,1993.

[4] 王福瑞.单片微机测控系统设计大全[M].北京:北京航空航天大学出版社,1998.

[5] 杜德基.动力装置微机控制[M].上海:上海交通大学出版社,1991.

[6] 窦振中.单片机外围器件实用手册[M].北京:北京航空航天大学出版社,1998.

[7] 百度文库.Σ—Δ模数转换器基本原理及应用[J].https://wenku.baidu.com/view/b20061cdda38376baf1fae67.html,2011.3

[8] 普中51单片机实验仪配送资料.深圳普中科技公司,2016.3.